智能系统与技术丛书

大话机器智能

一书看透AI的底层运行逻辑

徐晟 著

机械工业出版社
CHINA MACHINE PRESS

图书在版编目（CIP）数据

大话机器智能：一书看透 AI 的底层运行逻辑 / 徐晟著 . -- 北京：机械工业出版社，2022.1
（2024.5 重印）
（智能系统与技术丛书）
ISBN 978-7-111-69619-3

I. ①大… II. ①徐… III. ①人工智能 IV. ① TP18

中国版本图书馆 CIP 数据核字（2021）第 243455 号

大话机器智能：一书看透 AI 的底层运行逻辑

出版发行：机械工业出版社（北京市西城区百万庄大街 22 号 邮政编码：100037）
责任编辑：高婧雅　　责任校对：殷 虹
印 刷：固安县铭成印刷有限公司　　版 次：2024 年 5 月第 1 版第 2 次印刷
开 本：186mm×240mm 1/16　　印 张：16.25
书 号：ISBN 978-7-111-69619-3　　定 价：89.00 元

客服电话：（010）88361066 88379833 68326294

前　言

机器会有智能吗？

什么是人工智能？每个人心中都有自己的答案。

它或许是数学家眼中的机器学习算法，或许是程序员眼中的Java或Python程序代码，或许是能打败围棋世界冠军的AlphaGo，或许是能和人类对话的智能助手Siri、小度与小爱。

它或许是能跑、能跳还会翻跟斗的波士顿机器狗，或许是拥有公民身份的机器人索菲亚，或许是《变形金刚》里的大黄蜂和擎天柱、《终结者》里的杀手机器人T-800、《黑客帝国》里的人类“母体”Matrix。

当我们谈及人工智能时，总是联想到它的各种形态和丰富的应用场景。人工智能给人以希望和幻想，它有着数学的底蕴、文学的色彩、哲学的魅力，它是信息科技的产物，也凝聚着人类的智慧。

那么，一台机器想要拥有“智能”，会面临哪些挑战呢？

首先，机器的智能表现在能够处理那些不太确定的事情上。想象一下，如果让计算机去做数学题，无论它的答案有多准确，我们都不会感到惊讶，因为答案是确定的，计算机只是一个算得很快的计算器。但如果计算机能与人类对话，很自然地回答人类提出的各种带有“不确定性”的问题，它似乎就有点“智能”了。

其次，机器的智能表现在能很好地处理模糊性的知识上。人和计算机处理问题的思维逻辑是不同的，人可以接受很多模糊的定义，计算机却不行。比如要给用户推荐商品，人可以基于主观感受和过往经验直接给出建议，但计算机必须把什么是“用户的喜好”用客观的数学公式定义清楚。还有，人类语言在表达时存在很大的模糊性，比如：一堆沙子至少有几粒？人长多高才不算矮？什么是好看的？悲伤是什么感觉？这些模糊问题的答案，我们很难用语言表达清楚。如果计算机可以很好地处理它们，就又有了一点“智能”了。

最后，机器的智能表现在能处理那些连人类自己都无法梳理清楚的复杂规则上。试想一下，假设你不清楚计算机的运作原理，但通过计算机可以上网搜索资讯，还能通过它和远方的朋友聊天，你会想：“这是怎么实现的？”是的，电子计算机发明至今不到100年，但它的内部构造已经变得相当复杂，足以让人感到神奇。同样，当计算机能成功识别出图像中的一只猫时，你难道不想问一句“这是怎么实现的”？毕竟对我们人类来说，很难把识别猫的规则讲清楚，因为规则太复杂。如果计算机有办法很好地处理图像，它就有了自行理解这些复杂规则的“智能”。

总而言之，机器的智能表现在能处理那些不确定、模糊、复杂的问题上。那么，怎样才能判断机器已经拥有了“智能”呢？答案是，取决于人的主观判断。就是说，机器只要表现得像人一样、看上去有“智能”就行，至于它到底有没有“智能”并不重要。从这点来看，我们人类似乎已经找到了解决方案——基于信息技术、数学算法与大数据。这个方案或许是临时的，但它具有创新性。

当然，任何新技术的发展，不可避免地会影响到现有的技术环境。随着机器开始拥有“智能”，人工智能相关的安全与哲学话题也随之出现。比如：人工智能究竟有没有思想？机器会替代人类吗？人类能否把重要决策交给人工智能？这些问题似乎都在等待着答案。

新闻媒体在报道人工智能时，有时会把一些很小的研究成果描述为足以改变人类文明的伟大成就。这种夸张的报道，虽然十分吸引眼球，但也在一定程度上有意或无意地误导了大众。有些人误以为今天的人工智能已经变得无所不能，但是，如果你真正了解人工智能背后的技术原理和运作逻辑，你就会更加客观地看待人工智能。比起“科幻”，人工智能更是“科学”。

本书特色

本书希望解答一些有关人工智能的通识问题。人工智能本身是一门非常专业、复杂、抽象、跨领域的学科，学习相关专业知识需要投入大量时间和精力。对于一般人来说，重要的不是去搞懂那些专业知识，而是理解人工智能的运作逻辑，这样对每个人的生活和工作更有借鉴意义。

本书尝试用通俗易懂的语言，勾勒人工智能的全貌。换句话说，就是讲明白什么是人工智能。书中会阐述人工智能背后的技术和原理，讨论人工智能在发展过程中遇到过哪些困难，以及它们是如何解决的。本书不是关于人工智能的畅想和漫谈，也不是一本专业的教科书。秉承大道至简的原则，书中不会涉及大量数学公式和程序代码，而是把重点放在讨论人工智能的核心技术和原理上。

如何阅读本书

本书共9章，逻辑上分成三部分，总体结构如下图所示。

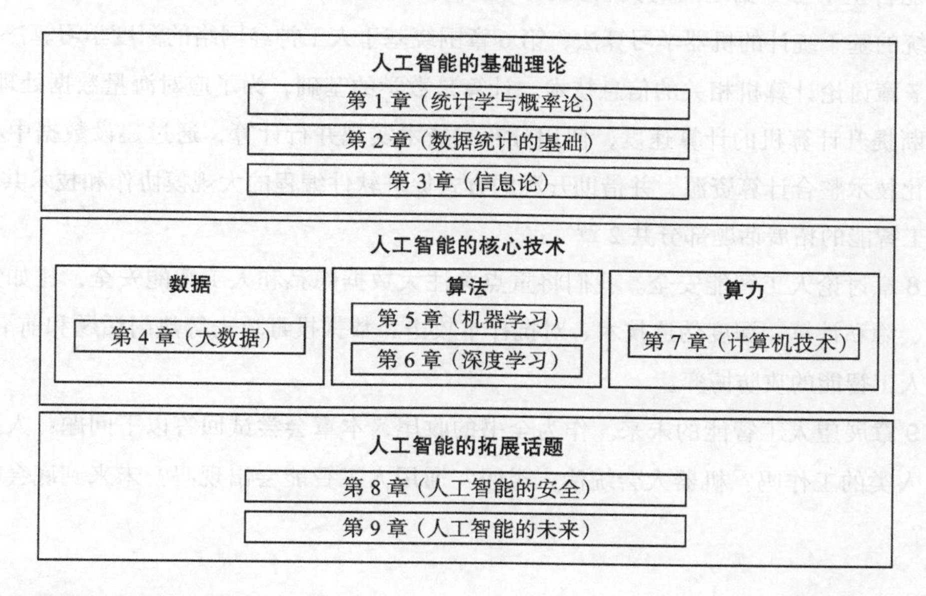

人工智能的基础理论部分共3章。

第1章讨论统计学和概率论。人工智能之所以被认为具有“智能”，是因为它从一开始就在想办法处理具有不确定性的问题。随着概率论和统计学等相关理论的发展，科学家们找到了应对这个不确定性世界的有效方法和解题思路。

第2章介绍数据统计的基础知识。我们知道，人工智能是基于数据的，如果数据出了问题，人工智能给出的判断也可能出错。因此，必须更加谨慎地对待基于客观数据的主观结论，避开数据“陷阱”。

第3章讲解信息论。人工智能是一种处理信息的模型。更关键的是，它用信息来消除不确定性。自20世纪以来，以香农为代表的科学家把有关信息的理论发展成一门学科，奠定了信息技术发展的理论基础。运用信息论，人们可以描述信息、度量信息、交换信息，很多有关信息的概念也有了严格的数学证明。

人工智能的核心技术部分共 4 章。

第 4 章详细介绍各种针对大数据的处理方法和分析场景。大数据不仅改变了人类过往基于经验的处事方法，也让基于数据的机器学习成为可能。简而言之，大数据赋予了人工智能“智能”。

第 5 章和**第 6 章**介绍人工智能的相关算法，即机器学习算法。有了机器学习算法，计算机就能自主学习数据之间的关联关系。这部分的内容较多，我们把它分成两章：第 5 章围绕传统的基于统计的机器学习算法，第 6 章围绕基于人工神经网络的深度学习算法。

第 7 章讨论计算机相关的信息技术。计算是数学的基础，为了应对海量数据处理挑战，人们不断提升计算机的计算速度，使用分布式技术实现并行计算，通过建设数据中心和运用虚拟化技术整合计算资源，并借助开源的方式促进软件编程的大规模协作和技术共享。

人工智能的拓展话题部分共 2 章。

第 8 章讨论人工智能安全。我们将重点关注大数据隐私和人工智能安全，比如大数据“杀熟”、隐私计算、深度伪造技术、对抗样本攻击、数据投毒攻击等热门话题和前沿技术，并讨论人工智能的攻防博弈。

第 9 章展望人工智能的未来。作为全书的收尾，本章会尝试回答以下问题：人工智能会抢走人类的工作吗？机器人会统治人类吗？通用人工智能会出现吗？未来到底会变成什么样子？

勘误和支持

在写作本书的过程中，本人阅读了大量的书籍、专著和论文，并尽可能引用目前比较主流的一些学术观点。因本人才疏学浅，书中内容难免出现错误和疏漏，提出的观点也可能存在局限和不足，希望读者朋友不吝指正。

如果你有任何意见和建议，请与我联系，我的邮箱是 xsfree@aliyun.com。

致谢

在撰写本书的过程中，我得到了周围很多同事与朋友的帮助和支持。邱朝阳、陈路亨、胡利斌等人在看过本书部分初稿以后，提出了许多宝贵建议，在此向他们表示感谢。

写书期间，我正在参与有关智能运维国家标准的编制工作，与一大批行业内的人工智能专家、数据科学家、IT专家彻夜研讨是一件愉快的事，我从中获得了不少灵感，也拓展了认知边界。

感谢家人对我的支持，让我能在工作之余安心写书。

感谢机械工业出版社的高婧雅女士，她不仅帮我整理全书脉络，还给了我很多建议和意见，她的用心让全书的质量有了很大提升。另外要感谢所有参与本书编辑、校对、排版的朋友，没有你们就不会有本书的诞生，在此表示衷心的感谢。

最后，感谢正在阅读本书的你，希望你能从中有所收获，更好地享受智能时代下的美好生活！

徐　晟

目　录

第 1 章

世界充满不确定性

人类一直有一个梦想。

自从我们的祖先学会直立行走并能熟练使用工具以来，人类探索世界的脚步就从未停歇过。从古至今，人类一直都希望能够亲手创造出一个和人拥有同等智能的东西，它能像人一样思考，甚至帮助人类完成工作。很多科幻作品里把它们称为机器人，或人工智能。

虽然现今的科学技术无法实现科幻作品中拥有高级智慧的通用人工智能，但是这些年来现实中的人工智能已经深入运用到了各行各业，并且有着惊人的表现，比如在棋类博弈、计算机视觉、语音识别、自动驾驶等领域，机器的表现堪比人类，甚至比人更好。于是乎，"人工智能"成为席卷学术界、工业界、风险投资界的热词，它对人们的生活、工作乃至思想都产生了深远的影响。

这些年来，人工智能迎来了新的春天，取得了革命性的突破。我们不禁要问，这背后到底有哪些因素影响着人工智能的发展呢？

回顾人工智能的发展历程，显然存在大量的影响因素。比如，不断提高的计算机性能以及分布式技术的发展，让海量数据处理成为可能；又如，机器学习和人工神经网络算法的相关研究取得突破性进展，让计算机能像人类一样完成图像识别、语言翻译等复杂任务；再如，各行各业都在积累大数据，这些数据可很好地应用于模型训练，以改进机器智能等。

以上这些或许都是答案。但我想说的是，这背后还有一个更本质的影响因素，那就是**思维方式的改变**。

1.1 解题最重要的是思路

为何说思维方式的改变才是最本质的呢？我们不妨先从一道算数题说起。

1.1.1 加百子的答案

请问，1+2+3+…+100=？

如果你知道等差数列求和法，这道题就很容易做，答案是 5050。在我刚上学的时候，还有一种“笨”办法——硬加。当时，我在练习打算盘（也叫珠算），其中有一个固定的训练项目，叫作“加百子”，就是用算盘从 1 开始逐个数加到 100。比较快的小朋友，花上半分钟左右就能算出答案。

如果一个小学生没有学过珠算，也不知道等差数列求和的方法，那么他想要从 1 加到 100 可没那么容易。我们知道“数学王子”高斯在 10 岁的时候，能快速算出答案，他用的方法就相当于我们今天在数学课本上学到的等差数列求和法。他的方法是：对 50 对和为 101 的数列求和（1+100，2+99，3+98，…），这样能快速得出结果 5050。当时可没人告诉高斯这个解法，他能巧妙地算出答案，完全是靠他的聪明才智。

可见，**想要解开难题，关键是要找到正确的解题思路**。它能让解决问题的速度和准确率大幅提升。

1.1.2 人工智能的破题思路

解决人工智能问题亦是如此。人类要解决人工智能问题，其本质是把一个现实中的应用场景问题转换成一个计算机可以处理的数学问题。只要这个场景可以被很好地转换，问题就算是解决了一大半。接下来只要朝着正确的解题思路不断研究下去，机器就会变得越来越智能。

不过要找到这个正确的解题思路也不容易。发明飞机就是很好的例子。过去人类一直想要尝试飞翔，于是观察鸟类飞行的方式，认为飞机的机翼就应该像鸟的翅膀一样拍动。但是不管怎么努力，就是造不出飞机。莱特兄弟发明飞机时，灵感虽然是从模拟鸟类飞行中获得的，但最终的实现方式是基于空气动力学，而不是仿生学。这里的关键是换了一种思考的角度。莱特兄弟琢磨着，飞机机翼有没有可能不靠拍动，而靠滑翔飞行呢？这个想法一旦清晰，接下来就是如何沿着正确的思路，不断地对机翼进行改良。

同样的道理，如今人工智能的实现主要依赖的是数学工具和信息技术，而非医学或其他生物学技术。这不仅是一项重大的技术应用创新，更是人们在认知思维上的突破。

在让计算机具有“智能”这件事上，人们并不是把所有的智力规则逐条整理出来，然后让计算机遵照执行。如果这样做，计算机就永远不会超出人类的认知范围。实际的做法是，让计算机从大量数据中自己“学习”出规律。

之所以能找到这种全新的“解题思路”，是因为人们改变了看待问题的角度，开始思考如何在充满不确定性的环境中解决那些比较确定的问题。而为了解决这些问题，一个极其重要的数学工具——统计学诞生了。

1.1.3　统计思维的诞生

从前的科学家们认为，这个世界上是存在简单而通用的真理的。欧几里得仅仅通过 5 条简单公理，就推导和构建了基于公理化体系的几何学。牛顿提出 3 条简洁的运动定律，解释了宇宙中各种天体和物体的运动力学原理。麦克斯韦用 4 个微分方程解释了所有的电磁活动。爱因斯坦在此基础上提出了相对论，不仅使用了更加简洁的公式，还进一步论证了时间、空间、质量、能量和运动之间的关系。

1. 决定论与确定性

长久以来，科学家们都在尝试用简洁的公式描述这个复杂世界的规律。18 世纪，以拉普拉斯为首的科学家们认为，宇宙中任意时刻的状态都能被完全预测，自然界和人类社会存在客观规律和因果联系。只要深入研究，无论是事物的状态，还是人的行为，都可以根据先前的条件做出准确的预测。也就是说，世间一切万物都受到严格的因果律支配。这种观点也被称为**决定论**。

当时，很多科学研究确实取得了显著成果。牛顿只用少数几个精确定义的运动定律就准确描述了行星、卫星、小行星和彗星等天体运动，焦耳只用一个简单的公式就描述了能量守恒原理。这些研究成果在揭示规律的同时，还能做出非常精准的预测。此外，人们开始利用定量的化学实验来发现物质基本规律。达尔文的自然选择学说为生物演化提供了理论指导。人们甚至试图将科学研究方法拓展到社会学、政治学、心理学等领域。

这些科学研究取得的显著成果给当时的人们带来了极大的信心。于是，很多人以为，这是发现了神的旨意，要进一步寻找和揭示这些规律，只需提高测量工具的精确程度。

2. 现实世界与不确定性

可是，现实世界极为复杂。即便是今天，科学家们也无法只用几个简单的数学模型就能精确地描述现实世界的所有细节。首先，影响这个世界运行的变量不计其数，与其将所有影响世界运行的参数和公式全部考虑一遍，不如采用一些针对随机事件的处理方法来解决问题。其次，随着科学研究的深入，人们发现观察越是微观，越是无法得到确定的结果。比如科学研究发现，组成物质最基本单位的粒子会呈现波状运动，它们似乎没有固定的位置。如果一开始就不知道某个物体在哪里，那么又如何预测它将去向何处呢？

量子力学[⊖]中有一个测不准原理，由德国物理学家海森堡提出，它描述的是：我们不可能同时知道一个粒子的位置和它的速度。假设知道了粒子的速度，就不可能知道它的位置。它在什么地方以什么面貌出现，完全是一种概率，因为测量动作会不可避免地搅扰被测粒子的运动状态，即测量本身会影响测量结果。这个现象至少说明，微观世界的粒子行为与宏观物质很不一样。

过去，科学家根据收集到的数据，提出一个特定模型的假设。这个模型看上去符合手里的各种数据，可以用于预测实验结果。但是现实世界存在大量不确定性因素，导致任何模型都无法做到完全正确。为了适应新的观测数据，人们只能不断地修正已有的模型，甚至增加对特殊情况的处理和仅适用于特定条件下的扩展。渐渐地，模型变得越来越复杂，直到不再适用。

3. 统计革命拉开序幕

既然无法构建一个完全精确的模型来解释现象，那么该如何是好？为了探索和认知这个世界，一部分人开始转换思路，创造性地提出了一种新的数学研究方法，引发了一场科学革命，这就是**统计学**。

统计学是在 19 世纪科学研究取得巨大进步的时期发展起来的。当时有数学家提出，天文测量值包含微小的误差，这种误差可能由大气条件或人为错误造成的，误差可能具有某种概率分布。这一观点拉开了统计革命的序幕。

拉普拉斯虽然坚持决定论，但他也积极投入到统计学研究。不过他在《概率的哲学探究》中曾表明自己的观点。在他看来，任何微小事件都应遵循大自然法则，即便是自由意志，也不会是没有动机的。只是由于我们的无知，因此暂时不得不把它归为偶然。拉普拉

⊖ 量子力学是物理学的分支学科，由德国物理学家普朗克在 1900 年首先提出，它代表了能量的最小单位。量子力学认为能量在传播过程中不是连续的，而是“一份一份”的，具有一个最小单位。

斯很多关于概率方面的研究，目的都是在为了揭示这一规律。

不过随着更多精确的测量，决定论模型的预测值与实际测量值之间的差距变得越来越大。当人们进行更精确的天体运动测量时，拉普拉斯所预想的观测误差不仅没有减少，反而呈现出更大的变化幅度。最终，决定论的观点并不能支撑科学研究。与此同时，卡尔·皮尔逊提出一系列现代统计学的概念和方法，进一步巩固了统计学的地位。

与决定论不同的是，**统计学从一开始就承认了不确定性的存在**。它接受误差对结果造成的影响，并把它们作为前提条件进行数学建模和分析。

统计学是一门很古老的学科，人们对它的研究可以追溯到古希腊的亚里士多德时代，迄今已有 2300 多年的历史。可在过去很长一段时间，并不存在专门的统计学学科，也没有什么数学工具来系统性地讨论和研究统计问题。甚至是 400 年前，大部分人仍以本能来应对日常生活中的不确定性。

后来，有人发明了赌博游戏。他们通过精心的设计来引导和欺骗大众做出糟糕的选择。赌徒从偶然性中寻求刺激和幸运，赌场却从概率优势中赚取金钱。在大数定律的操控下，赌徒的钱包毫无随机性可言。随着对这些赌博游戏背后数学原理的深入研究，数学家们建立了一门今天被称为概率论的数学科学分支。

不仅仅是赌博，当保险机构希望能够尽可能准确地估算人寿保险的保费时，人们开始关注死亡率的统计数据。保险的本质是把大众的钱聚集起来，共同对抗人生中遇到的各种不确定性。正是由于赌博、保险这些问题的出现，让帕斯卡、费马、惠更斯、哈雷、棣莫弗、伯努利、拉普拉斯、高斯等一大批数学家和科学家开始关注不确定性带来的问题，提出和完善了现代统计学的方法和理论。

《大英百科全书》给统计学的定义是：“一门收集数据、分析数据并根据数据进行推断的艺术和科学”。统计学是处理经验数据不可缺少的数学工具，它的应用范围十分广泛，涉及医学、自然科学、社会科学、心理学、经济学等。生活中的衣食住行、待人接物、经验教训、处事直觉，都蕴含了丰富的统计学原理。科学研究的背后更是离不开统计学的身影。

4. 统计学应用：如何计算地球的年龄

曾经在很长一段时间里，科学家们都在努力回答一个世纪难题：地球的年龄到底有多大？显然，地球年龄一定超过了人类文明的时间。想要知道地球的年龄，要么靠猜，要么找到一种可行的测量方法。

根据宇宙大爆炸的理论，138 亿年前宇宙起源于一个奇点，一切物质都是从这个奇点剧烈膨胀所产生的。早期的宇宙具有极大的密度和极高的温度。在大爆炸后的几秒，宇宙物质由电子、中子、质子以及它们的反粒子与辐射组成。随后，宇宙不断膨胀、逐渐冷却，其中也包括我们居住的地球。

几千年来，科学家一直希望推算出地球的年龄，但苦于找不到靠谱的测量方法。直到20世纪，英国物理学家、化学家卢瑟福在研究放射性元素时，发现任何一块放射性物质衰变掉一半的时间（称为半衰期）总是相同的。尽管物质中每个原子的生存时间具有随机性，可能只有几秒，也可能长达几个世纪，但如果把物质看成一个整体，那么它所包含的所有原子的衰变速率是固定不变的，这种固定的时间变化规律，完全可以当作一种时钟系统。也就是说，只要测量某种物质现在包含的放射量，再测出它的半衰期，就能够反推出该物质的年龄。科学家们正是借助半衰期的发现，才能准确推算出地球的年龄（约46亿年）。在此之前地球的年龄基本靠猜测。

半衰期具有典型的统计学意义，它体现出了个体随机性和总体确定性之间的联系。换句话说，**即便我们无法准确掌握每个个体的随机情况，也可以利用统计规律来推算出总体状态。**

1.2 随机世界

生活中我们经常运用统计学。当我们做出某个决定时，通常很难提前确认所有的先决条件和周边状况，也无法知道执行哪个行动更好，而只能根据以往自身的经验、周围人的建议或者网上的参考信息，做出一个相对合理的决定。在这个过程中，用到的就是统计学：先去看看大多数人怎么做，然后从中找找规律，更新自己的认知，并做出最合适的推断和决策。

严格来说，统计和统计学在数学定义上是不同的。统计的本质是一个数学过程，只要有数据，就能进行统计。要处理的数据是确定的。比如你每天记录自己的支出，一段时间后想要算算总开销，于是你把账本上这段时间花出去的钱求和。这个过程虽然得到了统计数据，但它不涉及统计学，不用对一些不确定性的情况进行推断。而统计学则不同，它是一门研究不确定性的学科，其研究对象具有大量的随机性。因此长久以来，统计学一直被人们描述为猜测上帝的游戏。

1.2.1 猜测上帝的游戏

1687年，牛顿一生中最重要的科学著作《自然哲学的数学原理》问世，标志着现代经典物理学的正式创立。自此，无论是理论科学还是工程科学，都达到了前所未有的新高度。正当人们以为一切物理现象都能从这套理论中找到完美答案时，物理学大厦的上空却突然飘来“两朵乌云”——人们解释不了光和热的运动理论。

后来随着研究的深入，相对论和量子力学理论被相继提出，这对整个物理学的理论体系造成了颠覆性的冲击。人们突然发现，时间和空间无法分开单独讨论，单个粒子的性质也无法准确描述，必须把它们看成一个整体。这些现象颠覆了人类对宇宙、自然、物质的“常识性”理解，经典物理学根本无法解释。尤其是面对量子的不确定性，19 世纪的科学家们无疑是困惑的，他们甚至提出疑问：“上帝掷骰子吗？”

当时，爱因斯坦和玻尔对量子力学理论各持己见，他们长期争论，都试图证明自己的观点是对的。有一次，爱因斯坦说：“上帝不掷骰子！”玻尔马上反驳：“别去指挥上帝应该怎么做！”这样的争论持续不断。

1927 年 10 月，在比利时布鲁塞尔召开的第五届索尔维会议上，爱因斯坦与玻尔又在量子论观点上进行了激烈讨论。会上，爱因斯坦坚持自己的观点，针对量子力学理论提出种种质疑，玻尔则将它们一一化解。最终，争论以爱因斯坦的失败而告终。

直到今天，上帝究竟掷不掷骰子仍然没有最终的定论。但大多数人已经愿意接受量子力学的理论，因为它和实验结果相符。比如，人们在深入研究量子理论后，发现半导体具有某种特殊的性质——可以同时作为导体和绝缘体。利用这个特性，就能在晶体管上施加电压，控制电流的导通或阻断。如今整个半导体产业的理论基础都是建立在量子力学之上的。可以说，如果没有量子力学，就不会有集成电路、芯片、计算机以及其他各式各样的电子产品。

虽然量子力学理论已广泛应用到各个领域，但它仍然是个“黑盒”。这就像是如今人工智能用到的深度学习算法，它们既有相对确定的外在表现，又有不确定的内在逻辑。

1.2.2 科学研究与模型

科学研究是人类认知世界的主要方法。它是一个漫长的过程：有人提出一个猜想、观点或模型，随后科学家们花上几十甚至几百年的时间去研究和验证它。很多猜想直到今天仍未得到解决。在这个探索的过程中，任何模型都是临时性的，只是提出一个符合当下情况的假设，不能保证永远正确。无论已有的观测数据与理论模型有多么一致，都无法确定下一次实验的结果。只要找到一个和模型不一致的观测事实，模型就要进行修正或摈弃。

好的模型通常都要经过很长一段时间理论与实践的检验。总的来说，它有以下几个特点。

第一，**模型要能描述现状**。我们在生活中会接触到很多理论模型，但并不是所有的模型都是好模型。模型必须能较为准确地描述观测现象。做到了这一点，模型就具备了基本的使用价值。

举个例子，有人告诉你，老王是一个文质彬彬、乐于助人、工作细心的人。请问他更有可能是图书管理员还是农民？大多数人听到文质彬彬、乐于助人、工作细心这样的词，会认为这更像是在描述一个图书管理员。但他们忽略了一个事实：男性农民的人数要比男性图书管理员的人数多得多，而有上述性格特征的人在任何人群中的比例都差不多。因此在没有得知进一步信息的情况下，我们应该认为他更有可能是个农民。这是好模型要还原的真相。

第二，**模型要能预测未来**。一个好的模型既要能够描述现状，又要能够从中总结出规律，对未来做出合理的预测。比如牛顿提出的万有引力模型，认为两个物体之间会有一种力相互吸引，这种力和两个物体质量的乘积成正比，与它们之间距离的平方成反比。这个模型的伟大之处就在于，它不仅能对历史数据进行解释，而且能以很高的精度预测太阳、月亮和行星的运动。

第三，在前面的基础上，**模型要做到尽量简单**。化繁为简一直是科学研究工作追求的最高境界。举例来说，公元 2 世纪托勒密基于地心说提出了一套完整的宇宙学模型，他假设地球是不动的，然后构建出一个大圆套小圆的模型，来预测行星运动的轨迹。虽然预测很精确，但模型设计得过于复杂，每次计算都很麻烦。随后到了 16 世纪，哥白尼提出了一个更为简单的日心说模型，他假设太阳是不动的，地球和行星围绕太阳做圆周运动，这样模型一下子就被简化了。后来，开普勒在哥白尼理论的基础上进一步修正，提出行星不是沿着圆周而是沿着椭圆运动，使得预言和观测相一致。从此，人们抛弃了复杂的大圆套小圆的地心说模型，开始逐渐接受地球围绕太阳转的观点。所以，更简单的日心说模型无疑是个更好的模型。

1.2.3　随机性与随机过程

生活中经常有这样的现象：某种行为所导致的结果提前无法预知，只能确定它是有限个可能性中的一种，或者属于某个范围区间。例如，想要测量某个物理实验结果，但仪器和观察都会受到环境影响，导致多次测量的结果会在一定区间范围内波动。这种差异具有**随机性**，事先不可预测。

1827 年，英国植物学家罗伯特 · 布朗利用一般的显微镜观察悬浮于水中由花粉所迸裂出的微粒时，发现微粒呈现不规则运动，这种运动后来被称为**布朗运动**，它是一种**随机过程**。

生活中也有大量事物都具有随机性。打高尔夫球时球的落脚点具有随机性，任何一个高尔夫球高手，都无法对自己的手部肌肉和目测角度做到百分之百的精准控制。生物演化也伴随着随机性。达尔文的《物种起源》告诉我们，随机变化和自然选择能够创造出生物的多样性，大自然总是会创造和筛选出更能适应生存环境的物种。

之所以如此强调随机性，是因为统计学相比其他处理数据的学科的根本区别在于，它研究带有随机性的数据，是人们用来总结世间万物规律中不确定性的数学方法。从“确定”到“不确定”，再到“不确定中的确定”，统计学重新定义了我们理解世界和认知规律的方式。

1.2.4　正态分布是什么

如果你是一位程序员，编程时就一定用过随机（random）函数。它的功能是在特定取值范围内随机生成一些数。这个函数在很多编程语言中是预置的，可以直接调用。例如，要从 1 到 100 之间随机生成一个整数，写程序时就要事先定义一个 1 到 100 的取值范围，然后调用随机函数，得到一个该取值范围内等概率的随机数，就是说这 100 个数中出现任何数字的概率都是 1/100。用惯了随机函数的程序员会误以为“随机”就代表了均匀分布的数据，即等概率事件。这是一个误区。在现实生活中，绝大多数的随机不是均匀分布的。

举个例子，我们知道抛硬币正反两面朝上的概率各有一半，但如果你真的抛上 10 次硬币，就会发现硬币正好有 5 次正面朝上的概率既不是 50%，也不是 10%，而是在 25% 左右。因为在自然界中，最普遍的“随机”是**正态分布**（也称为**高斯分布**），其分布曲线呈“钟形”，如图 1-1 所示。

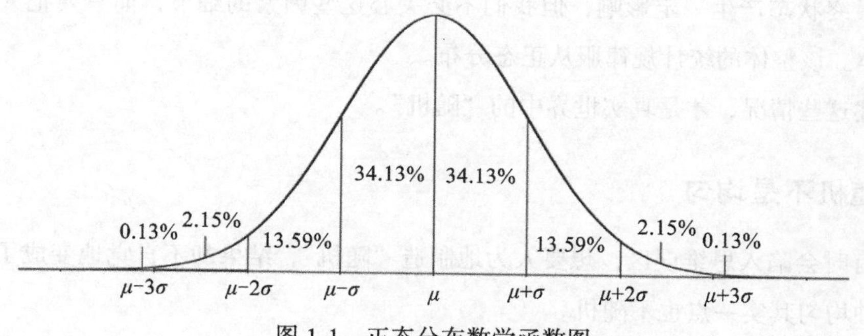

图 1-1　正态分布数学函数图

正态分布是一组数据在正常状态下的概率分布。描述这种分布只需要两个参数：一是这组数据的平均值，通常用希腊字母 μ 来表示，它位于函数图像正中间的坐标位置。二是标准差，通常用希腊字母 σ 来表示，它代表了这组数据的离散程度。标准差越小，数据就越集中，反之说明数据越分散。

假如一组数据服从正态分布，根据分布特性，其中有 68% 的数会集中在平均值正负 1 个标准差区间内，有 95% 的数会集中在平均值正负 2 个标准差区间内，有 99.7% 的数会集中在平均值正负 3 个标准差区间内。由于 3 个标准差的区间几乎涵盖了大部分数据，因此它在数学中有着非常广泛的运用，适用于很多场景下的推导和估计。

概括地讲，正态分布说明了“一般的很多，极端的很少”的现象。这种现象生活中很常见。比如，大部分人的身高都在一个区间范围内，太高或太矮的人不多。仔细观察身边的人，可以发现非常聪明或者非常愚笨的人很少。统计全社会范围内的收入，中档次收入的人比较多，特别贫穷和特别富裕的人较少。

人们常说的**二八法则**（也称**帕累托法则**），只是换种方式来描述正态分布现象。二八法则告诉我们，20% 的富人拥有世界上 80% 的财富；只要掌握字典中 20% 的文字就能理解文章 80% 的内容；20% 的超大城市中居住了 80% 的人口，等等。

正态分布的特性还有其他广泛应用。我们知道，利用多次抽样可以从相对较少的数据中得出令人信服的总体结论。比如只要调研 100 个人，就能大致了解人类普遍的心理认知。只要抽查 100 件商品，就能得出这批次商品的质量结论。这些民意调查、商品抽样，都在运用抽样样本对总体进行估计，其背后的数学原理是**中心极限定理**。中心极限定理从理论上证明了，无论随机变量总体呈现什么分布，只要抽样次数足够大，样本的平均值将近似服从正态分布。也就是说，虽然每个人或者每件商品都会受到大量随机因素的影响，这些因素会对最终状态产生一定影响，但我们不必关心这些因素的细节，而只要把人或商品看成一个整体。该整体的统计规律服从正态分布。

而上述这些情况，才是真实世界中的“随机”。

1.2.5 随机不是均匀

人们有时会陷入思维误区，想要人为地制造“随机”，结果却不自觉地变成了“均匀”，殊不知这种均匀其实一点也不随机。

比如，有人特别关注彩票中奖号码，认为如果一些数字出现的次数少，就更有可能在下次中奖号码里出现，这样似乎看上去更“平均”。再比如抛硬币时连续 5 次都正面朝上，就会不自觉地以为，下次反面朝上的概率会大一点。但实际是，中奖号码不会受到已经出现数字的影响，抛硬币也不会因为以往情况而改变结果。

统计学告诉我们，很多时候基于经验和直觉的判断并不靠谱。比如**本福特定律**，它是由美国电气工程师弗兰克·本福特（Frank Benford）提出的。该定律表明，在众多真实数据中（比如财务数据、国土面积、国家人口等），以“1”为首位数字的数的出现概率约占总数的三成，几乎是人们误以为的理论期望值（即 1/9）的 3 倍。本福特定律是一条初看起来有些奇怪、不符合直觉的定律，不过这条定律用处很大。后来数学家证明了它的结论。由于本福特定律适用于大多数财务方面的数据，因此在现实生活中，它可以用来检查财务数据是否造假。

虽然这个世界上，很多事情未来是否发生、如何发生，难以用确定的公式表示，但这并不代表它们无规律可循。借助统计学和概率模型，我们仍能很好地对它们进行描述和预测。

1.3　概率的威力

数学上的**概率论**和**数理统计**时常被一并提及，但这两门学科是有区别的。概率论是统计学的基础，它是对随机性进行数学研究的理论基础。数理统计则关注通过大量原始数据研究对象行为规律的方法。可以说，概率论更偏数学理论，数理统计更多的是应用。

统计学不是一定要用到概率论，比如用样本均值来表示总体某种特征的大致水平，这个和概率就没关系。但是概率论研究的是随机现象，而统计学恰恰涉及无处不在的随机性，因此概率论就成为精确刻画统计数据的重要工具。

举例来说，概率论研究的是一个“白盒”，你很清楚盒子中有几个红球、几个白球，即很清楚数学上的分布函数，然后推测摸到特定颜色球的可能。而数理统计要面对的是一个“黑盒”，你只看到每次从盒子里摸出来的是红球还是白球，然后猜测这个盒子中球的颜色分布。比如，盒子中红球和白球的比例各占多少？或者回答能不能认为红球占 60%、白球占 40%？用统计学术语来说，前一个问题叫作**参数估计**，后一个问题则被称为**假设检验**。

法国数学家拉普拉斯曾说：“人生中最重要的问题，大多数情况下是概率问题”。不过，如此重要的数学理论，在过去很长一段时间里却一直没有被人们重视起来。最初研究概率论的并非数学家，而是一群赌徒和投机者，因为解决这些概率问题可以直接为他们带来金钱上的收益。直到 20 世纪，概率论的公理体系才比较完整地建立起来。

1.3.1　试验能得出什么规律

自然界里的现象大致可以分为两类。一类是在特定条件下必然发生的现象。比如，把手中的石子抛向空中，由于受到地球引力的影响，所以它必然会落下；同性电荷受到电场的作用，必然相互排斥。我们把这类现象称为**确定现象**。

还有一类现象，它们没那么确定。比如向空中抛一枚硬币，落下后可能是正面朝上，也可能是反面朝上，只有抛了才知道。射击运动员拿枪对准靶子射击，有可能射中靶心，也有脱靶的风险。这类现象称为**不确定现象**。它的特点是：第一，在相同的条件下可以重复进行；第二，出现结果的个数有限，所有可能的结果事先可知；第三，每次究竟出现哪个结果，无法提前确定。

虽然每次抛硬币的结果无法提前预知，但只要重复进行大量试验，硬币正面朝上的结果就总是接近总数的一半。这种在大量重复试验或观察中呈现出的固定规律性，便是**统计规律性**。在个别试验中结果呈现不确定性，在大量试验中结果又具有统计规律性的现象，称为**随机现象**。概率论与数理统计，就是研究和揭示这种随机现象统计规律性的数学学科。

当进行随机试验时，人们通常关心符合某种条件的样本所组成的集合，它被称为**随机事件**，简称为**事件**。例如，想要检测某种灯泡的质量，“灯泡中有次品”就是一个随机事件。为了统计出随机事件究竟有多大可能性会发生，数学家们使用**频率**来描述随机事件发生的频繁程度。它是同等条件下某个事件发生次数与总试验次数之比。假设 100 个灯泡中有 10 个是次品，那么次品发生的频率就是 10%。

需要注意的是，物理学中也有频率（又称周波数）的概念，它表示单位时间内某事件重复发生的次数，单位是 Hz。1Hz 表示事件每一秒发生一次。物理意义的频率一般用于描述声波、电磁波（如无线电波或光波）等的波动性质。如无特别说明，本章中提到的“频率”均指概率论中的数学定义。

随着重复试验的次数逐渐增大，事件频率会呈现出稳定性，数值接近某个常数。这种“频率稳定性”就是我们前面所说的统计规律性。而通过反复试验得到的频率常数，可以近似代表这个事件发生的可能性，即它的**概率**。

1.3.2　如何合理分配赌金

概率这个概念始于 17 世纪，主要的资料来源于数学家帕斯卡和费马的书信内容。这两位数学天才讨论并解决了一个"赌金分配问题"。该问题预设了这样一个场景：在一场赌局中，约定谁先赢 3 局谁就获胜，赢家可以拿走全部赌金。现在其中一人已经赢了 2 局，另一人只赢了 1 局，突然赌局因故终止，问双方应该如何公平地分配赌金？

对于掌握了现代统计学知识的我们来说，这个问题实际上就是要计算双方赌局中的获胜概率。有了概率，就能求出赌金的分配比例。可当时的人们并不知道这个思路。实际上，帕斯卡和费马这两位数学家使用了不同的数学方法来解决这个问题，帕斯卡运用的是算术方法，费马则运用了排列组合方法。他们都给出了正确答案：应该按照 3∶1 的比例分配赌金。

正是关于赌金分配问题的讨论，开创了概率论研究的先河。当时还没有"概率"（Probability）这一术语，人们使用"机会"（chance）之类的词来表达概率的含义。后来，阿尔诺（Antoine Arnauld）与尼古拉（Pierre Nicole）在 1662 年出版的《波尔·罗亚尔逻辑》[⊖]中首次为"概率"这个词赋予了数学含义。严格的概率论数学体系直到 20 世纪才得以完善，如今大多数人知道的概率定义，是由法国数学家及物理学家拉普拉斯在 1774 年正式提出的。他指出，概率是"特定情况下的个数"占"所有可能发生情况的个数"的比值。

1.3.3　概率与异常值

概率是一个比较抽象的概念，它表示某个事件会发生的可能性。

首先，**概率是经验值，它由频率推导而来**。比如要验证抛硬币正面朝上的概率，可以重复地抛，抛的次数越多，它的频率就越接近它的概率。历史上，为了验证频率是否可以表示某个事件发生的可能性，很多数学家都抛过硬币。比如 18 世纪法国数学家蒲丰亲自抛了 4040 次硬币，20 世纪英国数学家卡尔·皮尔逊抛了 24 000 次，第二次世界大战（以下简称二战）时期南非数学家约翰·克里奇抛了 10 000 次硬币，他们把数据一一记录下来，做了详细的统计分析。只有基于数据，数学家们才有底气给出结论，这种科学精神奠定了概率论扎实的理论基础。

其次，**概率揭示了不确定性中的确定**，如同放射性元素固定不变的半衰期、掷骰子时每个点数出现的概率、打牌时摸到同花顺的概率，这些事件都有着相同的规律特点，即单次事件的结果不确定，但总的发生可能性又相对确定。

再次，**概率避免不了"黑天鹅"数据**。由于概率是从已有数据中统计出来的，所以，

⊖《波尔·罗亚尔逻辑》原名《逻辑或思维的艺术》，是 17 世纪欧洲最有名的逻辑资料，波尔·罗亚尔是法国修道院的名字。

如果没有相关事实数据，就不要指望能通过概率反映出真相。欧洲人哪怕拥有几千年来数百万次观察得到的白天鹅数据，也无法获得更好的天鹅模型，因为数据是不完整的，其中没有包含澳大利亚的黑天鹅数据。更糟糕的是，没人知道没有这些数据。

今天被广泛运用到各行各业的人工智能，其原理就是基于统计学的。它们只能根据已有数据进行归纳、推演和预测。对于那些“黑天鹅”数据，人工智能从来就没有见过，自然对其无能为力，更有可能把它们当作异常值给忽略掉。

但在现实中，我们要警惕数据的异常值！

异常值是那些少量但与其他数据存在较大差异的数据。有时，异常值仅仅是统计错误，可以直接丢弃。但有时，异常值反映了一些特殊且重要的情况，它们不能被忽略，反而需要数据分析人员进行更深入的研究。

举例来说，美国股市的道琼斯工业指数每天价格的波动幅度不会太大，如果只是基于历史数据来看，那么通常不超过4%。但在1987年10月19日，纽约股市的道琼斯指数开盘后经过一阵波动后急剧下跌，造成了迄今为止影响面最大的一次全球性股灾，随之带来很长一段时间的全球经济衰退。当天休市时，道琼斯指数下跌了23%，相当于亏损了5000亿美元。因为这天是星期一，所以后来也被称为“黑色星期一”。很多人在股灾发生后仍然感到奇怪，因为当天根本就没有任何不利于股市的消息和新闻。对于股市研究者来说，23%就是一个异常值。

异常值出现次数少，但要特别引起关注。事实上，异常值本身就是非常有价值的研究对象。生活中常见的异常检测应用有金融反欺诈、罕见病检测、网络流量入侵检测、机器故障检测等。如果我们要开发一个异常检测程序，就要想办法让算法“重视”异常值而不是“忽略”它，其中自然会用到很多数学方法，比如提高异常值的计算权重或通过概率计算出正常数值的区间范围等。

1.3.4 用概率击败庄家

概率作为数学中的重要概念，可以描述复杂系统的内在机制，在金融、博弈论、物理学、人工智能、机器学习、计算机科学等领域有着广泛应用。人们对概率的研究起源于赌博。

历史上有很多数学家都热衷研究赌博问题，爱德华·索普就是其中之一。这位数学家经过仔细研究，最终发现赌场里的21点游戏存在漏洞，能“钻空子”。在21点游戏中，每位玩家先拿到两张牌，然后选择是继续要牌还是不要，在手牌点数不超过21点的情况下，谁更接近21点谁就获胜。

索普发现，这个游戏的获胜概率会随着已发牌的情况而改变。比如一副牌在发过几轮后，如果台面上出现的都是小牌，那么剩余牌堆里的大牌就更多。根据规则，大牌会对庄家不利，因为庄家更有可能拿牌超过 21 点而爆牌。假设有一种方法可以计算出发牌情况，就能制定相应的获胜策略，从而提高玩家的胜率。为此，索普发明了一种叫作"高低法"的算牌方法，帮助玩家快速算牌。结果可想而知，他成为赌场中的常胜将军，甚至被很多赌场列入黑名单。

举这个例子并不是鼓励大家赌博和投机，而是为了说明概率论这门学科在很多地方都发挥出了远超你想象的作用。

1.4　直觉和错觉

诺贝尔经济学奖得主、心理学家丹尼尔·卡尼曼在《思考，快与慢》中描述了人类思考的两套分析机制：系统 1 是无意识的，它不费脑力，能够调用感觉和记忆做出瞬间判断；系统 2 负责处理复杂运算，专注在需要耗费脑力的大脑活动上。这种分工能够让人类大脑在应对外界变化时的代价最小、效果最好。

人的直觉是由系统 1 来控制的，它反应迅速，能够在瞬间做出预测，但是系统 1 存在偏见，经常会犯系统性错误。它会将原本较难的问题简单化处理，不擅长逻辑学和统计学问题。也就是说，有时我们的直觉可能只是错觉！

绝大多数人做判断时习惯从自身认知出发。人们评估风险时倾向于自己的主观感受，往往忽略了客观分析的重要性。比如喜欢炒股的人总认为自己能跑赢大盘，但统计表明，市面上 70% 左右的基金表现都比市场差，那些专业的投资人并不能赢过市场。又比如，心理学上有个术语叫作自利性偏差，认为人类普遍拥有认知偏差，喜欢把成功揽到自己身上，把失败归咎于别人或者坏运气。

由于数据会影响人的主观感受，而人的直觉对数据不敏感，所以人们依靠直觉做出的判断很容易出现错误。此时，使用概率就比直觉更靠谱。

1.4.1　猜拳是不是碰运气

猜拳游戏中，玩家通过表示石头、剪刀、布的不同手势进行对抗，决出胜负。很多人认为这是一个纯靠运气的游戏，因为按照概率来看，3 种手势出现的可能性是相等的，概率都是 1/3。

但实际情况是，人在主观上存在心理偏好，或受到之前回合的影响，出拳的结果会有意无意被影响和改变。比如有人就研究了猜拳时人们的行为，认为大部分人不会总是出同一种拳，即人会下意识地制造“均匀”现象。一个人如果不希望被对手预测到结果，那么通常很少连续 3 次出相同的手势。也就是说，如果对手前两次都出了石头，那么下一轮他更有可能出的是布和剪刀，此时只要有针对性地调整出拳策略，就能有更高的胜率。

此外，有人甚至统计发现，如果对手是男的，那么他首次猜拳大概率会出石头，因为拳头代表力量。总之，我想表达的是，猜拳游戏也许并不纯粹是一个靠运气的游戏，虽然运气成分占比很大，但是统计数据和概率理论能够帮助你提高胜率，哪怕只是一点点。

你或许已经意识到概率的威力了！

下面再来看几个反直觉的概率例子。它们不仅是有趣的智力游戏，也说明大脑的直觉认知和概率逻辑有时会发生冲突。

1.4.2 同一天生日的概率是多少

第一个例子是**生日悖论**。历史上有很多著名的悖论，它们的结论往往令人意想不到，或与直觉不符。生日悖论的问题是这样的：在一个 50 人的班级中，出现两个人同一天生日的概率是多少？

很多人会想，一年有 365 天（闰年为 366 天），班里只有 50 个人，两个人同一天生日的概率应该不大。结论真是这样吗？

为便于计算，我们假定一年有 365 天，也就是不考虑闰日（2 月 29 日）的情况。假定班级中有 n 个人，每个人的生日可以是一年中的任意一天，那么这个班级所有同学的生日组合共有 365^n 种可能。

让我们先来计算这些人生日各不相同的概率，可以这样考虑。

第一个人的生日是从 365 天中任意选出一天；一旦确定了这天的日期，第二个人只能从剩下的 364 天中随意选择一天作为生日；以此类推，第 n 个人的生日是从 $365-(n-1)$ 天中选出。把这些可能的选项相乘后，除以总的可能组合，就得到了所有人生日各不相同的概率：

$$\frac{365\times364\times\cdots\times(365-n+1)}{365^n}$$

有了所有人生日不同的概率，就很容易得到这些人中出现相同生日的概率：

$1-\frac{365\times364\times\cdots\times(365-n+1)}{365^n}=1-\frac{365!}{365^n(365-n)!}$。式中的！代表阶乘。

省略计算过程，这里直接贴上最终结果，如下表所示。

班级人数	20	23	30	40	50	57	60
班里有人生日相同的概率	0.411	0.507	0.706	0.891	0.970	0.990	0.994

可以看到，一个 50 人的班级出现相同生日现象的概率竟然达到 97%。当班级人数达到 57 人时，这个概率竟然高达 99%！而根据鸽笼原理㊀，只有超过 366 人，才能保证班级里必然出现相同生日的情况。

不仅如此，随意让 23 人聚在一起，就有 50% 的概率能够找到同一天出生的两人。是的，只要 23 人。这个数字可比很多人直觉想象的要少得多！

这是为什么？因为我们只要找到任意两个人同一天生日就行，并没有指定是哪两个人，也没有指定具体日期。在数学上，将 23 人两两配对有 253 种排列组合，其中任意一种组合都有可能出现同一天生日的情况。

1.4.3 蒙提霍尔的三门问题

让我们来看看第二个例子，它叫**三门问题**，又称**蒙提霍尔问题**，出自 20 世纪美国电视节目《让我们做笔交易》中主持人蒙提霍尔提出的一个问题。这个节目有一个紧张刺激的大奖选择环节：参赛者要在三扇关着的门前做出选择。门后分别藏着一辆汽车和两只山羊，如果参赛者打开了藏有汽车的门，就可以立即赢走汽车。

整个流程是这样的：首先，参赛者选择一扇门。随后，蒙提霍尔会打开剩余两扇门中的一扇，展示门后的山羊。在排除了一个错误选项后，参赛者有权选择是否换门，一旦确定换门或放弃了换门机会，被选择的门就会被打开，答案揭晓。在整个过程中，引起民众热议和讨论的就是主持人的这个问题——参赛者是否应该选择换门？改用统计学的问法：换门是否会增加赢走大奖的概率？

有人认为，既然已经打开了一扇门，那么剩下两扇门中是山羊和汽车，两者出现的概率是一样的，与节目之前的流程没有任何关系。无论怎么选择，选对的概率都是二分之一。当时持有这种观点的人不在少数，其中不乏来自数学或科学研究机构的专家和学者。

㊀ 鸽笼原理，也称抽屉原理。它可以简单地表述为，假设有 n 个鸽笼和 $n+1$ 只鸽子，所有的鸽子都被关在鸽笼，则至少有 2 只鸽子会被关在同一个鸽笼中。

不过这个推论是错的，因为主持人开门的动作并不是一个随机事件。由于主持人提前确认过门后的信息，因此他的开门事件符合条件概率。所谓条件概率，可以理解为它是某些特定条件下的概率。在三门问题中，这个“特定条件”是由主持人造成的，他开门的动作人为地产生了影响最终结果的信息。

如果你能理解这点，那么让我们重新从参赛者最初的选择开始推演：如果参赛者一开始选中汽车，这个概率是 1/3，那么他选择换门后，赢得大奖的概率是 0。如果他一开始选中山羊，这个概率是 2/3，那么在排除了另一扇有山羊的门后，只要选择换门，他赢车的概率就是 1。因此，无论如何他都该选择换门，因为换门后他有 2/3 的概率赢走汽车。

关于到底是 1/2 还是 2/3，在当时引发了民众的激烈讨论。其中的关键就是，主持人是知道门后的信息的，他一定会有意地打开背后有山羊的那扇门。在这种情况下，换门后赢得汽车的概率就不是对半开。如果主持人随机打开一扇门，碰巧看到了山羊，那么这时选择换门赢车的概率才是 1/2。

这个故事还有类似的案例。法国数学家贝特朗在他关于概率的书中提到了**贝特朗盒悖论**。他设想有 3 个盒子，一个盒子中有两枚金币，另一个盒子有两枚银币，还有一个盒子中有一枚金币、一枚银币。随机抽取一个盒子，可以知道这个盒子中有两枚相同硬币的概率是 2/3。但是如果我们从这个盒子里拿出一枚硬币，看后确认是金币，那么这个盒子只可能是以下两种情况之一：要么有两枚金币，要么是一枚金币和一枚银币。既然任何一个盒子被选中的概率都是相同的，那么似乎看上去，我们拿到有相同硬币的盒子的概率从 2/3 下降到了 1/2。如果我们一开始拿出的是银币，那么也可以做出同样的推导。

原本盒子里有两枚相同硬币的概率是 2/3，为何一打开盒子就改变了它的概率呢？这是因为当我们拿出金币时，其实已经确认了一些事情——知道了它是来自哪两个盒子，但这个信息是额外获得的。如果要得出盒子中两枚相同硬币的概率，就必须把取出的金币是来自哪个盒子的概率也考虑进去。从有两枚金币的盒子中拿出金币，和从有一枚金币和一枚银币的盒子中拿出金币的概率是不同的。前者随便怎么拿都能拿出金币，后者拿出金币的概率只有 1/2。我们不能忽略这个额外信息背后隐藏着的条件概率。

概率关注的是未知事件发生的可能性，一旦某个事件被确认过，它就不再是未知的。面对黑盒时，我们不能确定的是两枚硬币的分布情况。而当我们拿出其中一枚硬币查看时，已经人为地把一枚不确定的硬币变成了确定状态，此时概率的“前提条件”就变了，一些未知的事件变成了已知。

概率问题之所以有时反直觉，是因为它要根据不同的前提或假设做出不同的推算。我们必须认识到，获取信息的方式和信息本身同样重要。一旦我们使用了一些非随机的方式去干预或影响本该随机发生的事件，概率也就会随之发生变化。

1.5 生活中的大数定律

既然概率是由频率推导而来的，要得到可信的概率，就要大量重复地试验。而且，重复试验的次数越多，结论就越让人信服。那么，为何人们直觉上更愿意相信从大数据中得到的统计结果，而不是从小数据中得到的经验呢？

1.5.1 大数定律的概念和意义

要解释这一现象，统计学中有一个非常重要的理论——**大数定律**。该定律表明，**样本数量越多，结论就越接近真实的概率分布**。也就是说，在重复的试验中，随着试验次数不断增加，事件发生的频率会越来越趋于一个稳定的数值，即它的概率。

大数定律最早是由数学家伯努利在他的《推测术》中提出的。该书由 4 个部分组成，前 3 部分主要是对古典概率的系统性阐述，第 4 部分是这本书的精华，主要探讨了概率论在社会、道德和经济领域的应用，其中就提到了大数定律以及它的证明过程。

只有基于大量的统计数据，才能得到更为准确的统计结果。这个结论虽然直觉上好理解，但以前没有人证明过它。伯努利的伟大之处就在于，他用数学严格证明和解释了这个直觉经验：只要通过大量试验，人们观察得到的频率和实际的概率之间的差距就会越来越小，而且只要重复次数足够多，这个误差就能够小于任意小的正数。这也是概率论历史上第一个极限定理。

由伯努利首先研究并推广的大数定律，已经成为整个统计学的基础。随后经过几百年的发展，大数定律的理论体系被不断完善，切比雪夫、辛钦、泊松、马尔可夫等一系列大数定理被提出和证明，它们都是基于大数定律的某种数学表达。不过，人们仍然对伯努利大数定律的哲学意义给出了很高的评价。伯努利自己在《推测术》的最后说道：如果我们能把一切事件永恒地观察下去，那么我们终将发现，世间的一切事物都受到因果律的支配，而我们注定会在种种极其杂乱的现象中认识到某种必然。

大数定律告诉我们，随机事件重复发生后，其可能性结果会趋于一种稳定的状态。它揭示了随机事件发生频率的长期稳定性，体现了偶然之中包含的一种必然。

大数定律已经广泛应用到宏观经济学、量子热力学、空气动力学等各个领域。生活中很多地方也能看到它的身影。比如你想换部手机，于是在网上搜索手机的相关信息，突然发现一个人对某品牌型号的手机赞不绝口，这时你该怎么做？轻易地相信对方？或选择再看看别人的评价？大数定律的建议是，如果评论人数很少，这些评论就不能很好地反映商品的真实价值。那些在网站上排名靠前、评价极高的商品、视频、资讯，可能只是因为有少数人给出了极高的分数，或是商业广告推荐。它们仅仅是个案。只有参考大部分人的评价，才更接近真实情况，数据结论才更有价值。

1.5.2　蒙特卡洛方法

今天被人们经常提及和用到的**蒙特卡洛方法**，其理论依据就是大数定律。

蒙特卡洛方法是由数学家冯·诺伊曼、乌拉姆等人最早发明的，也称统计模拟方法。蒙特卡洛不是人名，而是摩纳哥的一座城市，它是世界上著名的赌城。蒙特卡洛方法是一种基于概率的计算方法，它将求解问题和概率模型关联起来，不断从总体中抽取随机样本，通过模拟和计算得到近似解。此方法随着计算机技术的发展被迅速普及。

蒙特卡洛方法的原理很朴实，简单来说就是不断抽样，逐渐逼近。比如要计算圆周率 π，可以先让计算机模拟一个正方形和里面的一个圆，如图 1-2 所示。

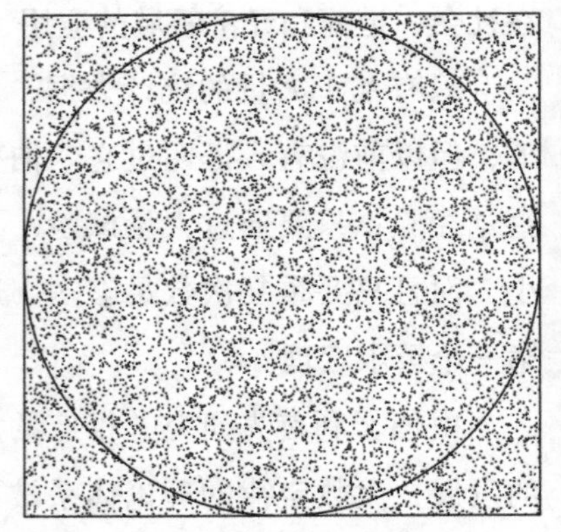

图 1-2　用蒙特卡洛方法计算圆周率示意图

随后让计算机不断模拟向正方形中随机地“撒点”。统计落在圆内的点的数量和所有正方形中点的数量的比值，并将它近似看成是圆形和正方形的面积的比值，即 π/4。只要模拟数据点足够多，就能近似计算出圆周率 π。模拟的数据越多，计算结果就越逼近真正的 π 值。蒙特卡洛方法别看原理简单，其实使用起来相当灵活。它能用于很多需要“枚举”的算法，比如下围棋、走迷宫，或计算任何不规则几何图形的面积。

1.6　如何验证假设

尽管大数定律十分有用，但在现实生活中，它无法适用于所有场景。有时，我们只掌握了有限个“小数据”，但必须马上做出判断。在这样的场合下，通常的做法是先提出一些假设，然后想办法验证它们是否合理。

在统计学中，这是一个关于如何检验既定假设的问题。

1.6.1　女士品茶

假如你的面前放着一杯奶茶，你能只喝一口就分辨出冲泡这杯奶茶时，是先放的奶还是先放的茶？也许你不能，但这世上有人能。

20 世纪 20 年代末，一个夏日的午后，英国剑桥大学里一群大学教员与他们的家人和朋友聚在一起闲聊。此时突然有一位女士提出，将茶倒进牛奶里和将牛奶倒进茶里的味道是不同的。当时，在座很多人并没把它当回事，因为无论是先放奶还是先放茶，最终两者都会融合在一起，这能有什么区别呢？两种液体的混合物在化学成分上不可能有任何区别。

总有一些人能关注到平常生活里的不平常。现场有一位叫费希尔（Fisher）的数学家对这一话题抱有浓厚的兴趣。他思索着，是否可以设计出一种实验，或者运用什么数学方法，来检验对方有没有撒谎。

这个问题的难点在于，怎样才能判断对方具有分辨两种茶的能力？即便这位女士没有辨茶能力，她也有 50% 的概率说对一杯奶茶的调制顺序。给她两杯茶，她仍然可能猜对。那要给多少杯茶，才能消除对她判断的质疑呢？更进一步，数学上是否可以对某种假设的成立性进行检验和判断？

费希尔对这类问题进行了大量数学研究。最终他成功设计了一种实验，证明了那位女士确实可以正确判断奶茶的制作顺序。他是这么做的：首先准备 8 杯奶茶，4 杯用了茶加奶的方式混合，另外 4 杯用了奶加茶的方式混合。随后将它们随意打乱，提供给女士品尝。根据计算，这 8 杯茶中任意 4 杯先放奶、其余 4 杯先倒茶的排列组合共有 70 种，想要正确分辨所有奶茶的调制顺序，相当于是从这 70 种可能性中找到唯一正确的一种可能。如果是靠猜的（也就是随机选择），就只有 $1/70 \approx 1.43\%$ 的概率能全部猜对。假设这个低概率事件真的发生了，那就表明这位女士大概率不是靠猜的，而是掌握了某种可以正确分辨奶茶调制顺序的技巧。而根据当时在场人士的回忆，最终女士分辨对了所有茶的制作顺序。

这个故事来自经典的统计学读物《女士品茶》，故事中的费希尔是现代统计学的奠基人之一，实验的详情记录在他 1935 年的著作《实验设计》（*The Design of Experiments*）中。费希尔发表了多篇有关假设检验的论文，他还创立了统计学中常用的 **T 分布检验**和 **F 分布检**

验。故事中提到的女士——穆里尔·布里斯托（Muriel Bristol）博士，她比费希尔大两岁，是一位藻类学家，在藻类获取营养机制方面颇有建树。不过令她意想不到的是，公众对她的熟知主要来自“品茶的女士”这一身份。

关于费希尔的品茶实验，涉及统计学里非常重要的检验工具——**假设检验**。

1. 假设检验的基本方法

假设检验的基本思想是这样的：为了检验一个假设是否成立，就先假设它是成立的，然后看看会产生怎样的后果。当观测结果出现的概率非常低时，我们就认为原先的假设是不成立的，可以拒绝这个假设[㊀]。反之，不能拒绝这个假设。请注意，这里只是说**不能拒绝**这个假设，并不表示**接受**原先的假设，这两种说法要表达的含义是不同的。

假设检验使用的是反证法，它是一种推翻既定假设的工具。我们给出一个假定结论，然后用统计的方法去验证它是否靠谱。假设检验就是这样一种在待检验假设成立时计算观测结果出现概率的统计方法。

数学上要证明一种现象不合理，并不是说它的形式逻辑存在绝对的矛盾，只是认为小概率事件在一次观察中基本不会发生。比如前面提到的女士品茶例子，布里斯托女士全部猜对 8 杯茶的概率只有 1.43%，虽然它仍然可能发生，但我们做出的基本判断是“她不是猜的”。就是说，如果一个假设导致了小概率事件发生，那么它大概率是不合理的。

假设检验在数学上有着很广泛的应用。比如我们手上已经有了一组数据，但不清楚它的总体分布函数，又或者只知道它的数学分布形式，但不清楚具体参数。此时为了推断总体分布的某些特性，我们可以先提出假设：如假定总体是服从**泊松分布**[㊁]的，又或者假设服从**正态分布**的总体的**数学期望**[㊂]是某个数值等。随后，我们根据手上的样本数据，判断这些假设是要接受还是要拒绝。假设检验就是这样的一种决策过程。

假设检验也称为**显著性检验**。在统计学发展的早期，人们用**显著**（significance）一词表示概率足够低，足以拒绝假设。在 19 世纪的英语语境中，如果某类数据是“显著”的，则表示它具有一定的含义，会说明一些事情。不过到了 20 世纪，“显著”一词逐渐扩展了它

㊀ 数学上称原假设或零假设，它的对立假设是备择假设。

㊁ 泊松分布是法国数学家泊松于 1838 年提出的。它可以描述某段时间内，某个随机事件发生的次数。生活中有很多实际应用是满足泊松分布的，比如：书中每页的印刷错误数；单位时间间隔内某种放射性物质发出的粒子数；医院中每天的急诊病人数等。

㊂ 数学期望代表了事件每次可能的结果乘以其结果发生的概率的总和。

的含义，它开始表示某件事情十分重要。今天的统计理论仍然沿用了“显著”这个词语，用来表示某个待检验假设的出现概率“非常低”，不是说这个概率“很重要”。仅仅通过字面意思很容易混淆两者的概念。

2. 置信区间的概念

当进行参数估计时，我们除了想知道参数的平均值，有时也关心它的精确程度，也就是上限和下限。比如在生产元件时，通常希望知道这些元器件的寿命处于哪个区间范围，这个区间在数学上称为**置信区间**。

1934 年，内曼发表了题为《论代表方法的两个不同方面》（“On the Two Different Aspects of the Representative Method”）的论文。在论文的附录中，内曼提出了一种确定区间估计及其准确性的简单方法，他把这个估计的区间称为置信区间，并将置信区间的两端称为**置信界限**。内曼曾在论文中对如何理解置信区间做过说明。他认为，应该站在过程的角度看待置信区间，而不是盯住结论。对于置信水平是 95% 的置信区间，表明在 100 次判断中，参数真值有 95 次落在特定区间。也就是说，95% 这个概率不是用于判断结论正确与否的概率，而是指人们运用统计方法在多次实践后做出正确判断的概率。它与当下估计的准确性或人的主观信心并没有关系。不过，今天很多人（或在很多统计学书上）会告诉你：置信水平为 95% 的置信区间代表了人们有 95% 的把握和信心，相信某个参数落在特定区间。这么想其实已经背离了统计学家最初对它定义的本意。

假设检验具有严谨的数学逻辑。我们根据统计数据，判断当前假设是否有概率出错，但并不否定没有出错的可能。也就是说，想要推翻某个假设，我们只要找到一个反例，但要证明假设是对的，则必须验证这个假设的所有可能性。实际上，我们并没有证明假设的正确性，而只是证明了我们无法证明它是错的。

3. 卡方检验法

假设检验有很多种方法，比如在已知总体分布形式的前提下，根据不同的总体情况，可以使用 **Z 检验法**、**T 检验法**、**F 检验法**来判断假设是否足以拒绝。在实际问题中，有时我们不知道总体服从何种类型的分布，这时需要根据样本来检验分布的假设，这种情况下比较常用的是**卡方检验法**。

举例来说，我们拥有一些关于蝴蝶和蜻蜓的昆虫样本，想要知道它们的数量是否均等。于是，我们先假设蝴蝶和蜻蜓数量均等，然后从中随机选择 100 只昆虫作为样本，结果选出了 10 只蜻蜓和 90 只蝴蝶。那么，我们是否能认为最初关于蝴蝶和蜻蜓数量均等的假设是正确的呢？

在这个例子中，我们抽样所得的数据（实际值）与预期结果（理论值）相差较大，可以使用卡方检验法来检验原来的假设。卡方检验法最早出现在英国数学家皮尔逊 1900 年发表的论文中。使用卡方检验时，需要保证事件必须以独立的形式分别发生，一旦得到了实际值 O_i 和理论值 E_i（也就是**期望值**），就可以使用公式 $\chi^2=\sum\frac{(O_i-E_i)^2}{E_i}$ 计算出**卡方值**。实际值和期望值如果是相同的，它的卡方值就等于零。两者相差越大，卡方值就越大。

回到昆虫抽样的例子中，我们实际抽到了 10 只蜻蜓和 90 只蝴蝶，而期望值是 50 只蝴蝶和 50 只蜻蜓。此时卡方值 $\chi^2=(10-50)^2/50+(90-50)^2/50=64$。这个数很大（超过了卡方分布的临界值），因此可以认为最初的假设（即蝴蝶和蜻蜓来自数量均等的昆虫群）是不正确的，有理由拒绝这个假设。

1.6.2 停时理论

假设检验关心的是如何在不确定的情况下验证一个假设。有时，我们还会遇到另一类问题——在不确定的情况下，何时对一件事情做出决策。生活中我们无时无刻不在做决策，可难点在于，很多决策并不像考试那样有标准答案。有时决策的时机稍纵即逝，一旦错过就再也无法挽回。

试问，相亲时应该去多少次，才能认定眼前的他或她是自己的理想伴侣？如果我们既不想与眼前这位失之交臂，又不能确定下一位出现的人才是一生的伴侣，这时该怎么办？看房时，我们应该当机立断选定眼前的这套房子并把定金付了，还是掉头就走？毕竟热门房型很快就会被一抢而空，我们不能犹豫。

再来看个例子。1960 年，《科学美国人》杂志的“趣味数学”中刊登了几个难题，其中有一个问题就是秘书问题：假设很多人申请秘书岗位，你是面试官，你的目标是从这些人中选出最佳人选。你不知道如何为每个申请人评分，但是可以通过比较判断出更优秀的申请人。面试时，你随时可以决定将这份工作交给对方，然后面试工作就此结束。一旦你否决了一名面试者，就不能改变主意，不能再回头选择他。可难点在于，既然无法重来，那就必须在某一时刻做出决定，否则很可能面试完所有人，发现自己已经错过了最佳人选。但在面试过程中，只要不到最后一人，我们的选择就永远伴随不确定性，因为我们不能确认眼前的人就是最优秀的。

上述这些问题讨论的是观望和出手的时机。解答此类问题有一个**停时理论**，也叫**最优停止理论**。它的数学解法是这样的：假定共有 n 个选择时刻（或 n 个数），现在在第 k 个时刻（或者第 k 个数）做出选择，在做出选择后，我们可以计算出后面有比这个选择更好的时刻（或数）的概率 $P(k)$，即求出最优选择出现在第 k 个时刻（或者第 k 个数）之后的概率。有了概率 $P(k)$，通过一些数学上的规划求解方法，我们能得到这个概率函数的最大理论值。具体的数学推导这里不再详述，读者只要知道，当数据总量很大时（比如面试的总人数很多），这个结果近似等于总量的 1/e，也就是 37% 左右。（e 是自然对数函数的底数，它是数学常数，约等于 2.7。）

于是，我们可以得出这样的结论：假如需要面试 100 个人，那么前 37 个人可以随便看看，后面只要碰到一个比前面这些都好的就赶紧定下来，这似乎对前面 37 个人不太友好。如果你知道了其背后的原理，那么我建议你在参加面试时，尽量选择在 37% 以后出现，或许通过概率会高一点。对于相亲和看房，也是同样的道理。

可见，数学家总是能将一个具体的生活问题抽象成一个合理的数学问题，无论是相亲、看房还是面试，哪怕我们的选择具有不确定性，我们也可以找到一个相对确定的最优选择方案。

1.7　经验和实践如何共存

至此，本章已经讨论了很多关于统计学的理论。比如用大数定律来描述随机现象的统计规律性；用概率来解释不确定性中的确定；用假设检验方法来验证一个未知问题的假设是否合理。这些统计理论可以很好地指导我们生活和工作。

可是，理想很“丰满”，现实往往很“骨感”。如果有一天，我们知道的统计规律和现实生活发生了冲突，又或者前人的经验不符合亲身经历，那么该怎么办？面对经验与现实的矛盾，我们需要一种应对方案。

假设你正在玩抛硬币猜正反的游戏。游戏看上去很公平，没有人在干预硬币结果，硬币看上去也像是普通的硬币。对于即将开始的下一局，请问你该如何下注？理论上讲，硬币在落地后得到正面和反面的概率是一样的，所以你可以随便猜，总会猜对一半。但那毕竟是理论，你无法确保眼前的这枚硬币也是如此。更何况，你无法提前抛足够多次这枚硬币，来验证你的假设。

那该用怎样的下注策略呢？答案是根据历史信息来决定。比方说，已经抛了 10 次硬币，其中有 8 次正面朝上。就是说通过 10 次实践，硬币正面朝上的概率是 80%。虽然这个概率和它的理论值（50%）比可能有偏差，但它仍然是下注的重要参考。如果还有第 11 次抛硬币，你就应该去猜正面朝上。

更极端点，如果硬币扔了一亿次都是正面朝上，那下一次反面朝上的概率是多少？我们能否坚信它是一枚特殊硬币呢？不能。虽然下一次硬币反面朝上的概率无限接近于零，但它不等于零。只要没有对硬币做出更进一步的确认，无论扔多少次，我们都无法排除反面朝上这个选项，只能无限降低对它的可能性的预期。

大部分人都是根据历史经验不断修正自己的认知。毕竟我们不是先知，不能提前知道所有事件发生的概率。这种思考方式具有现实意义，它背后的数学原理是**贝叶斯定理**。

1.7.1 什么是贝叶斯定理

预测在生活中必不可少，比如决定是否购买更多的股票、预测某个球队是否获胜、确定下个月是否外出旅游等。要做出准确的预测，不仅需要得到某个事件发生概率的理论值，还要结合实际经验做出合理判断。换句话说，人对某一事件未来会发生的认知，大多取决于该事件或类似事件过去发生的频率。这就是贝叶斯定理的数学模型，它最早由数学家托马斯·贝叶斯提出。

贝叶斯生活在 18 世纪，他的本职工作是一位英格兰长老会的牧师。1763 年，他发表了论文《论有关机遇问题的求解》，提出了一种解决问题的框架思路，即通过不断增加信息和经验，逐步逼近真相或理解未知。这种思想奠定了贝叶斯理论的基础。贝叶斯定理的过程可以归纳为："过去经验"加上"新的证据"得到"修正后的判断"。它提供了一种将新观察到的证据和已有的经验结合起来进行推断的客观方法。

假设有随机事件 A 和 B，它们的条件概率关系可以用以下数学公式表达：

$$P(A|B)=P(A)\frac{P(B|A)}{P(B)}$$

其中，事件 A 是要考察的目标事件，$P(A)$ 是事件 A 的初始概率，称为**先验概率**，它是根据一些先前的观测或者经验得到的概率。

B 是新出现的一个事件，它会影响事件 A。$P(B)$ 表示事件 B 发生的概率。

$P(B|A)$ 表示当 A 发生时 B 的概率，它是一个**条件概率**。

$P(A|B)$ 表示当 B 发生时 A 的概率（也是条件概率），它是我们要计算的**后验概率**，指在得到一些观测信息后某事件发生的概率。

贝叶斯公式给出了通过先验概率和条件概率求出后验概率的方法。举个例子，我们假设 A 事件代表堵车，B 事件代表下雨，并且已知以下数据：

某天下雨的概率是 40%，即 P（下雨）=0.4。

上班堵车的概率是 80%，即 P（堵车）=0.8。

如果上班堵车，则这天是雨天的概率有 30%，即 P（下雨 | 堵车）=0.3。

那么，我们就能求出下雨天上班堵车的概率：

P（堵车 | 下雨）

= P（堵车）× P（下雨 | 堵车）÷ P（下雨）

= 0.8 × 0.3 ÷ 0.4

= 0.6

这个计算并不复杂，但蕴含着深刻的含义。有时，先验概率很容易得到，但对于不同的条件概率，其计算难度差别很大。比如医生可以在心脏病人中统计男女占比，但很少会在只知道对方性别的情况下诊断对方得心脏病的概率。

另外，根据贝叶斯公式，先验概率一般是由以往的数据分析或统计得到的概率数据。后验概率是在某些条件下发生的概率，是在得到信息之后再重新加以修正的概率。也就是说，后验概率可以在先验概率的基础上进行修正并得到。

1. 贝叶斯派和频率派

基于贝叶斯的思考方式几乎无时无刻不在发生。

人通常很少做出绝对的判断，但会做出相对可信的推断，并根据新的证据不断更新之前的结论。比方说，没有一个程序员能保证自己写出来的代码没有任何缺陷。但是我们可以对它进行大量验证，每通过一项测试，我们就更有把握确保这段代码的质量。

在**贝叶斯派**的世界观中，概率是被解释为人们对一件事情发生的相信程度，也就是信心。假设你不确定一件事情的发生概率，但你知道一定存在这个概率值，于是你开始不断重复做试验，并记录下每次的结果。刚开始时，得到的后验概率是不稳定的。但随着试验次数的增加，观测值的出现概率会越来越接近它的真实概率值。在这个过程中，我们不是从随机性里推断出确定性，而是保留了不确定性。这是贝叶斯派的思考方式。

不过，持有**频率派**观点的人对概率有另一种解释。他们认为概率是事件在长时间内发生的频率，也就是发生次数。比如，汽车事故发生的概率，可以认为是一段时间内发生车辆事故的次数。不过人们发现，这个定义不适用于一些特殊情况，尤其是只会发生一次的事件。试想一下，选举时我们讨论某个候选人的获选概率，但选举本身在未来只会发生一次，永远得不到多次选举的数据。

为了解决这个矛盾，频率派提出了“替代现实”的说法，套用今天物理学里的概念就是平行宇宙，频率派认为概率是所有平行宇宙中发生的频率。

有时，把概率理解为信心或频率并不影响结果。比如一个人对汽车事故发生的信心就等同于他了解到的汽车事故的频率。但有时，用贝叶斯派的观点来解释概率显得更加自然。比如大会选举的例子，贝叶斯派不用考虑什么平行宇宙，只要考虑对候选人的获胜信心，把它当作选举成功的概率，这种理解具有现实意义。

贝叶斯派认为概率代表了个人观点，每个人都能给出自己认定的事件概率，它因人而异，没有唯一的标准。某人把概率 0 赋予某个事件，表明他完全确定此事不会发生；如果概率是 1，则说明他确信此事一定会发生。概率值在 0 和 1 之间，表示他心目中此事发生的可能性。这种观点为人与人之间的认知差异保留了余地。每个人拥有不同的信息、认知、判断，这些差异导致了不同的人对同一事件发生有着不同的信心，这并不代表别人就是错的。比如我在抛硬币后偷看了结果，我就能确定某个结果出现的概率是 1。显然，我获得的额外信息并不会改变硬币本身的结果，但会使我和别人对结果赋予不同的概率值。

在贝叶斯派看来，对一个事件发生的信心等同于概率。这似乎是人们长期以来和现实世界打交道的方式。很多情况下，人们只能了解部分真相，但可以通过不断收集证据来修正自己的观念。

频率派和贝叶斯派在考察不确定性时的出发点各不相同。频率派认为事件本身具有某种客观的随机性，而贝叶斯派认为这不是事件的问题，而是观察者不知道事件的结果。观察者对事件了解得越多，拥有的证据越多，他对事件的判断就越准确。

2. 贝叶斯推断与应用

基于贝叶斯的推理与应用为何这些年来广为流传，为人津津乐道？答案是因为大数据。过去没有大数据，所以先验概率很难获得。这些年来，很多数据被人们积累下来，贝叶斯模型的运用领域也越来越广泛。比如在一些语言翻译的网站、医疗诊断的仪器中，就会用到贝叶斯的统计方法。还有在电子邮件软件中，也集成了基于贝叶斯方法的垃圾邮件过滤功能。

贝叶斯定理告诉我们，即便获得了新的证据，也不要完全放弃初始的信念。新的证据会让我们对某些结果更有信心，或帮助我们修正初始信念的错误。就是说，我们既要关注新的证据，又不能忽略初始信念。新的证据很重要，因为初始信念可能是错的，这些证据可以用于做出修正。但同时，初始信念仍然是重要的基础，不能只根据新证据就草率地做出判断。关于这一点，让我们来举些例子。

假设中年妇女有1%的概率患有乳腺癌。有一台医疗设备能检验女性胸部肿瘤。根据已有检测数据，这台设备有80%的概率能正确诊断出乳腺癌。但对于健康女性，它也有10%的概率做出误判。现在假设有一位妇女的检查结果呈阳性，她被查出患有乳腺癌，那么她真正得癌的概率是多少？

大部分医生认为既然设备已经检查出了阳性，这位女性患有乳腺癌的概率就该很高，他们给出的答案通常在75%左右。但实际上，这个答案被高估了10倍。贝叶斯定理告诉我们，1%的先验概率，不会立刻变成75%的后验概率，它只会增加到7.5%。很多医生往往过于强调设备的准确率，认为检查结果呈阳性，这位妇女患乳腺癌的概率就应该和设备的准确率差不多，在80%左右。但这种直觉判断是错的。我们必须把更多的注意力放在患乳腺癌的女性的初始比例（即先验概率）以及健康女性是假阳性的概率上。因为健康女性的占比远高于患乳腺癌的人，所以她们被误诊为阳性的可能性也更大，这个数据不能轻易忽视。

再比如，假设一个盒子里放了很多球，其中红球占85%，绿球占15%。有人从盒子中拿出一个球，这个人有色弱，假设他分辨颜色的准确率是80%。如果这个人说这是一个绿球，那么这个球是绿色的概率是多少呢？

让我们来做一次计算：由于红色的球被看成是绿色的概率是$85\% \times 20\%$，绿色的球被看成是绿色的概率是$15\% \times 80\%$，所以这个球是绿色的概率是$\dfrac{0.15 \times 0.8}{0.85 \times 0.2 + 0.15 \times 0.8} = 41.38\%$。

也就是说，尽管这个人看到的是绿球，而且他分辨颜色的准确率达到80%，因为绿球本身的基数小，所以这个球是红球的可能性更大。

通过上面两个例子，我们可以发现，当先验概率足够强大时，即使出现新的证据，先验概率也会表现出惊人的影响力。这给我们的启示是，不能只把焦点放在最新获得的信息上，同时要关注全局，考虑先验概率这个重要前提。

1.7.2 朴素贝叶斯有多“朴素”

贝叶斯定理研究的是条件概率，也就是在特定条件下发生的概率问题。基于这一数学思想，人们提出了一种叫作**朴素贝叶斯**的算法。

朴素贝叶斯常用于解决分类问题，它的目的是把具有某些特征的样本划分到最可能属于的类别中。也就是说，样本属于哪个类别的概率最大，就认为它属于哪个类别。该算法已经被用在邮件分类、文章分类、情感分析等很多应用场景。以邮件分类为例，算法通过统计邮件内容中单词出现的频率，对邮件做出判断，比如发现了“扫码”“汇款”等特定词高频出现，那么就判断这封邮件疑似垃圾邮件。

既然叫作朴素贝叶斯算法，那它到底“朴素”在哪儿？

使用朴素贝叶斯算法要满足一个基本假设：假定给定目标值的各个特征之间是相互独立的，即**条件独立性**。举个例子，“鹦鹉会飞”和“鹦鹉会学人说话”这两个短语是条件独立的，因为它们之间没有必然联系。而“鹦鹉会飞”和“鹦鹉是鸟”就不是条件独立的，它们之间具有关联：鹦鹉是鸟，所以它能飞；或者因为鹦鹉会飞，所以它才被叫作鸟。总之，这两个短语彼此影响，“鹦鹉会飞”影响了“鹦鹉是鸟”的结论，“鹦鹉是鸟”又导致了“鹦鹉会飞”，它们不是条件独立的。

朴素贝叶斯算法为何要设置条件独立的前提呢？这是因为，如果每个特征不是相互独立的，在计算条件概率时，就必须把这些特征的所有排列组合都考虑一遍。这样不仅计算量大，还会产生指数级的参数数量，实际执行起来难度很大。

下面我们以文本分类为例，看看朴素贝叶斯算法的具体运作过程。

首先，**确定不同特征条件下各类别的出现概率**。比如要判断一篇文章是经济类文章还是体育类文章，可以把这个问题转化为：当出现“银行”“贷款”等特定词语时，这篇文章属于经济类的概率更高，还是属于体育类的概率更高？

其次，**省略计算全概率**。由于只是比较概率大小，因此不必计算每个特征出现的全概率。根据贝叶斯公式，全概率对所有类别都是同样的分母，比较时可以忽略。即，对于任意一篇文章，出现“银行”的概率有多大，含有“贷款”的概率又是多少，可以不必统计。

最后，也是朴素贝叶斯算法最核心的思想：**假设各个特征是条件独立的**。这样只要计算每个特征的条件概率，然后相乘比较，就能得出结论。就是说，不用考虑文章中“银行”“贷款”这些词语之间是否有关联（实际上它们很可能是有关联的），只要计算每个词语的条件概率即可。在这个例子中，假设待分类的文章中出现过“银行”“贷款”这样的词语。而我们已经有一些经济类和体育类的文章样本，可以事先统计出不同文章出现不同词汇的概率。现在要判断手上这篇文章到底是经济类文章还是体育类文章，可以计算以下两个“分数”。

分数 1=（一篇文章是经济类文章的概率）×（经济类文章出现“银行”的概率）×（经济类文章出现“贷款”的概率）

分数 2=（一篇文章是体育类文章的概率）×（体育类文章出现“银行”的概率）×（体育类文章出现“贷款”的概率）

如果分数 1 大于分数 2，这篇文章就更有可能是经济类文章，反之，则认为它是体育类文章。

当然，运用朴素贝叶斯算法还需要一些“技巧”。比如，算法要避免出现某个概率是 0 的情况。假设基于手上已有的学习样本，经济类文章恰巧没有出现过“银行”这个词，这时得到的（经济类文章出现“银行”的概率）就是 0，这就出了问题，因为只要有 0 的存在，总得分就一定是 0，这会放大不常见单词对结果的影响。因此，有时会为每个词的出现次数设定一个很小的初始值，以防止那些不存在的样本对总体概率造成影响。

针对文本处理，尽管不同单词之间存在联系，每种语言也有它特定的语法规则，但朴素贝叶斯选择忽略这些关联性。这个“朴素”的假设使得计算过程大幅简化，而从实践来看，结论通常不会有过大的偏差。

这就是朴素贝叶斯的“朴素”思想，它人为给了一个非常强的前提假设。由于这一假设，模型包含的条件概率数量大幅减少，朴素贝叶斯算法的预测过程也大为简化。当然，这么做也在一定程度上牺牲了分类准确性。

1.7.3　每个人都懂贝叶斯

贝叶斯定理虽然只是一个数学公式，但其内涵已远远超出了公式范畴。它告诉我们，要从不同角度去思考已有的想法，以不同的方式来检验它们，通过实践不断调整对问题的假设和看法。

贝叶斯定理提供了一种看待事物的全新视角。在一个不确定的环境下，每条信息都会影响原来的概率假设，需要根据最新的信息更新和改进决策，直到决策者从一切都不确定的状态变成可以坚定信心的状态。

人的认知过程或许就是如此。人类一直在探索和掌握新的知识，在这个过程中，一些知识被修正，错误的观念被丢弃。“燃素”就是很好的例子。这一概念最早出现在 17 世纪，当时人们不了解空气的组成，也没有氧气、氮气、氧化作用等相关知识。为了解释燃烧现象，“燃素”的概念被提出，人们认为物体会燃烧是因为有了燃素。后来经过科学实验，人们才知道燃烧是一种化学反应，自此“燃素”的概念才被彻底弃用。

除了认知更新，贝叶斯定理也解释了人们为什么很难接受与自身经验相悖的信息或观念。因为只有条件概率足够强大，才能改变先验概率原本的影响。举例来说，以前大多数人相信“大地是平的”。公元前 5 世纪左右，古希腊哲学家毕达哥拉斯提出“地球是球形”的猜想，但当时他没有什么证据。后来，亚里士多德根据月食时地影的形状，给出了第一个科学证据。直到 16 世纪，葡萄牙人麦哲伦实现了人类历史上的首次环球航海，证明了“地球是圆的”，人们这才开始普遍接受“地球”这个概念。

在推理小说中，侦探推理的过程也蕴含着贝叶斯定理的思想。优秀的侦探都会在心理先做出一个假设，比如预设某个人是罪犯的先验概率，然后根据不断得到的线索和证据来更新后验概率。得到的线索越多，证据越充分，对某人是罪犯的把握就越大。在福尔摩斯推理小说中，福尔摩斯本人就是一个非常擅长贝叶斯推理的人。他第一眼见到华生时，就知道他来自阿富汗。福尔摩斯的推理过程是这样的：眼前这位先生，具有医务工作者的风度，但是一副军人气概。于是推测对方大概率是个军医。他脸色黝黑，但是手腕的皮肤黑白分明，说明原来的肤色并非黑色，所以他是刚从气候炎热的地带回来的。他面容憔悴，这就说明他是久病初愈而又历尽了艰苦。他左臂受过伤，动作起来还有些僵硬不便。试问，一个英国的军医在气候炎热的地方历尽艰苦，臂部还负过伤，这能在什么地方呢？自然只有在阿富汗了。这样一系列的假设、推理、验证，足见福尔摩斯的智慧，也展现了贝叶斯推理的过程。

无论是在数学还是在生活实践中，贝叶斯定理都有着重要的指导意义。究其原因，是由于一件事情由“因”推导出“果”是容易的，但是要做逆运算就很困难。比如一个人向窗户扔球，球有很大可能性会打破窗户。我们的思考和认知都在“由因索果”这个方向上。但如果我们只知道结果，即窗户破了，想要推断原因，那就必须得到更多的信息，比如到底是哪个男孩扔球打破了窗户？窗户是被球打破的吗？解决这个逆概率问题要比正向推导困难得多，但贝叶斯方法为我们提供了一种估算逆概率难题的实用方法。

总的来说，我们可以从思维推导的正方向入手，直接估算那些有把握的概率，然后利用贝叶斯公式，得到逆方向上较难推导的条件概率。这是贝叶斯定理在统计学中的重要应用。

1.8 结语

正确的解题思路是解决问题的关键。从“确定”到“不确定”，再到“不确定中的确定”，人们逐渐接受了这个充满随机的世界，学会了运用概率知识和统计工具认知世界，发现规律。统计学家用概率方法来推翻直觉经验的不可靠，用假设检验的数学工具来验证猜想。大数定律告诉我们，应该从大量数据中找到一般规律。贝叶斯定理帮助我们，如何基于少量数据做出最合适的推理和判断。

经过长时间的探索，人们终于找到了实现人工智能的解题思路——运用统计思维。不过，统计学需要高质量的数据，人工智能运作的基础也是数据。如果数据出现错误，或者对数据的理解出现偏差，将直接导致结论谬误。当数据变得无处不在，也意味着错误数据无处不在。有时，数据具有欺骗性和迷惑性，在使用时需要对它们进行甄别。这些内容我们在下一章继续讨论。

第 2 章

数据代表真相吗

古人把土地看成一生中最重要的资产。只要有了土地，衣食住行就都有了保障。但是到了 21 世纪，数据的价值越来越凸显。无论是科学研究还是商业活动，数据都是重要基础。如今的人们生活在一个相信数据能解决大部分问题的时代，认为解释现象的最好方式是“数据为王”。可是，数据并不是万能的。

假如现在有一场辩论。你会惊奇地发现，争论双方都在用数据证明自己的观点有多正确，并且显得有理有据。统计定义的模糊性很容易被人利用，任何观点或结论，我们总能找到一些真实的统计数据来佐证它，无论这些数据是否等同于事实。

总之，我们应该更加谨慎地对待从客观数据中得出的主观结论。数据仅仅是某个视角下的一组表象，表达的信息也是局部的。既然人工智能的基础是数据，那么对数据的错误解读就会得到完全错误的结论。

数据能代表真相吗？或许不行。由于数据本身是复杂的，因此如何甄别和使用这些数据，尽量避开数据“陷阱”，同样是我们需要关注的问题。

2.1　小心数据的陷阱

数据也会“撒谎”。尽管统计学是一门研究数据的严谨学科，但若有意误导，它同样能够支撑起完全不正确的结论。这也难怪 19 世纪英国首相本杰明 · 迪斯雷利曾说：“世界上有三种谎言：谎言、该死的谎言和统计学”。后来，马克 · 吐温在《我的自传》中对这句话又加以引用。

数据之所以会“骗人”，是因为数据本身统计不完整，或者对它的解读出了问题。有时，即便数据是客观真实的，对它的解读也会因人而异。人们生活中会接触到大量统计数据，比如各类经济数据、公司财务报表、证券信息、技术研究报告等。由于商业目的或者其他原因，很多数据会被人为地以不符合事实的方式传播。普通人面对这些良莠不齐的数据，往往难以分辨。

当人们习惯了用数据说话，“骗子”也开始学会用数据欺骗。销售人员和广告公司想尽办法使用“造假的数据”来蒙蔽大众。我们被数据包围，又常常被数据欺骗。虽然不是每个人都是统计学家，但我们仍然应该小心数据陷阱，至少要知道一些关于数据统计的偏差。

2.2 数据收集的偏差

数据收集是一项重要的工作，需要投入大量精力和时间，这是因为数据质量直接关乎分析结论的成败。然而，错误的数据收集方法可能造成结果偏差。比如统计对象出现错误，明明应该统计数据集合 A，却统计了数据集合 B。又比如统计对象不全面，只抽样了部分数据，却没有统计全体，或者忽略了数据分布存在偏斜等。这些错误的数据收集方法会产生两种常见的数据偏差——幸存者偏差和选择性偏差。

2.2.1 幸存者偏差

幸存者偏差指用于统计的数据仅来自幸存者，导致结论与实际情况存在偏差的情况。幸存者偏差源自一个真实故事：二战时期，美军统计了作战飞机的受损情况，他们发现，返航飞机各个损伤部位被击中的弹孔数不同。这些飞机发动机部位的弹孔数最少，机翼的弹孔数量最多。于是有人提出，要赶紧加固飞机机翼，因为这些部位更容易受到敌方炮火的攻击。

可是，美国哥伦比亚大学的沃德教授立即否决了这个方案。沃德教授是一位统计学专家，他应军方要求提供相关专业建议。沃德指出，应该强化的不是机翼，而是发动机。从理论上讲，飞机各部位的中弹概率应该是相同的。发动机部位的弹孔明显偏少，只能说明：那些被击中引擎的飞机大多没有返航。

这就是幸存者偏差，军方只看到幸存下来的飞机，却没有意识到它们只是一部分数据，不能反映飞机受损的真实情况。

选择正确的数据样本非常重要。我们必须保证数据考察是全面的，而非其中的一部分。在很多场合，人们下意识地会做出具有幸存者偏差的选择。比如一个粗心的研究者在统计医学数据时，为图方便选择了住院病人为研究对象，却没有意识到这种做法可能为研究结果带来偏差——只有病人才去医院。一些成功学的书中提到，比尔·盖茨、扎克伯格、乔布斯、埃里森等成功人士都在大学退学创业，似乎从大学退学更有可能获得成功。但这只是幸存者的案例，我们从未听到失败者故事，更不能说明大学退学创业就是成功的必需特质。

如果一项研究是通过已有的样本去研究过去某个规律，那就要当心了，因为它很有可能存在幸存者偏差。当我们选择已有的样本时，就只看到了幸存者，而忽略了没被统计到的样本。比如，查看公司财务报表时，就已经过滤掉了那些经营不善而破产的公司；查看老年人在医院的诊疗记录时，就默认地排除了没有活到老年的人群；统计某款手机软件的受欢迎程度，不自觉地排除了那些买不起手机或者从未安装过该手机软件的人。这样的例子比比皆是。

之所以会产生幸存者偏差，是因为很多人从一开始就搞错了统计样本，只看到经过筛选的数据，但没有意识到筛选的过程。如果只是人为地选择部分观察数据，那就无法保证结论的客观性。

要获得“全样本”数据绝非易事。由于认知局限，很多人只看见了那些能看见的现象——比如受损的飞机、就医的病人、成功的企业家、公司的报表，但忽略了没有看见的真相——未返航的飞机、健康的人、失败的创业者、破产的公司，而这些被忽略的数据同样重要，甚至更加重要。

2.2.2 选择性偏差

19世纪初期，人们认为统计就是要追求考察对象的大而全，数据越多，结果就越准。不过，想要考察大而全的总体，有时不具备操作性。于是一些统计学家提出了抽样的想法，认为只要方法得当，就算不考察总体，也能通过研究一部分有代表性的随机个体来推断出总体的特征。这些从总体中选出来的个体的集合，叫作**样本**，随机选择的动作叫作**抽样**。统计学界围绕“抽样”这件事争论了好几十年。直到20世纪30年代，抽样的科学性才被学术界逐渐认可。

抽样是一种非常好的了解大量样本空间分布情况的方法，适用于大样本。抽样的对象要尽可能分散和有代表性，这样才能体现出整个样本的分布特点。不过，抽样毕竟对研究对象做了精简，因此它很可能存在样本选择上的偏差，即**选择性偏差**。比如想要调研中年男性的健康程度，抽样时只选了亚洲人，这个抽样对象显然不够全面。又或者，调研时只收集了若干人的数据，研究样本过少，因此得到的结论也不具备普适性。

选择性偏差是在抽样时出现的一大问题。有时，人们为了证明自己的观点，倾向于选择特定的数据来支撑结论，从而忽略了其他证据。采用有偏差的抽样数据，几乎可以得到人们想要的任何结论。

假如在调研问卷中问这样一个情感问题："假如爱情可以重来，你是否还会选择和他/她在一起？"结果会如何呢？我想多数会收到"不会"的答案。这并不是真相，只是那些回复的人群可能是"有偏的"。因为调查问卷是自愿回复，所以对这个话题抱有强烈负面感受的人，更有可能不厌其烦地做出回应，那些生活幸福的人也许随手就将问卷丢进了垃圾桶。又比如，去高档的购物场所进行调研，会出现选择性偏差，因为去那里消费的人相对富有；而如果去山村调研，则很可能得出完全相反的结论。

在以上的例子中，前者由被调查的人自行决定要不要回应，后者则由调查人员决定如何选取样本，这两种调查方法都会人为地影响统计结果。

抽样的结论若要很好地代表整体，需要具备两个条件：**一是样本足够大**，根据大数定律，这样的样本分布更接近总体；**二是抽样方法要正确**，确保抽样是完全随机的，它既不受调查者的选择影响，也不受被调查者的偏好影响。采用随机抽样的方法，可以一定程度上消除对样本选择的偏差。

以民意调查为例，我们知道，美国的总统选举永远是个热门话题，网络和媒体会密切关注，并跟踪报道一手资料。其中一个热门话题就是关于选举结果的预测。由于选票会涉及不同阶级、不同种族、不同利益的人和团体，所以要调研民众意向，抽样时就应该考虑兼顾各种利益团体的样本，否则很有可能出现带有偏差或者歧视的结论。

为了调查民众的看法、意见和心态，乔治·盖洛普设计了一种盖洛普民意测验。他根据年龄、性别、教育程度、职业、经济收入、宗教信仰这 6 个标准，在美国各州进行抽样调查，然后对统计结果做出分析。此方法产生于 20 世纪 30 年代，今天仍会被使用，并且有着相当高的权威性。

总之，抽样要针对大样本，保证样本的随机性。如果抽样的样本很少，或由于其他原因导致了统计不充分，那么结论很可能是错误的。

数据样本偏差带来了"以偏概全"的风险，它会得出"差之毫厘，谬以千里"的错误结论。过去，人们担心小样本导致统计误差；而在大数据时代，这个问题并不会消失，反而变得更加复杂，也更难察觉。

幸存者偏差提醒我们，要考察所有类型的数据。选择性偏差提醒我们，要客观地挑选数据。前者是因为没有准确选择研究对象而导致的偏差，后者是由于没有“公平”地挑选数据导致的偏差，两者都未看清数据的全貌。

为了避免幸存者偏差，我们需要拥有全面的数据集合，而不是有意或无意地排除总体中的某个子集。为了避免选择性偏差，我们应该客观地考察所有数据，而不是仅仅考虑少量的数据，或者支持既定假设的数据。

2.3 数据处理的悖论

我们在数据收集时，要避免各种偏差，而在数据处理时，同样要小心各种陷阱！人们习惯使用统计数据来简化事物描述，但错误的统计方法不仅不能反映事实，还会让数据变得毫无意义。

2.3.1 被平均的工资

有人曾统计了某家互联网公司的季度财报。结果显示，该公司员工平均月薪是其他同行的 3 ～ 4 倍。消息一出，立即引起人们热议。虽然后来这家公司出来辟谣，表明公开的酬金成本包括员工培训、福利开支、缴纳税金、商业保险、年终奖，但这并没能让大众信服。人们关心的问题是：统计平均工资的方法是否合理？

如果把一个普通员工和世界首富的工资放在一块取平均值，那么可以想象，普通人的工资几乎可以忽略不计。在一个企业中，20% 的人占据了 80% 的工资总额。高收入的人比例偏少，但对平均工资的影响很大。

平均工资仅仅是经济领域的一个例子。生活中，我们会接触到各式各样的数据，它们以不同的形态展现。在处理一组数据时，平均值可以很好地代表这组数据的平均水平，但由于削峰填谷，它也势必会损失一部分信息，只能反映总体特征的一个方面。

想要掌握数据的全貌，就要了解数据的属性和性质。对于一组数据，我们首先要知道大部分数值落在哪里？也就是说，我们通常选择数据的“中间位置”，即反映数据集中趋势的统计量，来表示数据的中心。这里的度量方法有平均数、中位数、众数等。

平均数也叫**平均值**、**均值**，是统计学中最基本、最常用的一种定义一组数据特征的指标，用来描述数据的平均水平。计算平均数可以把所有数据相加再除以数据个数，比如 {1，2，3，4，5} 的平均数就是 3。

尽管平均数是描述数据集最有用的一个统计量，但是它并非总是度量数据中心的最佳方法。最主要问题是平均数对极端值（比如离群点）很敏感，会被少数很低或很高的数值明显影响。为了抵消这种影响，可以使用**截尾均值**，即丢弃一部分高低极端值后计算均值。比如跳水比赛，就采用去掉最高分和最低分的截尾均值计分法。

中位数是将数据按大小顺序排列后处在中间位置的数，描述数据的中等水平。如果有奇数个数，则中位数是中间值；如果是偶数个数，则中位数一般取两个最中间值的平均值。它适用于对倾斜（非对称）数据的度量。

众数是集合中出现频率最高的数值，描述数据的一般水平。众数的个数不一定是唯一的。一组数据中，可能会存在多个众数，也可能不存在众数。众数不仅适用于数值型的数据，对于非数值型的数据也同样适用。例如，{ 苹果，苹果，苹果，香蕉，梨，梨 } 这组数据中，没有均值和中位数，但是存在众数——苹果。

如果一组数据的平均值、中位数、众数是同一个数，则说明它的数据分布是对称的。但这种情况不常见，更多情况下，数据是**正倾斜或负倾斜**，如图 2-1 所示。收入数据就是典型的偏斜数据，大多数人是工薪阶层或退休老人，只有少数几个亿万富翁。收入数据如图 2-1 中的正倾斜数据，大多数人的收入集中在左侧，右侧有一条长长的尾巴，表示少数人的收入。这种分布不适合用平均数来描述。因为平均数对极端数据非常敏感，一两个亿万富翁，会拉高整个人群的收入水平线，使得收入均值比人们认知中的平均收入高出很多。

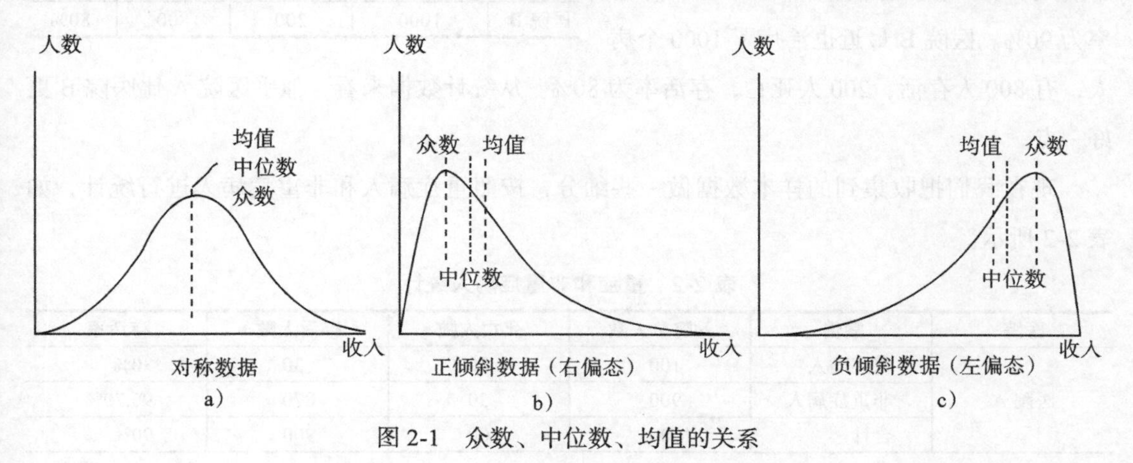

图 2-1　众数、中位数、均值的关系

平均工资消除了大量低收入人群和少数巨额收入人群之间的差异。但如果换成众数也不合适，因为低收入人群占了工资比例的大多数区间。统计工资时的合理选择是统计中位数，它揭示了一半人和另一半人收入的分界线。

当然，并不是说中位数就是一个比平均数更好的统计量，只是它更适合工资统计。

引入统计量的意义就在于简化。比如老师告诉你说，孩子考试的排名处于班级里面的后10%，你就应该意识到他的学习成绩不太好，学习上要加把劲。在这个过程中，你不需要知道任何关于考试本身的内容，或孩子在考试中到底答对了多少题。一个排名数字，就能让你了解孩子的学习水平。

不过也正是由于统计量的简化，它不可避免地会丢失一些信息，其优点也是缺点。许多现象是无法只用一个数字来解释的。如果单凭一个统计量描述对象具有局限性，我们就应该尝试获得更多的数据，以及更多的细节。

2.3.2　辛普森悖论

在做重大决策时，我们总会参考一些统计数据，比如高考前关注学校的录取率，择业时参考各个行业的就业率等。统计数字可以帮助我们比较这些对象的优劣，做出更加合理的决定。但有时，统计数字并不靠谱，基于统计数据的因果推断甚至会出错。

举例来说，假设张三想去医院看病。他收集到了附近两家医院的医疗数据，如表2-1所示。

表2-1　两家医院的医疗数据

医院	入院总人数	死亡人数	存活人数	存活率
医院A	1000	100	900	90%
医院B	1000	200	800	80%

根据数据，医院A最近治疗了1000个病人，有900人存活，100人死亡，存活率为90%。医院B最近也治疗了1000个病人，有800人存活，200人死亡，存活率为80%。从统计数据来看，似乎医院A比医院B更好一点。

现在我们把收集到的样本数据做一些细分，按照重症病人和非重症病人进行统计，如表2-2所示。

表2-2　重症和非重症病人统计

医院	病情	入院总人数	死亡人数	存活人数	存活率
医院A	重症病人	100	70	30	30%
	非重症病人	900	30	870	96.70%
	合计	1000	100	900	90%

（续）

医院	病情	入院总人数	死亡人数	存活人数	存活率
医院 B	重症病人	400	190	210	52.50%
	非重症病人	600	10	590	98.30%
	合计	1000	200	800	80%

我们只是进一步区分了病人病情的严重程度，结论就被变魔术般改变了。从表 2-2 中可以看出，无论是重症病人还是非重症病人，不管怎么看，最好的选择都是医院 B，这与之前的情况大相径庭。一开始我们只关注整体的存活率，医院 A 明明是更好的选择，但是如果关心更细的病例存活率，医院 B 就变成了更好的选择。为何会出现这种情况？

这是因为数据中存在潜在变量（比如病情严重程度不同的病人占比），按照潜在变量分组后的数据是不均匀的。在上面的例子中，医院 A 和医院 B 对于不同分组病人的救治成功率差别很大。对于重症病人，存活率只有 30% ～ 50%，而对于非重症的病人，存活率超过了 95%。同时，两种病人去医院 A 和医院 B 就医的数据分布正好相反，大多数重症病人都去了医院 B，大部分的非重症病人去了医院 A 就诊。这就导致医院 B 的总体救治率数据反而被拉低了，而医院 A 的统计数据反而更占优势。

在分组比较中占据优势的一方，在综合评估中却成为失势的一方，该现象被称为**辛普森悖论**。辛普森悖论最初是英国数学家辛普森（Edward Huge Simpson）于 1951 年发现并提出的。此悖论如同魔咒般，已困扰统计学家 60 多年，时至今日也没有得到彻底解决。它的出现揭示出一个令人震惊的事实——同一组数据的整体趋势和分组趋势有可能完全不同。

若使用数学语言，辛普森悖论可以表示为如下的关系式：

当 $\frac{a_1}{b_1}<\frac{c_1}{d_1}$，$\frac{a_2}{b_2}<\frac{c_2}{d_2}$ 时，我们不能得出 $\frac{a_1+a_2}{b_1+b_2}<\frac{c_1+c_2}{d_1+d_2}$ 的结论。反过来也一样，有兴趣的读者可以自行证明。

不少统计学家认为，由于辛普森悖论的存在，因此仅仅通过有限个统计数字，无法直接推导和还原事实真相。这是统计数据的致命缺陷。因为数据可以按照各种形式分类和比较，潜在变量无穷无尽，理论上总是可以用某个潜在变量得到某种结论。对于那些不怀好意的人，他们很容易对数据进行拆分或归总，得到一个对自己有利的统计数据，从而误导甚至操纵别人。所以，为了避免辛普森悖论，我们应该仔细分析各种影响因素，不要笼统概括，更不能浅尝辄止地看问题。

2.4 数据呈现的误导

数据该如何呈现给读者？有人认为只要把数据公布出来就行，有人认为可以用图表来表达。面对眼前的一堆数据，好的呈现方式可以达到事半功倍的效果，但若是数据被错误呈现，则比前面提到的数据偏差和悖论好不到哪去！

2.4.1 未披露的数据

假设现在有两个相同的蛋糕，从一个蛋糕上切了两块给甲，又从另一个蛋糕上取出三块给乙，请问谁分到的蛋糕更多？答案是“不确定”。这取决于每块蛋糕的大小。块数多并不代表得到的蛋糕多。如果你还没想明白，则可以看看图 2-2。

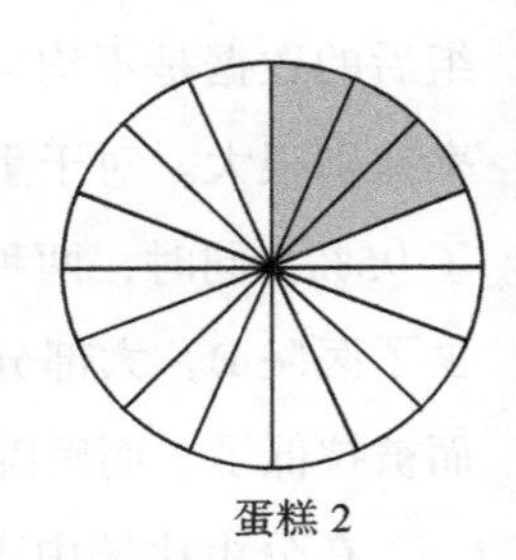

蛋糕 1　　蛋糕 2

图 2-2　蛋糕切分图

一开始提问的时候，我故意隐瞒了每块蛋糕的大小，只告诉你分出去的蛋糕块数。如果你也忽略了这个分母，那么很容易做出错误判断，得到与真相截然相反的结论。

有时，大众看到的数据不见得就是完整的。出于种种原因和目的，发布数据的人会刻意隐藏数据。比如广告上宣称一款产品的功效提高了 50%，但 50% 这个数据表达得很含糊，它没有说清楚是和什么比提高了 50%，也没有说明提高的方法、提高在哪里。含有未披露数据的信息和结论通常不可信。那些仅给出百分数但缺少原始数据的结论，往往需要接受质疑，也不具有参考意义。

美国畅销书作家威廉·庞德斯通在《无价》中举过这样的例子：人们在购买电池时，买的是电池的寿命，但是在电池包装上你很难找到相关的说明。你只能看到电压的标注，而电压这种度量标准只是为了限制电池的用途，和电池能用多久没太大关系。在 2008 年美国的《消费者报告》中，测试了 13 种一次性 5 号电池的使用寿命，结果发现，这些电池的寿命和价格并不成正比。也就是说，面对整整一个货架的电池，影响我们购买因素的更有可能是价格、促销力度、品牌，而不是产品的质量。

除了电池，生活中还有很多其他例子，比如对于洗衣液，它都要“掺水”，但我们不知道自己买了多少水、多少肥皂浆。制造商说自己制造的洗衣液是两倍浓缩，但我们并不知道这是相对什么的两倍浓缩。去超市买牛奶，包装盒上印着“减脂 50%”的标语，但消费者并不知道它是相较于什么减了 50%。这样的描述具有迷惑性，商家有意无意地夸大了商品的实际功效。

金融产品在这方面的例子更有代表性。很多理财产品无论存期多久，都会以年化收益率来标注。这很容易让人产生误导，以为只要把钱存上 30 天，就能得到 4.5% 左右的收益。但实际上，如果将 1 万元存上 30 天，那么到期后的收益仅有 37 元，而不是 450 元。

不仅如此，如果把相对值、绝对值、比率等统计数据放在一起混用和比较，就更加具有误导性。比如商家告诉你，正在热卖的商品价格是在五折的折扣上再打五折，这并不是说它是 100% 的折扣，实际上只有 75%，因为第二次 50% 折扣是基于五折后的价格计算的。再比如，一件在售的商品降价了 50%，如果要恢复到原先的价格，就要提价 100%。就是说，50% 的消减量需要通过提高 100% 才能补偿。这是因为一开始的减少量是以原有商品价格为基数计算的，而提价时却换成了另一个较小的基数——降价后的价格。

可见，只要巧妙地表达统计数据，隐藏一些未披露的数据，我们就可以轻易给出具有欺骗性的数据结论。

2.4.2　会欺骗的视觉设计

除了隐藏数据，还有另一种常见的误导数据结论的方法——操纵图表。

人是视觉动物，对人来说，图表比文字和数字的表达更直观，也更震撼。可是在有些场合，太过精确的图表不利于理解，必须平衡信息的呈现方式和准确性。

举个例子，曾经有人激烈地讨论城市地图到底是地图还是图表。按照惯例，地图应该呈现精准的地理信息，比如建筑和道路的位置。而图表要呈现的则是事物的联系或数据的关系。对于一张交通线路图，显然地理信息是次要的，轨道交通的路线和运行方式才是重点。地铁路线图为了更直观地展示交通线路信息，就很难兼顾地理信息的真实性，只能做一些妥协。

仅凭一张图表并不一定能得到事实结论。那些不合适的图表会欺骗人们的大脑，造成视觉欺骗，甚至有时数据没有任何伪造，仅仅通过改变展现形式，就会给人留下不同的印象。无论是调整图表坐标的上下限和间隔比例，让原本微小的上升变成惊人的增长，还是改变图表的统计方法，让原本只有 10% 的增长率变成看上去 100% 的累积增长率，这些事做起来并不难。如果某人想要汇报良好的工作业绩，他就可以选择这么做。毕竟没人规定不能这么做，谁也无法指责他。

举个例子。假设你是一名银行基金产品的销售经理，打算在市面上发售一款基金产品 A，经过市场调研，这款产品的竞争对手有基金 B、基金 C 和基金 D。这些基金的收益率分别是 4.72%、4.42%、4.32%、4.26%。其中，你的基金 A 比其他基金的收益率稍高一点。于是，你根据数据做了一张图表，如图 2-3 所示。

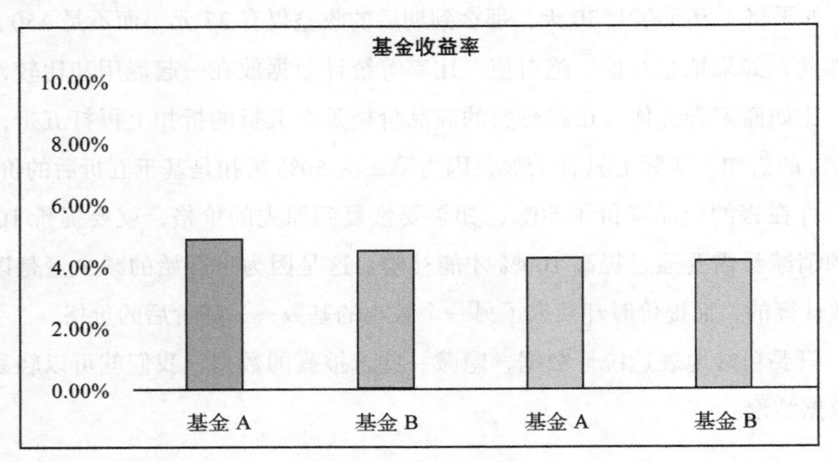

图 2-3　基金收益

图中，4 款基金产品的收益率看上去相差不大，你的产品看不出什么竞争优势。于是，为了更好地突出你的产品，你决定调整一下图表的坐标系，如图 2-4 所示。

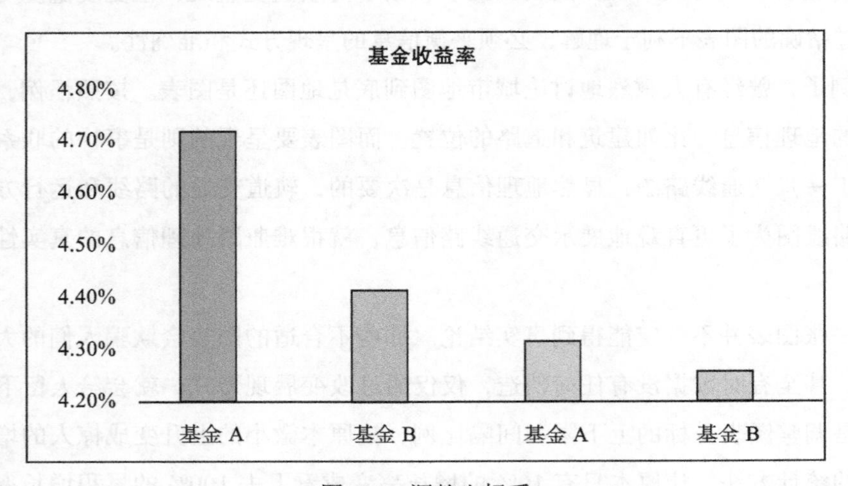

图 2-4　调整坐标系

现在，纵坐标不再从 0 开始，上下限和间隔刻度也做了相应调整。在这个过程中，数据仍然是真实的，你只是故意让这些指标的间隔变大了。但从视觉效果来看，基金 A 和其他产品的差距也变大了，显然它的收益率更加突出。

几年以后，由于一些基金经理投资激进，所以基金产品每年的表现时好时坏，如图 2-5 所示。

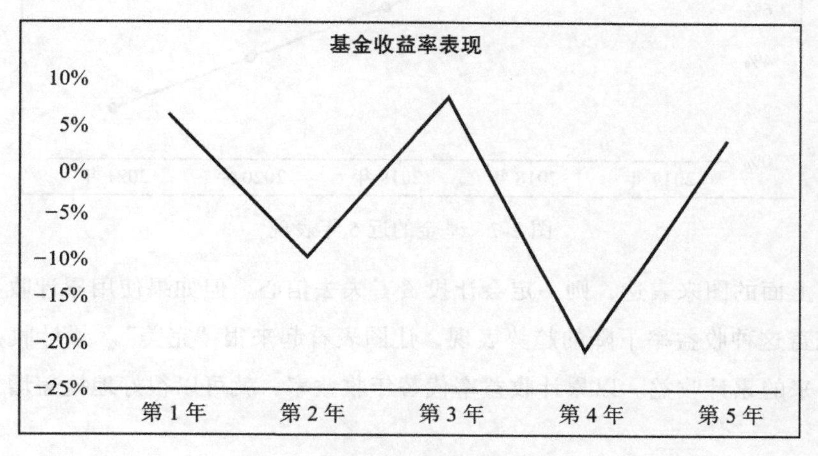

图 2-5　按年呈现

为了不让投资者在看到历史表现后认为基金运作不稳定。于是你调整了坐标刻度，试图让原来大幅抖动的数据变成平稳波动，如图 2-6 所示。

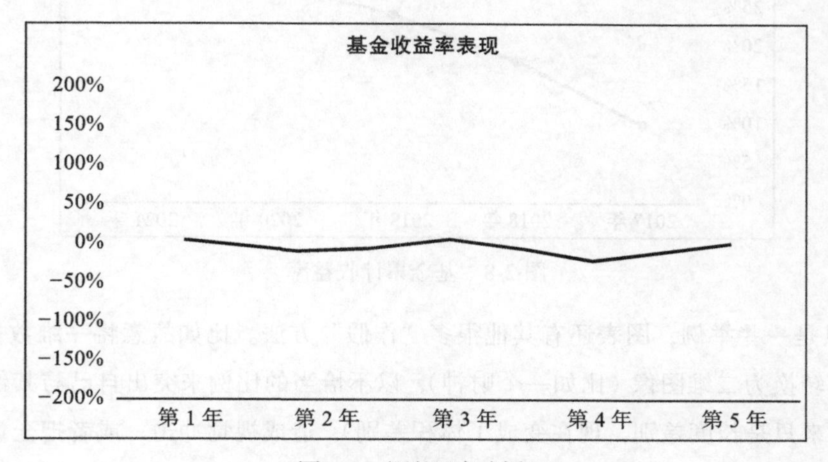

图 2-6　调整坐标刻度

又过了一段时间，你打算统计基金近 5 年的表现。你发现，它的年收益率分别为 10%、8%、6%、4%、2%，虽然一直在赚钱，但是每年的收益率持续下跌，如图 2-7 所示。

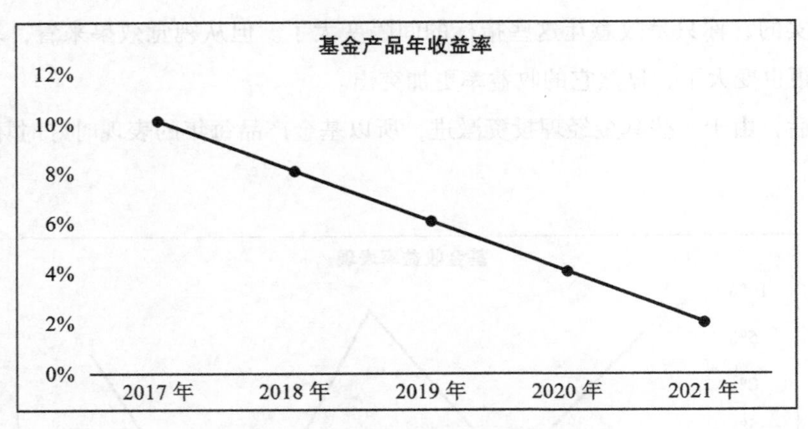

图 2-7　基金的近 5 年表现

如果用上面的图来表达，则一定会让投资者失去信心。但如果使用累计收益率图，就能很好地掩盖这种收益率下降的趋势表现，让图表看起来很“完美”。累计收益率是指基金自运作以来的累计收益。以累计收益率代替年收益率，就可以很好地掩盖增长颓势，如图 2-8 所示。

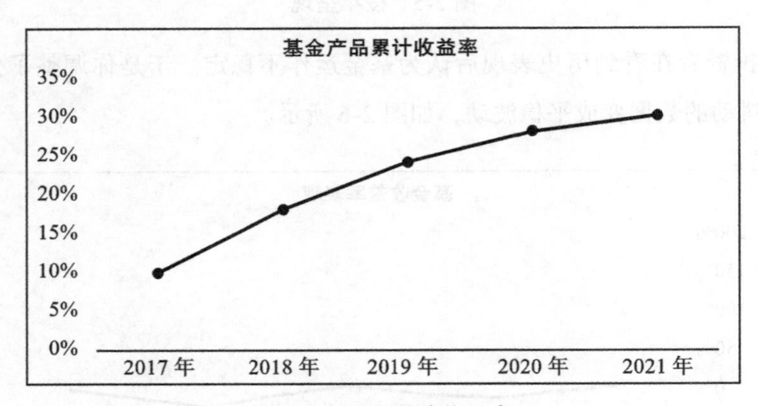

图 2-8　基金累计收益率

以上只是一些举例，图表还有其他很多“作假”方法。比如故意将一维数据（比如收益率高低）转换为二维图像（比如一个财神），以不恰当的比例来突出自己与其他对比对象的差距（本来只是长度差别，现在变成了体积差别），造成视觉冲击；或者把全量数据变成均值、峰值、极值等统计数据展示，来掩盖真实数据的变化趋势和关联关系（比如一年中的日交易量峰值增长，并不代表这一年的总交易量也增长了）；又比如将没有关联关系的几组数据放在一张图表或一个坐标系中，让人误以为数据是有关的，并对它们观察和比较等。

虽然我们说一图胜千言，但这是有条件的。数据可视化需要对数据有深刻的理解，解读数据同样需要知道数据的含义。可视化的目的是客观描述事实，而不是为了隐藏什么意图。

2.5 如何正确解读数据

人总是倾向于选择支持自己观点的数据。面对一组客观数据，我们更倾向于引用支持自己观点的数据，甚至会想方设法找出能够解释它们的理由，而忽视或排斥与个人观点冲突的证据。这是人潜在的一种心理特质——人们无意识地接受了自己希望相信的观点。要避免这种偏差并不容易，我们需要更全面的数据和更细致的分析。如果你正在打算使用某些数据进行汇报和决策，正确解读数据就显得十分重要。

2.5.1 相关性不等于因果性

我们首先来讨论有关相关性和因果性的话题。

相关性体现了两个事物之间相互关联的程度。比如房屋面积越大，房价就越高，改变其中一个变量（房屋面积）会引发另一个变量（房屋的价格）朝着同样的方向变化，这两个变量就存在正相关性。反之，如果一个变量的改变会让另一个变量朝着相反方向变化，就表明它们有负相关性，比如海拔高度和大气压的关系。不过，数据之间通常只能呈现关联性，而很难直接体现因果性。人工智能就是一个典型代表，计算机只能发现数据之间的联系，它不负责解释原因。

再来看看因果性。人其实特别喜欢归因，一旦看到某种现象，就总喜欢把这个现象归到某些原因上。这点也体现在人类语言中。比方说，家长常常告诉孩子：“你不好好学习，就会挂科。”这个表述容易让人误以为“好好学习”和“挂科”具有因果关系。可实际上，家长只是想表达，前者增加了后者发生的可能性，不是必然会让后者发生。日常生活中人们已经习惯使用大量口语化的因果句式，可它们并不一定都有因果关系。

处理统计学问题时，我们必须遵守一个基本原则：数据的相关性并不代表因果性。两个变量存在相关关系，并不代表其中一个变量的改变是由另一个变量变化引起的。举例来说，20 世纪 50 年代，人们观察大气层二氧化碳的含量和肥胖症人口的数量变化，发现两个数据都出现了明显的增长。似乎二氧化碳含量的增加会导致人类的肥胖。但实际原因是，那段时间汽车业开始发展，汽车尾气排放增加，导致了大气中二氧化碳浓度上升；同时越来越多的人使用汽车作为代步工具，人们走路活动的时间变少，自然也就越来越胖。

类似的案例还有很多。有人说喝啤酒会导致肚子变大，但我们不能证明喝酒是导致肥胖的原因，更有可能的是爱喝酒的人往往饮食不规律、不爱运动，导致肚子变大；公鸡打鸣与日出高度相关，但它显然不是日出的原因；医院的死亡率比其他地方都高，并不表示医院是一个危险的地方。

有时，要从数据中挖掘和推断出正确的结论很困难。其中的陷阱就在于，数据的相关性和因果性经常容易混淆。假设两个变量 A 和 B 具有相关性，其中的原因有很多种，并非只有 A → B 或者 B → A 这样的因果关系。很有可能是，A 和 B 都是由另一个变量 C 造成的，即 C → A 且 C → B，此时 A 和 B 会表现出明显的相关性，但我们并不能说 A 和 B 存在因果关系。

比如，有统计数据表明，游泳死亡人数越高，冰糕卖得越多，游泳死亡人数和冰糕售出量之间存在强相关性，但我们并不能由此得出吃冰糕会增加游泳死亡风险的结论。它们都是因为另一个原因导致的——气温升高了。吃不吃冰糕与游泳死亡风险没有任何因果关系。

想要得出因果性，必须从理论上证明两个变量之间确实有因果关系，并且排除所有其他隐含变量同时导致这两个变量的可能性。只通过几组数据，不能轻率做出因果关系的结论。很多数据呈现出来的是表象，无法确认它们是否存在其他隐藏的内部变量。

1. 吸烟会致癌吗

统计学在发展初期，曾经争论过一个著名的医学问题：吸烟会导致肺癌吗？这个问题成为 20 世纪统计学家和医生讨论最激烈的问题之一。

1957 年，有两位学者在《不列颠医学杂志》上发表了一组数据，指出吸烟和肺癌有着显著的联系。这件事惊动了当时权威的统计学家费希尔。他立即表明了自己的立场：一是不赞成将此问题拿到公共媒体上渲染，认为这是一个严肃的科研问题；二是认为对于吸烟和肺癌是否有因果关系的理由还不充分。

费希尔驳斥吸烟致癌假说的一个重要科学主张是，可能存在某些不可观测的因素，同时导致了人对尼古丁的渴求和患上肺癌。就像我们前面说的，可能存在着变量 C，同时影响了变量 A 和变量 B。在费希尔看来，人的基因可能才是两者的公共原因，为此他展开了很多研究和论证。不过这也使他陷入了一场医学与统计学的长期争论。在随后几十年的时间里，不断有资料证明吸烟和肺癌有很强的关联，费希尔的主张失败了。

医学上很多杰出的发现，存在一定的幸运和巧合，或许只是某位医生恰巧找到了那个唯一的病因。比如粪便污水中含有霍乱杆菌，霍乱杆菌会引发霍乱，而且它碰巧又是引发霍乱的唯一原因。但是关于癌症和吸烟，人们并没有找到直接的因果关系。许多人一辈子抽烟，但没有患上肺癌；也有人从来不吸烟，却被诊断出了肺癌。导致肺癌的原因可能是家族遗传，也可能是人们接触了某些致癌物质，因为在当时汽车开始普及，无论是柏油道路的铺设，还是含铅汽油尾气的排放，都有可能使人们接触致癌物质。

统计学家无法给出确切证据的另一个原因是，这个案例无法用随机对照实验进行研究。统计学家无法随机挑选一批人，让他们吸上数十年烟，冒着可能损害身体健康的风险，观察他们患上肺癌的情况，这么做会存在职业道德风险。但如果没有做过严谨的实验，谁也无法说服像费希尔这样的统计学家认同“吸烟致癌”这样的因果性结论。

如今，我们知道“吸烟有害健康”，这句警示标语被印在所有卷烟包装上。但是，得到这个答案的过程比大多数人想象的艰难得多。尽管在吸烟与肺癌的争论中，费希尔的观点被证明是错的，但他的统计方法是正确的。费希尔想要表达的是，数据的相关性并不代表因果性，要找到因果关系就要有正确的方法。从这个角度来看，这正好体现了统计学本身的严谨性和科学性。

2. 医学上的解决方案

长久以来，人们习惯性地认为，连续相伴发生的两件事存在因果关系，比如：乌云密布，倾盆大雨，所以乌云就是下雨的原因。倾盆大雨，道路泥泞，所以下雨是泥泞的原因。医学上，人们用这种现象来确定药物疗效，比如让患者吃下某种药物或进行某种治疗，然后观察患者是否痊愈，如果痊愈就认为治疗是有效的。这属于传统临床医学。

18 世纪，英国哲学家休谟提出了一种怀疑主义观点，他认为，人们从来没有亲身体验或亲眼证实过因果关系本身，人们看到的永远是两个相继发生的现象。所以，一切被称为因果关系的东西都是值得怀疑的，应该重新审视。比如公鸡鸣叫，太阳升起。这两个事情是相继发生的，但是公鸡鸣叫并不是太阳升起的原因。在医学上，有些疾病无须治疗也能自动痊愈，比如口腔溃疡和感冒；有些疾病只要给病人吃一些安慰剂，再加上一些心理暗示就能治愈。而以上情况，医生所进行的药物治疗都是多此一举。

为了确认因果性，医学上常用的实验方法是**大样本随机双盲试验**。它的步骤是这样的。

首先要选择一定数量的病人。挑选时有两个原则。一是大样本，因为样本越多，统计结果越能稀释掉特例。二是随机性，这样能避免病人因病情轻重不同导致痊愈效果的差异。

接着可以把病人们随机分成三组。第一组是对照组，不做任何治疗，用来观察病人在没有治疗情况下疾病的自愈效果。第二组是安慰剂组，给病人吃没有治疗成分的“假药”，用来观察病人的心理作用对疾病的影响。第三组是治疗组，给病人服下真药，观察药物真实的治疗效果。

在整个治疗过程中，病人们并不知道自己属于哪一组。这种随机化的好处是消除了混杂在其中的选择性偏差。最终观察治疗结果，如果第三组的治疗效果明显高于前两组，则说明该药物或疗法确实是有效的。

一开始，整个试验过程只对病人盲测，医生知道病人的分组。但在实践过程中，人们发现，有些医生会自觉或不自觉地给病人暗示，他们的主观判断和偏见会对实验结果产生影响。于是，人们改进了盲测方法，整个试验过程连医生都不知道自己身处哪一组，病人和医生是“双盲”的，所有的统计工作交由第三方完成。这么做能很好地屏蔽来自医生的主观偏见，让试验结果变得更加客观和公正。

大样本随机双盲试验是现今医学界公认的可以确定药物疗效的实用方法。它主张的原则是：为了确认某个变量对实验结果有什么影响，就做一组比照实验，只尝试改变这个单一变量，然后观察实验结果。当然，这个方法也有不完美的地方。有时，实验中的相关变量很多，很难确定到底应该控制和不控制哪些变量，以至于最终控制了真正想要测量的变量。但不管怎样，大样本随机双盲试验仍然是一套可遵循的、有效的用于验证因果性的数据统计方法。

2.5.2 被选数据的骗局

除了数据之间的因果关系问题，还有一类具有欺骗性的数据现象，它与被选数据的概率有关。

让我们来讨论一下扑克游戏。假设我们从一副扑克牌中随机抽出5张牌，这5张牌是同花顺——黑桃10、黑桃J、黑桃Q、黑桃K、黑桃A，是不是觉得特别幸运？毕竟拿到这把牌的概率只有300万分之一。

不过更神奇的是，现在假设抽出的5张牌不是同花顺，而是随机的5张——比如红桃3、方片4、黑桃7、梅花J、黑桃2。仅仅计算概率的话，抓到这些牌的概率同样是300万分之一。这似乎表明了，5张牌无论是同花顺还是随机牌，它们出现的概率都是相同的。

要解释这个现象，我们要回到概率本身的定义。问题出在，当我们看到牌后，无论我们拥有的是同花顺，还是一副随机的牌，拥有这把牌的概率都是 1，因为它是确定的，此时再来预测拿牌概率不仅不神奇，也没有意义。只有在没有拿牌的时候，讨论特定牌的概率才有意义，因为此时抽出什么牌是不确定的。

你看，概率问题其实并不难，但在实际场景里并不是所有人都想得明白。正因为如此，它很可能被人利用，制造出一些数据骗局。

举个例子，如果某位专家说他能预测股票走势，那么你是否会相信他？一开始你肯定不信，于是他开始向你证明他的预测能力。他随机挑选了一只股票，并告诉你这只股票明天会涨。到了明天，这只股票真的涨了，此时你相信他吗？还是不信，没关系。在接下来的 10 天，这位专家每天都预测第二天这只股票是涨还是跌，并且每次都预测对了，此时你会相信他吗？你可能会想，这个人要么有着独到的眼光，要么是有什么内幕消息，不然怎么会连续 10 天都预测对呢？这个概率简直太低了。

请等一下，你这么想可就错了。还记得我们一开始提到的抽牌概率问题吗？这位专家准确预测股票的概率到底是不是很低，可要先打个问号，因为在这场骗局中，你或许只是那个幸存者。

如果某人连续 10 天收到和市场相符的预测信息，那么他或许只是幸存者，假如还有第 11 天，这种预测方法可就不灵了。那位股票骗子要做的，只是选一批人，然后告诉一半的人股票会涨，告诉另一半人股票会跌。这样总能保证有人得到正确的预测结果。对于骗子来说，这件事情是 100% 发生的。但站在被推荐股票的人的视角，这个概率看起来似乎相当低。

假设有人做梦梦见自己中了彩票，不久后它真发生了。这件事发生在你我任何一个人身上的概率都很低。而站在上帝的视角，总会有人恰巧梦到即将发生的事，这个概率并不低。换句话说，一件怪事发生在你我身上，和发生在某个时间的某个人身上，两者的概率完全不同。

2.5.3　数据表达的局限

我们已经看到，数据是会“撒谎”的。数据本身存在表达局限性。这个世界是多维的，数据只是其中的一维。当我们把现实世界的某件事情或某个状态转变成数据，就已经剔除了很多信息。因为数据只反映出事情的一个侧面，所以从数据中得到的结论也只能代表一个方面。比如要讨论人工智能时代下的就业问题，正方会说，出现了越来越多新的岗位和职业。反方则说，越来越多的人因为被机器替代而失去工作。双方给出的数据都是准确的，但都只能反映出人工智能时代就业问题的某一个方面。

概率就是一种典型的、存在局限的表达。100% 肯定的事情，与可能性是 99% 的事，本质上有巨大的差异。我们经常会在论文和科学文献中看到用概率来解释某种现象的情况，比如天气预报中的降水概率，或者医学研究中的存活率、治愈率等。假设经过数据统计，某种药服用后对疾病的治愈率是 99%，并不代表你服用它就一定能被治愈。即使失败的概率很低，只要不是零，失败仍有可能发生。数据反映的是 99% 的成功可能性，但无法反映出 1% 的失败风险。小概率事件必须引起重视，因为**概率小不代表背后的风险小**。

虽然数据是决策的依据，但决策本身是一件复杂的事。现实生活中，把解决方案量化会受到许多因素的影响，有时依赖很强的主观因素。比如买手机，有人关心性价比，有人看重拍照功能，有人关注游戏性能，还有人喜欢良好的交互体验。即使我们拥有了手机各项参数的数据，挑选哪部手机仍然是复杂问题。由于每个人的权衡标准不同，需求也不同，因此到底如何选择取决于购买者的主观意愿和个人偏好。这种偏好因人而异，没有高低对错之分。

决策不能只基于数学理论，还必须用实践来检验。想象一下这样的游戏：抛硬币猜正反，如果正面朝上，押注多少就返还 3 倍金额的钱；如果反面朝上，就要立即没收全部押金。这个游戏有一个要求，每次必须押注身上所有的钱。我们该怎么玩这个游戏呢？

仅仅通过数学计算，我们每次押注后的预期收入都是正的。比如你第一次押注 100 元，有 50% 的概率会收获 300 元，还有 50% 的概率得到 0 元，因此你的预期收入是 150 元（$100\times3\times0.5+0\times0.5=150$）。同样的道理，如果第二局再押注（此时你要押注的是全部金额 300 元），预期收入就是 450 元（$300\times3\times0.5+0\times0.5=450$）。从理论上看，你没有理由不去赌一把！

但这只是理论值，如果你一直赌下去，则迟早会一无所有。就是说，理论值并不一定是最佳的实践策略。从数学的角度，我们有把握将概率和期望计算得准确无误，但这种数据表达本身是有局限性和不确定性的，一旦将概率结果直接用于决策，就一定要考虑它的风险和代价，否则可能引发灾难性的后果。

2.5.4 精准预测的挑战

生活中，任何一个小的决策、行动、环境改变，都可能对未来产生巨大的影响。如果把它看成一个预测模型，那么任何细微的输入变化都会导致截然不同的预测结果，它是一种混沌现象。

通常来说，预测分为两种情况。一种是对客观现象的预测，它们不受预测本身的影响。比如预测地球在宇宙中运动的轨迹，虽然地球运行受到大量因素的影响，但我们可以建立数学模型，不断加入新的变量，让预测变得越来越准确。另一种指那些会受到预测行为本身影响的预测，比如市场、政治、股市等。想象一下，假设人类创造出一个人工智能应用，它能准确预测明天的油价，结果会怎样？油价会因为它的预测立即波动，不再符合原先的预测。这个人工智能对未来预测得越准确，就越无法准确预测未来。

历史上，类似事件早已发生过。谷歌很早以前就在研究疫情预测。2013 年，《自然》杂志刊登了一篇关于谷歌预测流感的文章。谷歌使用了 5000 万个搜索术语，比对了 2003 年到 2008 年的疾病防治中心关于季节性流感传播的数据，发现有 45 个搜索术语（比如流感、发热、胸闷、温度计等）可以用于预测流感。当某一地区的人们开始频繁搜索关于流感相关的内容时，这个地区很可能存在流感人群。如果这个结论是准确的，就能更加及时地发出预警，甚至能比美国疾病控制与预防中心的官方报告提前两个星期左右。要知道，两周的时间可能让流行病传播出现爆发式增长，使得疫情难以控制。

谷歌用这个方法准确感知了 2009 年的 H1N1 流感病毒。不过随后的研究工作表明，这个结论只能作为流感趋势预测的参考，无法推广使用，因为当谷歌发现某个地区疑似出现疫情时，媒体随即大肆报道，人们就会更加关注。于是，针对疫情关键词的搜索量就会增加，谷歌的预测结论随之出现误判或夸大，最终导致对疫情的判断出现偏差。这也是谷歌在推出它的流感趋势产品曾经轰动一时，但后来销声匿迹的原因。

我们不能忽视预测中的不稳定因素，即人的因素。牛顿能够运用数学的方法精确预测天体运动的轨迹，是因为天体运行不会受到人类意志影响，它只遵循自然规律。可人是有自由意志的，人类对自己未来的预测很难保证准确，因为一旦预测了某个结果，就会有人反其道而行之。这里的悖论是，预测的目的是得出未来某种结果的预期，但是预测行为本身又会影响到预测的结论，它和观测量子时的“测不准原理”是一样的道理。

数据不是万能的。如果报告中有一项关键的业务指标突然改变，那么仅依靠这份报告的数据也许很难找到根本原因。解释这项数据需要额外的信息输入。今天，任何一个预测模型都在简化输入的参数，尽可能只保留确定的信息。但数据收集本身存在很大的局限性，它不能告诉我们到底什么是真正需要的数据。看似精准的预测，很可能会导致完全错误的判断。

2.6 结语

数据是人工智能的基础，如果数据出了问题，那么人工智能给出的判断也可能出错。我们必须认识到，真相虽然隐藏在数据之下，但数据往往无法直接告诉我们真相。如今，大量统计数据由于主观或客观原因被人们滥用，我们应该问一问数据是怎样产生的，是如何测量得到的，从而避免数据出现偏差。即便数据是真实的，从中得出的结论也未必正确。比如用仅有的几个数据去预测未来，可以编造出许多个令人欣慰或恐慌的结论，但这毫无意义。还有用平均数统计工资、用容易误导的图表展示工作业绩、把数据的相关性等同于因果性，以上种种都是数据的错误使用方式，它让结论与真相相去甚远。总之，数据研究必须掌握科学的方法。面对真伪并存、良莠不齐的数据，以及那些听起来正确的分析解释，我们需要具有思辨能力，对结论和推断保持谨慎。

至此，我们已经讨论了很多关于不确定性情况下的统计方法，以及数据要甄别和注意的地方，但还缺少一个理论武器。如果有人要规划土地，则只会测量是不行的，还需要懂点几何学。同样的道理，如果要研究不确定性问题，那么只会统计学是不够的，还需要懂点如何将不确定性转化为确定性的理论，这就是信息论。信息论是运用概率论和数理统计方法研究信息的理论，如今的通信系统、数据传输、数据加密、数据压缩几乎都离不开它的身影，它奠定了信息技术发展的理论基础。有关这些信息的理论，我们将在下一章中介绍。

第 3 章 如何获得有用信息

人工智能是一种处理信息的模型。人们之所以会觉得人工智能具有“智慧”，是因为它们不仅能给出确定的计算结果，还能应对那些看似复杂又不确定的问题，甚至能把过去的经验应用于当下的决策。

我们把信息作为一种内容的载体。在计算机发明以前，这些信息要么保存在每个人的大脑中，要么记录在纸上，需要通过语言和书信交换。由于这件事看上去太过天经地义，以至于没有人思考过它的本质到底是什么。

可随着通信技术的发展，很多关于信息处理的问题随之而来。比如，科学家们不清楚如何将信息有效地编码成通信信号，也搞不明白该如何在不可靠的网络环境中传输信息。人们突然发现，信息本身很难被定性或定量地描述清楚，它是一种逻辑概念。如果要通过计算机这样的物理装置准确传递出去，就必须对信息有一种全新的解读。可研究者们在很长一段时间内对它毫无头绪。这中间自然有很多技术难点，但有一点很关键，就是必须把信息处理转换成数学模型。另外，一旦涉及通信问题，干扰信息的噪声就几乎无处不在。为了避免信息失真，必须有方法来处理它们。

为了解决这一系列的难题，20 世纪的人们开始对“信息”进行了系统性研究，这些研究不仅奠定了信息科学的理论基础，也极大地促进了现代通信技术的发展。

3.1 数据、信息、知识

我们把关于信息处理的理论称为**信息论**，它是 20 世纪 40 年代从通信实践中发展并总结出来的一门学科，专门研究有关信息处理和可靠传输的一般规律。这一理论对计算机技术的发展具有重要意义。为了更好地阐述这一理论，让我们先来讨论几个大家耳熟能详的词：**数据**、**信息**、**知识**。

3.1.1 数据是一组有意义的符号

数据无处不在，只是它们没有实体。

过去，人们习惯把数字的组合称为数据。但在今天，这样的理解显然不够全面。那么是否可以把数字、字符、字母的集合称为数据？也不准确。

在今天“大数据”的语境中，**数据是可以被记录和识别的一组有意义的符号**，一般可通过原始的观察或度量得到。数据是对客观事物的逻辑归纳，可以用来表示一个事实、一种状态、一个实体的特征，或一个观察的结果，有些是用于描述某个对象的事实性数据，有些则是通过观察、分析、归纳得到的总结性数据。

数据可以是连续的，比如无线电通信时在空气中传输的电磁波，它们是**模拟数据**；数据也可以是离散的，比如在计算机中存储的文档和照片，它们是**数字数据**。承载数据的形式有很多，不仅包括文字、数字、符号、图像、语音、视频，也可以是对某个事物的属性、数量、位置、关系的抽象表示。大气的温湿度、汽车的行驶路线、学生的档案记录、商务的合同，这些都是数据。我们平时用电子设备看新闻、拍照片、买东西、打游戏，本质上都是在和数据打交道。在计算机中，它们是一连串包含有0和1的二进制数的组合。

3.1.2 信息是用来消除不确定性的

现在我们来明确一下什么是数据，什么是信息。当人们在研究甲骨文时，上面记录的符号仅仅是一些数据。要读懂这些数据，就必须了解数据背后要表达的含义。一旦对数据做出解释，我们就能得到甲骨文上的信息。

数据与信息既有联系，又有区别。**数据是信息的载体，信息则需要依托数据来表达**。它们是形与质的关系，两者密不可分。

信息由数据加工得来，它可以由数字和文字表达，也可以表现为其他具有意义的符号，其承载形式不重要，重要的是信息能让我们了解一些事情、鉴别一些真伪、佐证一些观点。也就是说，尽管数据存在的形式多种多样，但我们真正想要获得的是信息。

“信息”作为科学术语最早出现在哈特莱1928年撰写的论文《信息传输》中，在该论文中他首次提出了将信息定量化处理的设想。1948 年，信息论创始人、美国数学家香农发表了一篇有着深远影响的论文——《关于通信的数学原理》，他明确指出了“**信息是用来消除随机不确定性的东西**”。在香农看来，一旦我们想要对信息进行量化和比较，我们就不要去关注这些信息到底承载了什么内容，而是要看这条信息出现后，是否改变了某些不确定性事件的概率。关于这点，我们后面讨论信息量和信息熵的时候还会讲。这里读者只要知道，今天这一定义已经被看作是对“信息”的经典定义，在各种场合不断被人引用。

无论是数字、字符或它们的组合，如果我们无法解读，就不能称其为信息。有一个重要的判断标准是，看它是否承载了有用的内容。无论是石头上刻的画、纸上写的字、墙上的涂鸦还是电脑中的文件，只要它们能表达确切的含义，就能认为是信息。

一串 11 位数字的号码，如果它是随机数字，则谈不上是信息。如果我告诉你，这串数字是我的手机号，它就消除了不确定性，它便是一种信息。信息是把人们不清楚的给说清楚的那些内容，如果已经知道了，就不能算作新的信息。

举例来说，今天任何一个小学生都知道地球是圆的，地球自转产生了白天和黑夜。这在今天看来是一个基本常识，但我们的祖先并不知道。如果我们把发明文字作为人类文明的起点，那么大约经过 5000 多年，也就是直到 15 世纪，人们才开始接受地球是一个大圆球的观点。虽然“地球”对于今天的小学生来说不算是新的信息，但是对于古人来说，它不仅是信息，而且信息量巨大。

你或许已经发现了，信息会因场景而定，因每个人的主观认识而定。同一条信息，对一些人是有用的，对另一些人或许就没用了。

3.1.3 知识是对信息的总结和提炼

随意给出 3 个数字：68、21、192。这 3 个数字仅仅是数据。现在给它们加上一些说明，比如：衣服的价格是 68 元，今天的气温是 21 摄氏度，小明爸爸的体重是 192 斤。这些数据有了明确表达的含义，它们就是信息。

不仅如此，我们还能基于这些信息给出一些判断：衣服不是很贵，天气有点凉爽，男人该去减肥了。做出这些判断，需要依赖我们平时生活中积累的经验和常识，即知识。

知识是对信息的提炼和概括，它是高度概括的信息。如果说信息可以解答一些简单的问题，比如“谁”“在哪里”“做什么”，那么知识可以回答一些更具深刻认知的问题，比如“怎样”“为何”。

日常生活中最基本的知识是**常识**。比如明火不能碰、热油不能遇水、人有生老病死、月有阴晴圆缺，它们大部分来自生活，是大家认为都该懂得、不言自明的知识。今天很多约定俗成的常识，是由我们的祖辈口口相传、代代相承而来。人并不是天生就有常识，知道火为何物、火可伤人、火可熟食。很多道理都是从生活实践中总结而来的。

现如今，对于人工智能来说，要解决的核心问题是让计算机具有常识。很多常识背后有着复杂的知识体系，机器必须真正"理解"知识，而不是"记忆"它们。举例来说，计算机或许能通过数据样本学习，知道人类有头、手、脚等身体部位，但它很难理解既然这些部位都长在人体上，为何只有头上有眼睛，手和脚上却没有？又比如，计算机学会并知道了"人有 2 只眼睛"，但它无法判断这个世界上是否存在"有 1 只眼睛的人"和"有 3 只眼睛的人"。如今的人工智能只能从数据中学习到数据之间的联系，它还不能很好地处理有关常识的问题，这方面人们还有很长的研究之路要走。

以上讨论的"知识"，指的都是人脑中的知识。它和计算机要处理的"知识"是不同的。从本质上讲，计算机只是模仿人类的知识，它们并没有真正掌握这些"知识"。计算机只是通过一些特定方法把人类知识表达出来。而这个特定方法是基于**图技术**。图是一种表示知识的工具，是描述知识的状态、关系、路径距离等相关要素的最自然的数学表达。它擅长存储和处理复杂的网状关系，所以在知识图谱、社交网络、用户关系分析等领域有着广泛的应用。

近年来，基于图技术的**知识图谱**是十分热门的研究领域。比如大众熟知的维基百科就是一个知识图谱应用。知识图谱可以用来描述各种实体以及它们之间的关系。它是一个庞大的图形网络知识库。在这个网络中，每个节点是一个实体，比如人名、地名、事件、活动，任意两个节点之间的边表示它们之间存在关系，如图 3-1 所示。

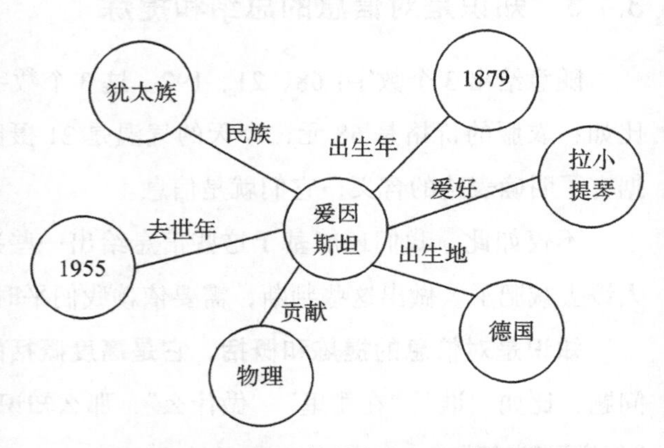

图 3-1 基于图形结构的知识图谱示意图

知识图谱的基本组成是"实体－关系－实体"的三元组，它不仅能把与关键词有关的知识系统化地展示给用户，也可以基于知识进行推演。比方说，从〈东方明珠，坐落在，浦东〉和〈浦东，属于，上海〉这两个组合，就能推测得到〈东方明珠，位于，上海〉。知识图谱还会不断更新迭代，用户搜索的次数越多，范围越广，这个知识库就能获取越多的信息和内容。

知识并不是与生俱来的，获取知识通常有两种途径。

途径一是**亲身体验**。比如，将一杯热水放到 10 个月大的婴儿面前，他会想要去拿杯子，结果喝水被烫到了。第二次他再看到杯子，有了上次被烫的经验，他会观察杯口是否冒烟，摸摸杯子的温度，再决定是否拿杯子喝水。在这个过程中，婴儿通过自己的亲身体验，逐渐掌握了有关“热水”的知识。

南宋理学家、思想家朱熹曾说：“所谓致知在格物者，言欲致吾之知，在即物而穷其理也。”他要表达的意思是，获得知识的途径在于认识世间万物，并彻底研究它们的原理。就是说，要亲身体验这个世界来获得宝贵的知识。每个人有不同的人生和经历，这些会成为我们独有的知识。

亲身体验得来的知识是最真实的，所以它通常比较准确。不过，这样获取知识的时间周期长，效率也比较低。

途径二是**通过别人教授**。比如通过父母、老师、书本、网络学习得来，但老师教的、书上印的可能出错，这样得来的知识未必准确。不过，它仍然是获取知识最主要的形式，毕竟我们没有那么多时间和精力，凡事都亲身经历一遍。站在前人和巨人的肩膀上，不断学习新的知识，是人类科技进步的根本原因。

有趣的是，在互联网时代，任何人都能随时随地找到自己想要的信息，但我们的知识总量并不会立刻增加。学习是一种过程，需要时间积累，欲速则不达。比如很多人都听过“区块链”，但大部分人并不清楚它是什么。有人认为它是钱，也有人认为它是一种身份认证技术。但这些理解都不准确。很多人只是从网上找到了关于区块链的信息，并没有真正得到关于它的知识。从某种意义上讲，互联网虽然提高了人们找到碎片信息的效率，但降低了人们掌握完整知识的能力。

当然，互联网对整个社会来说仍然利大于弊，它让全世界的知识能够快速传递和共享。每个人都可以在网络上自由地发表观点，这些内容也被其他人搜索、阅读、讨论。一个小学生能从互联网上学到知识，并在课堂上指出老师的错误，在家里纠正父母的观念。这让过去作为权威的老师和父母受到了挑战，这在以前是不可想象的。

最后，让我们做个简答的总结——数据、信息、知识三者密不可分。

- 数据是一组有意义的符号，它是信息的载体，是知识的来源；

- 信息赋予了数据含义，信息消除了不确定性；
- 知识从实践、经验中得到，它由数据记录，从信息中提炼。

3.2 用信息丈量世界

对于计算机来说，无论是数据、信息还是知识，都是逻辑运算的对象。计算机并不需要知道它们是什么，只要能完成相应的存储、计算和表达即可。而要做到这些，计算机必须满足一个前提条件——能够度量它们。

量化是科学研究的基本要求。科学研究必须做到能够度量研究对象，只有这样才能对同种类型和性质的研究对象进行比较、分析和评价。科学的严谨性也主要体现在量化的精确性上。

在数据、信息、知识三者之中，度量数据是最简单的，在计算机中表现为一组二进制数，它的存储容量需求最大；信息就比数据抽象一点，要用概率来描述、消除不确定性。知识的概念最抽象，直到今天它依然很难度量。想象一下，假如我们要评价某人的知识体量，会用什么方法？大概只能主观地评价对方的智商和情商，但这两个“商”都很难量化和比较。不过从计算机的角度，量化知识还没有这么迫切。人们优先要考虑的是如何有效地度量信息。

需要说明的是，平时人们习惯把数据和信息两个词语混用。如果没有歧义，那么也并无大碍。但我们应该知道，信息和数据对于计算机来说是不同的。例如，我们常常把计算机文件（如文本、图像、音频、视频）称为数据。但严格来说，那些文件的容量（占用多少字节）主要取决于它们包含了多少信息，而不是数据。关于这点，我们会在后面信息编码一节再做讨论。

信息具有主观性和不确定性，不同的人对信息的理解也不同。过去，人们凭借经验处理信息，并不知道信息应该如何度量，又该如何有效利用，直到一位叫作克劳德·香农的美国人出现。

3.2.1 香农与信息论

香农是 20 世纪一位全才型科学家，他在通信技术、信息工程、计算机技术、密码学等方面都作出了巨大的贡献。

1948 年，香农发表了他在二战前后对通信和密码学的研究成果，系统性地论述了信息的定义、如何量化信息、如何更好地对信息编码。在这些研究中，香农借用热力学中“熵”的概念来描述信息的不确定性，并把通信和密码学的所有问题都看成是数学问题。香农的理论不仅奠定了如今整个通信系统的基础架构，也发展了有关信息的理论体系和数学方法，让信息变得可测。在此之前，没人懂得如何度量信息。

香农使用了“信息论”一词来论述他的理论。后来信息论被发展成了一门学科，为密码学和通信行业奠定了理论基础。

在信息论中，香农提出了三个著名定律。

香农第一定律又称**无失真信源编码定律**，它给出了有效编码信息的方法。它告诉人们，如何让通信信号携带尽可能大的信息量，提高信息存储和传输效率。比如大众熟知的摩斯电码，它使用长音和短音的信号组合来表示不同的数字和字母。不过，摩斯电码是根据字母使用的频度来编码的，每个字母的编码长度并不相同：常用字母用短编码，不常见的字母使用长编码。例如元音字母 e，只用一个短音表示，对于不常用的字母 z，使用了两个长音、两个短音表示（见图 3-2）。这样做可以有效降低整体的编码长度。

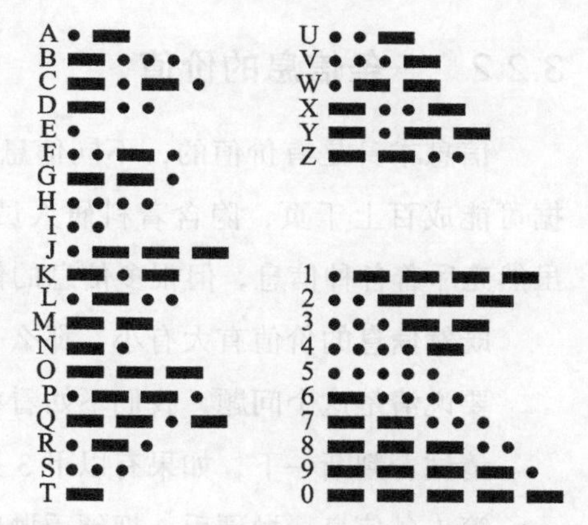

图 3-2　摩斯电码表（点表示短音、划表示长音）

香农第二定律定量地描述了一个信道中的极限信息传输率和带宽的关系，它主要用来保证信息在通信和传输过程中不出错。它的数学公式如下：

$$C = B \cdot \log_2(1 + S / N)$$

其中，C 是信道容量，B 是信道带宽，S 是信号功率，N 是噪声功率。

根据香农第二定律公式，如果要增加信道容量，即增加信息最大传输速率，最好的方法是增加带宽（频率范围）或者增加信噪比（信号与噪声的比值）。举个例子，5G 网络技术的传输速度要比 4G 快几十倍甚至上百倍，这是因为 5G 使用的是毫米波（对应波长只有 1mm 到 10mm），它的通信带宽在 30GHz 至 300GHz，比只有 100MHz 频段的 4G 要宽得多。根据香农第二定律，在信噪比一定的情况下，信道越宽，传输速度就越大，这也是 5G 相比 4G 传输速度大幅提高的原因。

香农还发现，信息传输率无法超过信道容量。一旦超过，便无法保证可靠传输，这是

香农第三定律。比如听广播时，两个电台频率很接近就会产生干扰。因为一旦频率范围确定，信道容量就被固定在一个有限范围。假设两个电台的总带宽很窄，无法承载单位时间内要传输的语音信息，即信道容量小于实际需要传输信息的速率，电台内容就会听不清。此时只能让两个电台的频率间隔变大，增加总带宽，而不是把收音机的频率调准。

我们可以拿香农三大定律做个类比：假设道路上开了很多车。香农第一定律想要说明的是，每辆车应该如何优化资源配置，才能达到整体效率最大。香农第二定律需要确定，这条道路的情况如何，道路的宽度和车辆、车速之间是什么关系。香农第三定律则告诉我们，这条道路的极限是多少，如何才能避免交通堵塞，路上最多可以跑多少辆车，车速是多快。

起初，绝大多数科学家和工程师很难理解香农的理论，因为信息论通过描述不确定性的概率方法来解释信息，它有悖于人们直觉上的理解。但如今，这一理论已经成为现代通信的基础框架，在科学、数学、工程学领域都有亮眼的表现。

3.2.2 一条信息的价值

信息本身是有价值的，不同信息的价值程度不同。一篇十几页的论文，背后的实验数据可能成百上千页，隐含着科研人员的心血付出，具有很大的信息价值。而在互联网上，虽然充斥着各种信息，但很多信息的价值不大。

既然信息的价值有大有小，那么一条信息的价值应该如何衡量？

要说清楚这个问题，我们不妨看些例子。

请试着判断一下，如果有以下 3 条信息，那么哪条信息对你更有价值？

第 1 条信息：抛硬币。把硬币抛向空中，然后告诉你硬币落地时正面朝上。

第 2 条信息：抽盲盒。共有 8 种手办，假设每种款式被抽中的概率相同，现在你正好抽中了想要的那款。

第 3 条信息：直播抽奖。主播从 1024 位观众中随机抽选一人送出大奖，结果你被幸运地选中了。

上面 3 条信息虽然彼此没有关联，但我们能感觉到它们含有不同的价值。可如果要把它们放在一起比较，又无从下手。为什么呢？原因很简单，我们缺少一套统一的度量信息的方法。

到底如何来客观又定量地表达信息呢？关于这个问题，曾经一直没有好的答案。直到

1948 年，香农在他的论文《关于通信的数学原理》中提出了一种方法，才真正解决了信息的度量问题。

香农的想法很简单，他认为信息是用来消除不确定性的。哪条信息能够消除的不确定性越大，哪条信息的信息量就越大。在香农看来，信息本身是没有含义的，或者说信息的含义根本不重要，信息只能和代表不确定性的概率联系在一起。也就是说，量化信息不是看信息的重要性，也不是看数量，而是看它能消除多大的不确定性。一旦明确了这个思路，就能通过简单的数学公式，量化生活中的复杂信息。

我曾经会在脑中设想和构建关于信息度量的数学模型。我发现，要构建这个模型，难点并不是数学公式具体该长什么样，而是如何想到这种巧妙的度量方法。如果香农没有告诉我“信息”要和描述不确定性的“概率”联系起来，那么构建数学模型就会变得困难重重。普通人想不到的是“解题思路”，一旦“信息等同于消除多少不确定性”的想法能够明确，沿着这个思路往下想，就很快可以构建出有关信息量的数学模型。

让我们也顺着这个思路，思考关于信息量的数学模型。我想，这个模型至少应该体现出以下几点。

第一，**要能反映信息大小和事件概率之间的关系**。简单来说，事件发生的概率越小，信息量就越大。如果事件概率接近 0，信息量就应该近似无限大。如果事件概率为 1，是必然发生的事件，则它的信息量是 0。

第二，**多个事件发生的概率和信息量能相互联系起来**。对于概率，如果两个事件同时发生，则可以把两者的概率相乘。对于信息量，它更可能是两个信息量的和。

综合上述两点，关于概率和信息量的数学函数已经呼之欲出了。如果用数学函数图像来表示，信息量随着概率的增加而不断减小，如图 3-3 所示。

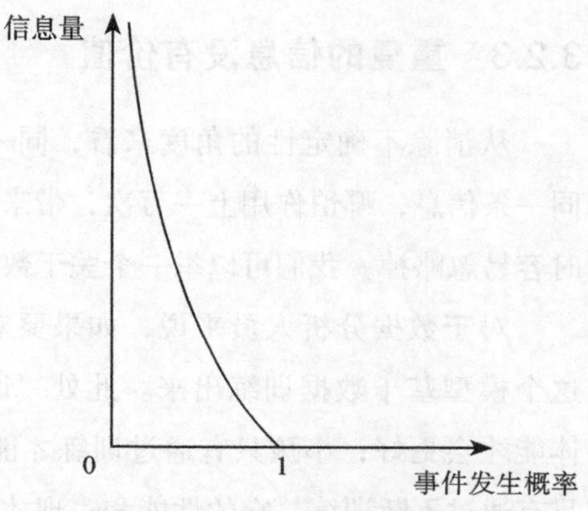

图 3-3 事件发生概率与信息量的关系图

现在，让我们来看看香农是如何定义信息量的数学公式的：

$$H(x) = -\log_2 P(x)$$

式中，$P(x)$ 代表了 x 事件的发生概率。

这条公式告诉我们：小概率的事件一旦发生，就会引起人们的关注。也就是说，极少见的事件会带来极大的信息量。信息量的多少与事件发生频繁程度（即概率大小）恰好相反。不过请注意，它们不是反比关系。

当信息量公式的对数计算以 2 为底数时，它的计算结果的单位是 bit（比特）。在通信领域，带宽的单位就是 bit/s。在计算机系统中，数据存储的最小单位是 bit，1bit 代表了 1 位，1 字节（1 Byte）有 8 位，也就是 8bit。

回到我们一开始提出的问题，让我们来计算一下它们的信息量。

1）抛一枚硬币，出现正反面的概率都是 0.5，所以硬币正面朝上的信息量是 $-\log_2 0.5=1\text{bit}$。

2）从盲盒中正好抽到想要的那款，概率是 $\frac{1}{8}$，信息量是 $-\log_2\frac{1}{8}=3\text{bit}$。

3）直播抽奖，因为中奖率只有 $\frac{1}{1024}$，中奖的信息量是 $-\log_2\frac{1}{1024}=10\,\text{bit}$。

可见，第 3 条信息的信息量有 10bit，是最大的。当然，这个信息量是基于没有额外信息的情况。如果我知道自己一定中奖，就等于消除了不确定性，它的信息量就变成了 0。

通过上面的例子，我们可以知道，一条信息的信息量并不取决于存储它的容量，也不是看它的重要性，而是看一条信息能够消除多大的不确定性。比如一本书洋洋洒洒写了 50 万字，里面的东西都是你以前知道的，那么这本书对你的信息量就很小。一篇论文哪怕只有几页纸，写的内容完全颠覆人们的固有认知，它的信息量就很大。举个例子，1953 年，詹姆斯·沃森和弗朗西斯·克里克在《自然》杂志上发表了一篇论文，提出人类的 DNA（脱氧核糖核酸）是双螺旋结构的分子模型。这篇论文仅仅只有一页半，全文不足 1000 个单词，但它的信息量很大，这一成果后来被誉为 20 世纪以来生物学方面最伟大的发现，标志着分子生物学的诞生。沃森和克里克也因此获得了诺贝尔生理及医学奖。

3.2.3 重复的信息没有价值

从消除不确定性的角度来看，同一条信息被重复用上多次，并不会产生额外的效益。同一条信息，哪怕你用上一万次，带来的信息量仍然是 0。这点其实很好理解，但很多人平时容易忽略掉。我们可以举一个关于数据分析的例子。

对于数据分析人员来说，如果要对海量数据进行处理，则通常要建立一个数据模型，这个模型基于数据训练出来。此处“训练”是个专用术语。运动员只有通过不断地训练，体能才会更好；小孩只有通过训练才能强化认知，学到新的知识；同样的道理，数据模型只有通过不断训练，它的性能和表现才能更好。

训练好的模型需要进行测试。“训练”的目的是告诉计算机，已有数据长什么样，从中可以学到怎样的模型。“测试”则是为了验证模型效果。这两个步骤可以交替进行。

在训练模型时，如果一开始把所有数据都输入模型中去训练，那么之后无论再训练多少次，模型表现都不会有明显改善，这是因为从信息论的角度，用同样的数据重复训练模型是无意义的，重复训练给模型带来的信息量是 0。

同理，当我们要对训练出来的模型进行效果检查时，把训练的数据用来测试模型也不可行。这就好比是先拿一张猫的图片，让你记住这是只猫，然后用同一张图片来检验，就算你答对了，也不能证明你具备了辨别猫的能力。

那该如何训练模型呢？通常情况下，在模型训练前可以把数据分为多份，比如按照 3 : 1 : 1 的比例分成用于模型训练的**训练集数据**、用于模型效果验证的**验证集数据**和用于模型最终测试的**测试集数据**。

假设我们已经设计了好多个模型，但是不知道哪个模型表现更佳，可以这么做：先用训练集数据对这些模型进行训练，然后使用验证集数据来检验这些模型的表现效果，并记录下模型预测的准确率，确定效果最佳的模型。最后使用测试集数据，评估模型的性能和分类能力。

做个类比。假设一个学生要掌握新的知识，他需要各种各样的数据。训练集数据相当于课本，学生根据课本内容进行学习。验证集数据相当于作业，学生通过作业可以知道自己的学习情况、进步速度。测试集数据相当于考卷，考查学生对知识的掌握程度，考卷中的题目应该是平常没见过的。无论是课本、作业还是考卷，已经用过的题目都不能再用，比如不能把课本上的例题给学生作为家庭作业，也不能把作业里做过的题目原封不动地搬到考卷上。这么做检验不出学生掌握知识的情况。

那么学生通过考试，是否意味着学习结束？也没有。学习的目的不是只通过一场考试。为了让学生真正掌握知识，要让他把之前做过的所有课本练习题、家庭作业、考试题目都学会、弄懂。对应到模型，在我们将模型部署到生产环境并投入实际使用以前，需要将已有的所有数据（包括测试集、验证集、训练集）重新输入到最优的模型，这样训练好的模型才能交付使用。

3.2.4　信息的熵

信息量度量的是一个具体事件所携带的信息，这个事件是已知的。不过有时，我们会面对一个充满不确定性的复杂系统，要度量它的信息情况，就要计算各种可能发生的事件所带来的信息量的期望，此时可以使用**信息熵**。信息熵中的“熵”，由热力学中的概念而来。“熵”在希腊语中的含义是“变化”或“进化”。热力学中“熵”的概念是1865年由德国物理学家、数学家克劳修斯提出的。熵的英文是entropy，中译名“熵”是由我国物理学家胡刚复（1892—1966）创造的一个形声字，它的形旁“火”表示能量和温度，声旁“商”表示用数学上的除法得到的比值。熵关注的是物体在不对外做功时内部的能量情况。在等温条件下，一个物体增加的熵等于它的吸热量与温度的比值，即热能相对温度的变化率。

介绍完了热力学中的熵，现在让我们来看看信息熵。简单来说，**信息熵是对信息的杂乱程度的量化描述**。它的数学公式是：

$$H(x) = -\sum_{i=1}^{n} P(x_i)\log_2 P(x_i) \quad i = 1,2,\cdots,n$$

信息熵代表了每个事件发生的概率乘以这些事件发生时的信息量的总和。在一些资料上，你可能会看到上面公式中$\log_2$变成以10为底的对数lg，或以自然常数e为底的自然对数ln。其实任何数字都可以作为底数，但要注意的是，计算信息熵的目的是量化和比较，所以计算时应使用同一个底数，否则对两个信息熵进行比较毫无意义。

信息熵是在结果出来之前对可能产生的信息量的期望，它考虑随机变量的所有可能取值，即所有可能发生事件所带来的信息量的期望。概括地说，信息越确定、越单一，信息熵就越小；信息越不确定、越混乱，信息熵就越大。

人工智能领域很多主流的机器学习算法都会运用信息熵。比如决策树算法，它是一种高效的分类算法（参见第5章）。在构建一个决策树模型时，算法会计算和比较不同特征划分后的信息熵。如果某个特征可以让无序数据变得更加有序，也就是信息熵的变化更大，这个特征就具备更强的分类能力，找到这些特征是构建决策树的关键。比方说，现在有一个自然数在1～100之间，要找到这个自然数，将这个自然数“与50比较”要比“与10比较”更高效。也就是说，50这个特征比10这个特征具有更好的分类能力，它能更有效地确定自然数的取值范围。

3.3 信息是如何交换的

无论是信息量还是信息熵，它们都是为了度量信息，但要真正将信息用起来，信息就要作用在特定的对象上。就是说，双方必须进行**信息交换**——我的信息要告诉你，你的信息要传递给我。

过去，信息传播的速度非常受限，只能依靠人力、马匹和信鸽，远方打仗胜利的消息传到统治者的耳朵里可能要花上几周的时间。但在今天，信息交换技术已经被广泛应用到无线电通信、气象探测、雷达扫描、距离测量、宇宙探索以及人工智能的各个领域。以智能机器人为例，它们身上安装有大量传感器，这些传感器能够捕获图像、声音、受力、周边物体信息，并实时传送到后台的控制系统。通过信息交换，机器人能很好地执行操作、适应环境。

3.3.1　互联网与信息交换

我们不妨先来看看，互联网这个典型的信息交换场景是如何工作的。

1969 年 10 月 29 日，美国加州大学洛杉矶分校的查理·克莱恩正盯着眼前的电脑屏幕，小心翼翼地敲着键盘。他打算将 login（登录）这 5 个字母通过网络，传送到距离 560 千米以外位于硅谷的斯坦福研究所。这项研究已经有数百人参与，花了一年多的时间。此刻，试验即将正式开始。克莱恩先做了一次尝试，不过并不顺利，他只发送了 2 个字母，电脑就崩溃了。一小时后克莱恩再次尝试，这次他终于发送成功了。这是人类历史上第一次通过网络实现远距离信息交换。克莱恩使用的这个网络，名为阿帕网（ARPAnet），是互联网的前身。

计算机要相互通信，必须遵照一套共同约定的沟通方法，即通信协议。通信协议有两个功能：一是要能准确找到对方，也就是寻址；二是要知道如何组织内容，也就是编码。通信网络在最初设计时，就考虑到了未来大规模部署的需要。在这样的网络中，所有节点都是对等的，没有任何的中央控制节点，也就是“去中心化”。网络只关心“最终把数据信息送到目的地”的结果，不关心“具体走哪条路线”的过程，这种信息交换的方式，在当时是非常大胆和创新的想法。

当然，在实际的网络通信模型中，协议是分层的，也更复杂。比如，要发一封电子邮件，计算机用到的协议可能包括 IMAP、SMTP 或者 POP3；为了保证数据包的稳定传输，计算机之间要遵循 TCP/IP，让数据包能够顺利找到并传送至目标设备。整个网络通信要依靠不同的网络协议，将复杂的通信问题分解到不同层去解决，这些问题有：如何保证数据链路是可靠的，如何可靠地转发数据包，将数据包转发到何处等。在网络模型中，本层的功能不会影响其他层，各层都会完成特定的功能，按照事先定义好的通信协议完成信息交换。这种分层的网络模型，构建了一个健壮、完整的网络体系。

无论是网络通信中的分层协议，还是其他形式，所有的信息交换都要完成对信息的**编码**、**解码**、**传输**。

所谓编码，就是把信息转换为信号。只有经过编码，信息才能发出去。

所谓解码，就是把信号再转换为信息。只有经过解码，信息才能被接收。

在前面的例子中，以克莱恩使用的电脑作为发送端，将传送的信息（login 这 5 个字母）通过编码转变成电信号，这些信号通过电线发送给了斯坦福研究所；那里的电脑对接收到的电信号进行解码，把信号还原成信息。

信息交换必须使用双方事先约定的语言系统。这就好比两个人对话，如果语言不通，彼此就无法互相理解，那么信息交换就失去了意义。整个信息传递过程可以参考图 3-4。

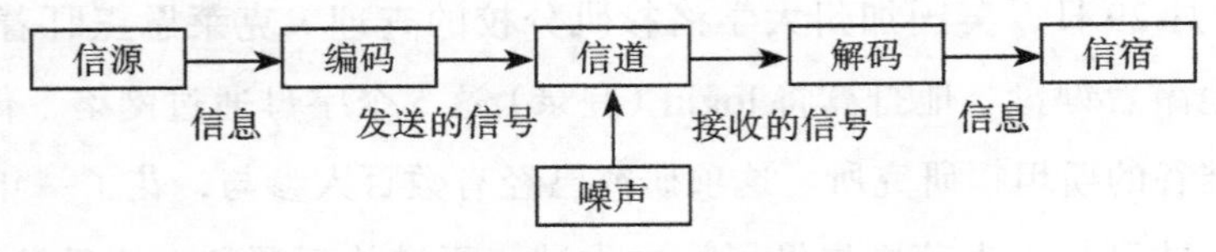

图 3-4　信息传递的过程

信息发送的起点是**信源**，它是信息的发送者。比如人说话时，人就是信源。当然，一台机器设备也可以是信源。信息接收的终点称为**信宿**，它是信息的接收者。信息传输的媒介称为**信道**，它是信息传递的通道。

在信息进行传递的过程中，要想办法将信号源和噪声源剥离出来，避免噪声的干扰，最大概率得到准确的信息，这中间有很多抗干扰的技术工作要做。

信息从信源出发，经过编码，然后通过信道传输，再经过解码，最终传递给信宿，这是一个信息传递的过程。如果通信双方都在传递信息，那就实现了信息交换。可是，如果信息在交换过程中存在冗余和错误，那么信息交换的效率就会大打折扣。于是，人们开始研究并试图找到一种最优的编码形式，用来提升信息传递的效率。

3.3.2　哈夫曼和有效编码

在香农看来，通信系统中遇到的所有信息交换问题，都是关于处理不确定性的问题。信号源会产生很多种可能的信息，只是它们的发生概率不同。要解决通信问题，关键是能处理具有不确定性的信号。就是说，完全可以基于概率和统计学方法，把一个物理通信问题抽象成数学问题。这种思路的转变，是破解信息和通信问题的重大突破。

在整个信息交换过程中，信息编码就像一个“翻译器”，是非常重要的环节。网络通信刚刚起步时，信息传输的成本很高，通信效率很低。因此，如何高效利用信道交换信息，显得尤为重要。此时就要用到信息编码。好的编码不仅能让信息高效安全地传输给对方，还能减少信息存储的容量。

关于信息编码，香农曾经做过这样的试验：他从书架上随机选择一本书中的任意一个段落，然后让他的妻子逐个猜里面出现的字母，比如她可以问：“第一个字母是 H 吗？”。如果她猜错了，就告诉她正确答案。如果猜对了，就继续猜下一个字母。一开始，这样的猜测没有方向，可随着知道的内容越来越多，猜对字母的准确率会越来越高，甚至可以一下子猜对好多个单词。这是一个通过不断提问来消除不确定的过程。

如果一个字母能根据之前的内容猜出来，那它就可能是冗余的。既然是冗余的，它就没有提供额外的信息。假设英语的冗余度是 75%，对于一条包含 1000 个单词的讯息，我们只保留 250 个单词，仍然可以表达原本的含义。中文也是如此，发一封电报说“家里老母亲过世，请赶快回家”，长达 12 个字，用“母丧速归” 4 个字也能表达相同的含义，但长度缩减了 2/3。可见，字数越多并不代表信息量就越大，字数只代表了信息编码的长度。在信息论中，这属于编码有效性问题。

那么，是否存在一种最短、最优的编码方式呢？答案是有的。这种编码方式最早由美国人哈夫曼在 1952 年提出。**哈夫曼编码**是一种变长编码，它的编码方式是：一条信息编码的长度和它出现概率的对数成正比。也就是说，经常出现的信息采用较短的编码，不常出现的信息采用较长的编码，以达到整体资源配置最优。信息携带的信息量越大，它的编码就越短，这样做比采用相同码长的编码方法更高效。如果每条信息出现的概率相同，在哈夫曼编码中就是等长编码。在数学上，可以证明哈夫曼编码是最优的编码方式。我们平时经常使用的计算机文件压缩功能，其背后的算法原理通常就是哈夫曼编码，它是一种无损编码方法。

有人认为，对信息的编码越短越好，这样信息交换的成本最低。实际情况并非如此，因为还要考虑到信息的辨认度和容错性。人类语言的信息编码就存在冗余，它并不是以效率优先的编码方式。人们习惯使用“啰唆”的方式进行沟通。冗余的信息虽然在传递时消耗了更大的带宽和资源，但是它有更好的容错性，更易于理解，消除了很多歧义。当信息在传递过程中发生错误时，信息冗余可以帮助我们恢复原来的内容。

在学英语的时候，我们倾向于通过阅读一些国外名著来学习单词，而不是直接去背字典。虽然字典里每一页单词的信息编码更短，但冗余信息少，要记住这些单词的难度就很大。相反，阅读一些英语读物时，每个单词都出现在特定的语境中，虽然每一页的信息编码长，信息量小，但更容易理解和记忆。

下面来看个例子——老鼠实验。

假如实验室里有 1000 只瓶子，其中 999 瓶装了普通的水，还有 1 瓶装了毒药，这瓶毒药无法根据气味或外观分辨出来。如果给小白鼠喝了毒药，一天后它就会死亡。假如你只有一天时间，请问至少需要几只小白鼠，你才能检验出毒药？

如果我们有 1000 只小白鼠，给每只老鼠喝不同瓶中的水，则自然能检测出哪瓶是毒药，但这么做的效率不高。

让我们来换一种思路，看看用信息编码的方式，应该如何考虑这个问题。

让小白鼠喝瓶子中的水，结果只会呈现出 2 种状态，要么活着、要么死亡。就是说，这只小白鼠可以提供 $-\log_2\frac{1}{2}=1\text{bit}$ 的信息。我们要从 1000 个瓶子中选出一瓶毒药，相当于需要 $-\log_2\frac{1}{1000}\approx 9.97\text{bit}$。也就是说，我们如果有 10 只小白鼠，提供 10bit 的信息，就能找到那瓶毒药。

检测 1000 个瓶子居然只要 10 只小白鼠就够了，这不免让人感到惊讶。具体的操作是这样的：我们先把 1000 个瓶子用 1 到 1000 编号，这个号码是二进制数，也就是说，每个瓶子要用 10 个 0 或 1 的数字表示。比如，1 号瓶是 0000000001；2 号瓶是 0000000010；以此类推，1000 号瓶就是 1111101000。再把小白鼠用 1 到 10 来编号。现在我们取出一瓶水，查看上面的二进制编号，编号上对应位数是 1 的，就给相应编号的小白鼠喝下这瓶水。从第 1 瓶开始，重复这一动作，直到第 1000 瓶。比如，1 号瓶的二进制编号是 0000000001，只有最后一位是 1，就给 10 号小白鼠喝下瓶中的水。2 号瓶的二进制编号是 0000000010，就给 9 号小白鼠喝水。1000 号瓶的二进制编号是 1111101000，就要给 1、2、3、4、5、7 号小白鼠喝下瓶里的水。

一天以后，我们根据小白鼠的状态获得一个二进制数，0 代表生存，1 代表死亡。假设 1、5、8、9 号小白鼠死了，这个二进制数就是 1000100110，换算成十进制是 550。也就是说，第 550 号瓶中装的是毒药。因此，10 只小白鼠相当于一组编码，它能检测出哪瓶是毒药。

可以看到，信息编码并非只能用于信息交换，它还能用于科学研究和实验筛查，很多互联网公司会利用信息编码对用户进行分组测试，优化网站使用体验；又比如在疫情期间，如果要做大规模病毒核酸检测，则可以将多人样本混采检测，只对检测结果呈阳性的（说明混检样本有病毒）再做单样本检测，这也是一种提高筛查效率的信息编码方法。

除此以外，信息编码还有很多其他应用。比如，互联网上的搜索网站、邮件系统和云存储服务，就要考虑如何高效地存储海量数据；玩手游、看网剧时也要考虑本地和服务器之间的网络传输和编码效率问题；一个部署在多地的人工智能模型，如果要做分布式训练，就要考虑信息编码的效率和安全。可以说，日常生活中大多数与计算机性能、容量有关的问题，都离不开信息编码的身影。

3.3.3　信息不对称与囚徒困境

我们前面的讨论，无论是信息交换还是信息编码，都是在说应该如何有效利用信息。不过，利用信息并不等同于完全公开信息。无论是人类社会，还是计算机系统，信息交换的起因是信息不对称，但是考虑到操作性和必要性，信息交换的目的并不是为了信息完全对称。这件事情听上去有些奇怪，但事实是，信息不对称是一种普遍现象。

人类社会是建立在相互信任基础上的。可人是会撒谎的。由于每个人掌握的信息不对称，因此存在一个有趣的社会现象，即人与人之间既要合作，又要防止相互欺骗。

有人认为信息不对称会造成不公平。实则不然，它是一种人与人之间的合作前提。生活中信息不对称是一种常态。大学教授拥有普通人没有的专业知识，只有信息不对称，他才能够传授知识，受人尊敬。企业凭借在某个领域的技术和专利，才能保持商业竞争中的优势。今天很多交易模式和商业创新，靠的也是信息不对称。可以说，信息不对称几乎出现在政府、银行、医疗、保险等各行各业。

当然，信息不对称也会带来困扰，比如可能存在伪装、隐瞒、捏造等不道德行为，我们可能被人利用，被人欺骗。

在博弈论中，有一个**囚徒困境**问题，它预设了这样的场景：警察抓捕了两个犯人，但还没有充分的证据给他们定罪，只好先关进监狱。两个犯人被单独关押，无法互通消息。现在，犯人被告知了如下的判刑策略（见表 3-1）：

表 3-1　判刑策略

己方的选择	对方的选择	己方	对方
不揭发	不揭发	坐牢 1 年	坐牢 1 年
揭发	不揭发	立即释放	坐牢 10 年
不揭发	揭发	坐牢 10 年	立即释放
揭发	揭发	坐牢 8 年	坐牢 8 年

1）如果双方都不揭发对方，那么由

于证据不足，每个犯人坐牢1年；

2）如果有人揭发对方，那么揭发者可以立即释放，被揭发者入狱10年；

3）如果双方都选择揭发，那么两个犯人各判刑8年。

由于无法互通消息，因此每个犯人都无法得知对方的选择。于是，到底应该优先看重个人利益，还是应该选择从集体利益中获益，是他们面对的“困境”。

如果犯人只看重个人利益，那么无论对方如何选择，揭发对方都能减少自己的坐牢时间。但如果把两个人看成一个整体，那么选择一同沉默比互相揭发更好。

这个例子告诉我们，在信息不对称的情况下，维持合作非常困难。而要实现信息对称，沟通就十分重要。

信息对称与信息不对称之间存在博弈。信息不对称在一些地方是需要的（比如交易的发生），而在其他地方需要消除（比如交易时保证公正、公平问题）。举例来说，在金融领域，由于人们害怕信息不对称，因此重要金融活动需要有一个权威的中介机构来进行信用担保。所有的金融机构（比如银行、保险、券商）赖以生存的根本就是信用。当用人民币购物时，我们相信这张纸在任何时间、任何地方都能交换实物，因为这背后有国家做担保。当我们把钱存进银行，也是基于对银行的信任，相信未来自己的钱还能从银行取回来。如果有人能够通过技术手段解决此类信任问题，从根本上消除信息不对称，则很可能会对如今的金融系统造成颠覆性的影响。

在“囚徒困境”问题中，如果两位囚徒是自私的，他们一辈子只要做出这么一次选择，那么他们都会选择背叛。但是，现实中的“囚徒困境”往往更加复杂，它会反复发生，陷于困境的双方必须一轮又一轮地做出决策。它是一个“多重囚徒困境”问题。1980年，美国密歇根大学的罗伯特·艾克斯罗德教授就模拟了这么一场计算机游戏竞赛，他邀请了多位博弈论学者参与其中。

游戏模拟了两位玩家，他们需要在无法与对方商量的情况下给出自己的行动方案——合作还是背叛。与被关在监狱中的囚徒处境不同，这次游戏会进行多轮，每轮结束时都会公布玩家的选择。每轮游戏中，当双方都选择合作时，每人奖励3分；双方都选择背叛时，每人只给1分；如果只有一人选择合作，那么背叛者得到5分，选择合作的人不得分。为了保证游戏的公平性，每轮游戏对局200次，整个循环赛进行5轮，最后给出每位玩家的得分和排名。游戏策略分析如表3-2所示。

很明显，当游戏只进行一轮时，选择背叛是绝对不亏的。但游戏要进行很多轮，如果有人一再选择背叛，那么双方的利益都会受损。艾克斯罗德教授收集了来自经济学、心理学、社会学、政治学等诸多专家的 14 种电脑程序，让它们相互博弈，希望可以找到最佳方案。

表 3-2　游戏策略分析

己方选择	对方选择	己方得分	对方得分
合作	合作	+3	+3
合作	背叛	0	+5
背叛	合作	+5	0
背叛	背叛	+1	+1

这些程序的策略各异，有的“总是背叛”，有的“总是合作”，有的规则十分复杂，比如运用马尔可夫过程来模拟和预测对方的行为，或使用贝叶斯分析等统计推理方法做出决策。有人认为在面对“多重囚徒困境”问题时，应对策略必须足够复杂，才能在博弈过程中脱颖而出。令人意想不到的是，最终的获胜程序策略极其简单，它只有两个步骤：一开始永远选择合作；以后每一轮，重复对手上一轮的行动。就是说，对手合作，我就合作；对手背叛，我就背叛。这个程序名叫 TFT，即 Tit for Tat，意思是“一报还一报”。

TFT 使用了一个简单策略来鼓励双方合作共赢。TFT 并不是一个“制胜”策略，但它希望对方与自己合作共赢，避免两败俱伤。它着眼于维护长期的合作关系，因为在多数情况下，合作比竞争更好。

“多重囚徒困境”给出的启示和建议是：不要首先背叛，且必须对对方的行动做出相应的反馈。但在现实中，无论是企业内部的团队竞争，还是互联网电商的价格战，很多人仍然喜欢扮演“囚徒”。想要促成合作，所有的“囚徒”必须从一开始就理解整个决策体系，而不仅仅知道有哪些选择摆在他们面前。只有同时知道同伴所面临的风险时，他们才能了解自己的选择对全局来说意味着什么。当然，即便“囚徒”们能够了解全局策略，他们仍然无法确认同伴的想法。毕竟，从自私的角度来看，“背叛”也是同伴最好的选择。

“囚徒困境”的最优解是引入一个强有力的第三方，比如双方提前约定规矩，如果有谁敢交代揭发对方的罪行，出来后就会受到更大的惩罚。这样犯人们就能达成合作协议，最终实现集体最优解。

此外，“囚徒困境”也告诉我们，只有信息更加公开、透明、自由地传递，交易双方才能做出更加公平和明智的决策。今天很多商业模式都在解决信息不对称的问题。比如你想买一辆车，以前获得车辆信息的渠道很少，基本只能靠卖车销售员。但在今天，你能在网上轻松地找到这辆车的品牌、价格、性能、质保、功能，以及用户的评价。它打破了你和商家之间的信息不对称，同时迫使商家生产出更好的汽车，给出更优惠的价格以及提供更好的售后服务。

3.4 信息的加密与解密

信息论是首次把信息的加密、交换以及信息本身三者联系在一起讨论的理论。对于一个信息交换过程，除了要进行有效编码外，还有一个不可忽视的问题，就是信息的安全性，即信息安全。

信息安全是一个很庞大的话题，涉及的内容很多，包括密码学、安全攻防、隐私保护等，这些内容或多或少都与人工智能的发展有关。让我们先来讨论有关信息加密的话题，有关人工智能安全的内容会在第 8 章做进一步讨论。

3.4.1 语言是一套密码系统

如果要把信息安全可靠地传输给对方，信息就一定要进行加密。有关信息加解密的学科，就是**密码学**，它是一门涉及数学、计算机、通信等领域的交叉学科，在信息安全领域扮演着重要角色。

密码学的起源可以追溯到 4000 多年前的古埃及、巴比伦、古罗马和古希腊，一开始，它的使用场景比较简单，主要用于重要信息传递，比如军事、政治、外交等。如今，现代密码学以强大的数学理论为基础，广泛应用在日常生活的各个领域，尤其是在用户身份鉴别、网络通信、数据存储、访问控制等方面发挥了重要作用。

在密码学中，把要传输出去的信息称为**明文**，把伪装信息以隐藏真实含义的过程称为**加密**，加密后的信息是**密文**，而把密文还原成明文的过程称为**解密**。加密就是将明文变换成密文时所采用的一组规则。

人类的语言就是一套密码系统。人说话可以看成是一种通信，我们要把信息通过嘴巴和空气传递给对方。在这个过程中，我们使用的语言系统，无论是中文、英语、法语还是日语，本质上都是用于交流的规则系统。

如果两个人使用同样的语言交流，他们就能够理解对方要表达的意思。但如果使用不同的语言，就可能无法理解对方的想法。这时，A 传递出来的信息，对 B 来说就是密文，必须进行正确解密。这一场景和互联网通信是相似的，我们可以这样理解互联网上的通信，在网络上每个人都有一套自己的语言系统，要和别人通信，就要想办法加密自己的内容再传给对方，并解密对方的内容。这有赖于双方建立起一套用于加密和解密的规则与标准。

3.4.2 墙边盛开的花朵

历史上把 19 世纪以前的密码学称为**古典密码**，以手工加解密形式为主。主流的编码形式有两种：一种是**置换**，另一种是**代换**。

置换就是对要加密字符进行重新排列组合。它不改写原来的字符，只是改变它们出现的顺序，以达到隐藏信息的目的。最简单的置换密码是把字符倒过来写，比如原文是 LOVE，密文写成 EVOL。

代换则是通过特定的规则，使用新的字符替代原来的字符的一种加密方式。相传公元前 50 年，古罗马时期的凯撒大帝发明了“凯撒密码”，用于保护军事情报。它的加密算法就是一种代换密码。

凯撒密码的原理是，循环利用字母表，将明文中的每个字母用它之后的第三个字母来代替，得到对应的密文。比如字母 A 用 D 代替，字母 B 用 E 代替，字母 Z 用 C 代替。如果凯撒大帝要将进攻指令 ATTACK 传到前线，就可以传递密文 DWWDFN。前线收到密文后，通过反向运算得到真正的指令。

置换和代换可以组合使用，增加破译密码的难度。但总的来说，古典密码的加密方式比较简单，如果有人仔细研究加密后的字符出现的规律，就很容易找到密文和原文的对应关系，从而破解加密算法。

到了 19 世纪，随着通信技术的发展，出现了摩斯电码。摩斯电码就是一种密码系统。它在发送信号时，会用电键交替敲击出点、划以及中间的停顿。开关短暂接触会发出“嘀”（点）的声音，开关长时间接触会发出“嗒”（划）的声音。“嘀”“嗒”两种状态交替使用，就能对字母和数字进行编码。今天人们熟知的国际救难信号 SOS，并不是哪个单词的缩写，而是来自摩斯密码。因为 S、O、S 三个字母的电码是“· · ·”“---”“· · ·”，在电报中简短、有节奏，容易记忆和辨识，因此被作为国际救难信号。除此以外的原因是，SOS 这三个字母无论是正着看还是倒着看，都是一样的，这有利于飞机在空中快速辨识并展开救援。

早期的密码学研究十分敏感，都是秘密进行的，很少有公开发表的文献。当时的研究主要用于军事和政治，研究最多的是密码破译。此时的密码学好比魔术，一旦揭秘原理，它的作用就会随之消散。因此密码学也被称为“墙边的花朵”，意思是只能躲在隐秘的角落发挥作用。

比如在二战时期，德军自认为用他们研制的恩尼格玛机（Enigma），可以得到牢不可破的密码，但图灵通过研究发现，密文中不同字符出现的频率不同，虽然它们都被加密，但只要结合语言特点和词频规律，就能破译德军密码。得益于图灵的贡献，盟军得以掌握机密的军事情报，让这场战争得以提前结束。不过这些与战争直接相关的任务都是秘密进行的，图灵表面的身份只是贝尔实验室的研究员，甚至连经常和他一起喝茶聊天的香农也不知道他的具体工作。当然，图灵也不知道香农在干什么。

直到 20 世纪 70 年代，密码学才开始渐渐进入大众视野，被应用到各个领域。后来**公钥密码**的思想被提出，成为密码学发展中的重要里程碑。

现代密码学有一个显著的特点，**密码算法的加解密过程可以公开**。算法安全依赖于密钥的长短，即使对手知道密码算法的内部机理，如果不知道**密钥**，则仍然很难破译密文，或要花上难以接受的时间。对于这类算法，研究者一般会将算法的细节公之于众，接受大众的检验和挑战。

密码学界流行这样的观点：如果密码算法公开后，在相当长的时间内没有找到有效的破解算法，就可以认为算法是安全的。这体现了柯克霍夫（Kerckhoffs）原则，它指出：必须考虑密码系统在最坏情况下的安全性。换句话说，当我们设计加密算法时，要认为密码破译者已经知道了密码算法的原理，以及实现它的全部细节。

3.4.3　可以被公开的密钥

通常根据加密、解密过程中使用的密钥情况，可以把加密方法分为两类。

一是**对称加密，它是一个单钥系统**。对称加密在加解密时使用相同的密钥（见图 3-5）。比如前文提到的凯撒密码，就是一种对称密码算法，它的加密密钥和解密密钥都是 3 个字母的转换，其核心密钥（也就是密码数字 3）不能让外人知道，否则就会直接威胁到整个密码系统的安全。对称加密的特点是计算量小，加密速度快，但如何安全地保管密钥是一个挑战。

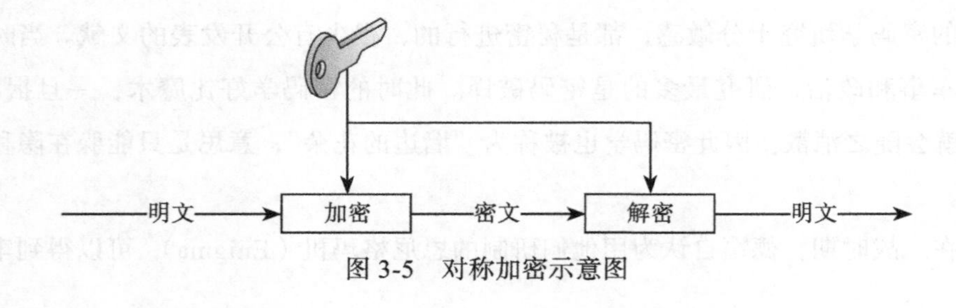

图 3-5　对称加密示意图

在密码学发展历史上，对称密码算法发展较早，使用范围较广，因此常被称作传统密码算法。典型的对称密码算法有 DES 算法（数据加密标准）、AES 算法（高级密码标准）、IDEA 算法（国际数据加密算法）等。

由于硬件实现容易，因此对称密码适用于大批量数据加密。例如在银行、政府和军队中，当网络之间要传输大量重要数据时会部署网络加密机，这种设备就是使用对称密码算法来加密传输数据的。

相比之下，**非对称加密有两把成对的密钥，即公钥（公开密钥）和私钥（私有密钥）**。公钥加密的数据只能通过唯一配对的私钥进行解密（见图 3-6）。公钥是公共的密钥，可以公开和共享，对用户来说，只要保管好自己的私钥。与对称加密相比，非对称加密的安全性更好，但加密和解密的速度要慢很多。

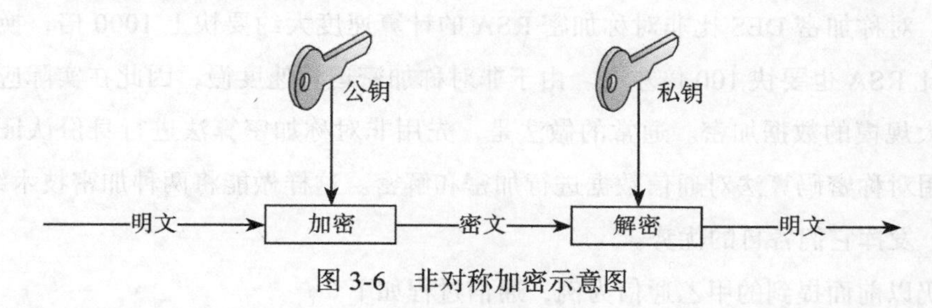

图 3-6　非对称加密示意图

例如，假设现在有甲、乙两个用户。甲想要把一段明文通过非对称加密的方式发送给乙。此时它的加密过程是这样的。

第 1 步，乙将他的公钥传送给甲；

第 2 步，甲用乙的公钥加密信息，传送给乙；

第 3 步，乙用他的私钥对信息解密。

在这个过程中，乙的私钥始终保管在自己身边，公钥可以对外公布。

有读者可能要问，为何公钥是可以公开的？这是因为，很多数学问题正向运算和逆向运算的代价是不同的。我们可以轻松从过程推导出结果，但是要从结果反推过程就变得极其困难。两个很大的质数[⊖]能够轻松地计算出它们的乘积，但是如果只知道积，想要反推出到底是哪两个质数相乘，就非常困难。质因数分解是一个数字位数与计算时间呈指数关系的计算问题。积的数字越大，计算代价就越高。以现代计算机的计算能力，要花很长时间（或许要几百年）才能算出来。

⊖　质数也称素数，是指在大于 1 的自然数中，除了 1 和它本身以外不再有其他因数的自然数。

非对称加密算法正是利用这一特性，它在加解密过程中使用不同密钥，并且保证从其中一个密钥很难推导出另一个密钥。典型的非对称加密包括 RSA 密码算法[㊀]、椭圆曲线密码算法[㊁]（ECC）等。其中，RSA 的安全性基于大整数的因子分解，ECC 则是一个椭圆曲线上的离散对数问题，由于椭圆曲线加密系统拥有更小的密钥长度和带宽，所以它适合用于像集成芯片这样空间受限的安全应用上，比如平日常见的智能卡、PC 卡、无线设备等。

非对称加密算法可以大幅减少密钥数量，降低管理成本。例如有 N 个人需要相互通信，每个人都公开自己的公钥，只要管理 N 个密钥就行了。如果采用对称加密算法，那就要管理 $\frac{N(N-1)}{2}$ 个密钥。

不过，相较于对称加密，非对称加密的计算量要大得多，计算速度也更慢。假设采用硬件技术，对称加密 DES 比非对称加密 RSA 的计算速度大约要快上 1000 倍，换成软件实现，DES 比 RSA 也要快 100 倍左右。由于非对称加密运算速度慢，因此在实际应用中，它很少用于大规模的数据加密。通常的做法是，先用非对称加密算法进行身份认证和密钥协商，再使用对称密码算法对通信数据进行加密和解密。这样做能将两种加密技术结合起来，各取所长，发挥它们各自的优势。

我们仍以前面提到的甲乙通信为例，通信过程如下。

第 1 步：甲通过对称加密技术，使用密钥对信息进行加密。

第 2 步：乙将他的公钥传送给甲。

第 3 步：甲用乙的公钥加密自己的密钥，连同加密信息一起发送给乙。

第 4 步：乙用他的私钥解密得到甲的密钥。

第 5 步：乙用甲的密钥解密得到甲要传递的信息。

这样做可以兼顾安全和效率。

加密算法主要是用来解决消息保密性问题，防止出现信息被窃听的风险。现实中，信息还可能被篡改、冒充和抵赖。为了确保消息的完整性、真实性和不可否认性，可以使用散列函数（如 MD5、SHA 等）、消息鉴别码（MAC）和算法签名来解决。

另外，现代密码学正受到量子计算的挑战。当前，科学家们正在尝试控制量子进行计

㊀ RSA 是 1977 年由罗纳德·李维斯特（Ron Rivest）、阿迪·萨莫尔（Adi Shamir）、伦纳德·阿德曼（Leonard Adleman）一起提出的。当时他们三人都在麻省理工学院工作，RSA 就是他们三人姓氏开头字母拼在一起组成的。

㊁ Elliptic Curve Cryptography，即 ECC 密码算法。

算。量子的特性使得量子计算在提高运算速度、确保信息安全、增大信息容量等方面可能突破现有计算机的能力极限。在量子计算机中，负责计算的元件不是开关和电路，而是微观粒子，它们没有确定的状态，只能用概率来解释它们的行为。量子计算机的计算方法和传统计算机完全不同，它就像是变出无数分身，让这些分身并行处理某一问题，然后想办法统计所有结果的概率分布。对于特定的场景，量子计算机的计算能力完全碾压传统计算机，称为**量子霸权**。

量子计算并不一定适用于所有的计算问题，但它擅长并行计算。很多学者认为，它在密码破译方面具有显著优势。举例来说，非对称加密算法RSA的安全性是基于"大数的质因数分解非常困难"这一前提，以现有的计算机能力，密文是无法在短时间被破解的。而如果使用了量子计算机，就能轻松找到一个大数的质因子。从理论上来说，要破解现在常用的RSA密码，当前最好的超级计算机需要花上60万年，但用量子计算机只要不到3个小时。如果量子计算机发展趋于成熟，那么解密计算或许只要1秒钟。届时，今天基于计算复杂度的加密算法将彻底失效。这似乎预示着我们的密码体系将遭到毁灭性打击。不过对此大家也不用过度担忧，因为到那时，新的加密算法和密码技术将被设计出来。目前，量子密码已经被实验证明是可行的，但还不具备大规模应用条件。或许在不久的将来，它会随着量子计算机的普及而广泛应用。但无论如何，密码学这门学科始终存在。

3.5　信息里的噪声

根据前面的讨论，只有将信息准确地传递给对方，信息交换才有意义。但在信息传递时，存在一个不可忽视的干扰因素——**噪声**。噪声在信息传输过程中普遍存在，无法避免。传递信息时，不仅要确保信息内容准确、未被篡改，还要考虑信道噪声的干扰影响，避免信息失真。这是信息传输过程中必须解决的问题。

3.5.1　信息越多结果就越准确吗

打个比方，你只看一块表，可以准确地报出时间，但若同时看两块表，大概就摸不着头脑了，因为关于时间的信息里有噪声，噪声干扰了你得到正确的信息。

在信息理论中，**信噪比**一般指有用信号和干扰信号的比值，这里的信号可以理解为信息的载体。信噪比越高，意味着收到的信号中有用的成分越高。比如看电视，图像信号的信噪比越高，画面越干净；接听电话时语音的信噪比越低，通话质量就越差，听筒里就会有大量的杂音。购买音响设备或音频播放器时，如果你关注音质，就可以去看信噪比参数，它的值越大，通常说明设备播放的音质越好。用两块表看时间的信噪比是1，噪声的干扰已经让我们无法获得正确的信息。

当信噪比很低时，我们就很难获得想要的信息，因为信息中掺杂了大量噪声。这也是网络越发达，人们获取信息越便捷，而了解事实真相越困难的原因。

另外，信息传输不仅取决于信息本身，还取决于周边环境的影响。比如在白天的时候，我们很难看清楚天上有星星，因为阳光对观测进行了干扰。而到了晚上，星星会变得十分明亮。

人们发现，**由于噪声的存在，信息越多并不代表结果越准确，有时反而会带来更多的问题**。在印刷机发明前，很多书籍都是靠抄写员手工抄写。在经过无数次的抄写以后，书里会出现大量的抄写错误，这些错误随着抄写次数的增加被不断放大，甚至歪曲了作者的原意。噪声的干扰使知识和信息的传播变得困难重重。为了将知识传承下去，过去的人们付出了巨大努力。

电视上会有这样的游戏：一群人依次比画动作来传递特定的信息。这个游戏的特点是，玩家人数越多，往往越难完成任务。其原因在于，每个人在传递信息时，要么增加了自己的理解，要么忽略了原本的内容，或多或少在信息中加入了噪声，这些噪声通过随后的传递被不断放大，最终导致信息失真。其实这种现象我们经常遇到，比如在一个企业中，组织层级越多，领导传达要求时，其意图就越容易被曲解，这也是受到了噪声的干扰。

3.5.2 人工智能如何处理噪声

现在让我们来看看，人工智能会遇到哪些噪声处理的问题。

先看一个有关语音识别的例子。如果要让计算机和人类对话，那么应该如何解决信息失真的问题呢？简单来说，计算机要对声源进行定位，增强说话人方向的信号，抑制其他方向的噪声信号。

一个著名的案例是“鸡尾酒会问题”。想象你在一个鸡尾酒会上，周围有很多人在说话，但是你只想听到面前这位人士的说话。这件事对人来说并不难，但是对于机器却很难做到。“鸡尾酒会问题”展现了人类分辨信息和噪声的能力，人类能在多人场合下持续追踪和识别出特定的声音，即使是在嘈杂环境，有时也不影响双方正常交流。不仅如此，假设远处突然有人喊了你的名字，或在非母语的环境中突然听到了母语，我们的耳朵会立即捕捉到这些声音。

计算机要实现这样的声音辨认，就要对信息和噪声进行处理。虽然当前的语音技术在识别一个人所讲的内容时能够体现出较高的精度，但若同时有很多人说话，识别精度就大打折扣。这个问题的本质，是如何从多人混合语音中分离出特定说话人的语音，以及周围环境的噪声。这涉及很多信息处理的理论，比如如何提取信息、如何过滤噪声、如何避免信息失真等。

第二个例子是人工智能模型训练。目前，实现人工智能的模型主要有人工神经网络模型，它是一种模拟人脑中神经网络的多层网络结构模型。网络的层数（也就是网络深度）越多，可以抽取的特征层次就越丰富。但是在很长一段时间，学术界都被一个问题困扰——训练神经网络模型时，如果网络层数很多，那么它在使用**梯度下降**方法将误差反向传播时，会出现**梯度消失**的现象。这里涉及一些专业术语，我们会在第 6 章详细介绍。简单来说，当模型利用大量数据进行训练时，优化和修正的“意愿”会经过网络的逐层传递，效果越来越差。这个“意愿”是从网络后层向前层传递的，由于学习效率越来越低，因此当传递很多层后，“意愿”可能会消失，整个模型的学习也就停止了。换句话说，在网络模型的内部通信过程中，噪声被层层放大，最后干扰到了正常信息（也就是修正“意愿”）的传递。

要解决梯度消失问题，数学家们尝试了很多种方法。第一种方法是对模型权重做预训练，再进行微调。第二种方法是优化关于信息传递的函数，比如更换网络结构中每层用于判断信息传递的激活函数。第三种方法是改进模型结构，比如直接采用新的网络结构，让噪声传递的层数尽量减少。现在的深度学习模型，可以拥有超过一千亿个参数，能搭建几百层甚至几千层的网络结构。噪声问题虽然依旧存在，但相较过去，噪声对模型结果的干扰已经得到了很大程度的改善。

有人认为，噪声是不好的，应该完全剔除。实际上，正是因为有了噪声的干扰，那些应对噪声的模型才会变得更加健壮，泛用性更强。

信息和噪声无处不在，它们密不可分。**何为信息，何为噪声，取决于具体场景**。开车时发动机发出的声音是噪声，但是在检查汽车工作状态时这种声音就成了信息。当你和别人聊天时，背景音乐对你来说是噪声，但是如果你正在欣赏音乐，这时对方聊天的语音就成了噪声。

任何一个智能系统，都会尽可能保留有效的信息，忽略不需要的噪声。比如要构建一个语音识别模型，就要想办法让模型“听到”人的声音。普通人能听到什么声音，取决于人类耳朵的构造。蝙蝠能够听到超高频的超声波，鲸鱼能够听到超低频的次声波，人耳能感知到的声波频率大约在 20 ～ 20 000Hz。人在说话时声音的频率通常在 300 ～ 3400Hz，也就是说，人发出的音频一秒钟震动 300 ～ 3400 次，越是高音振动的次数就越多。如果语音识别模型用于人机交互场景，那么只要让模型识别出人的声音即可。这个声音属于特定的音频区间，其他频段的声音完全可以视为噪声过滤掉。很多高端耳机都有降噪功能，其实也是这个原理。

3.5.3　模型的泛化能力

如果要增强模型的适用性，就要让模型有效识别信息。对信息和噪声的判别能力越强，模型的表现效果就越好。我们把它称为模型的**泛化**能力，它代表了模型对于全新样本的适应能力。

模型的泛化能力可以由以下几个方面来评价：偏差、方差、噪声。**偏差**代表了模型的预测期望与真实结果的偏离程度，它刻画了模型本身的能力。**方差**代表了数据变动所导致的模型性能的变化，它刻画了数据变化所造成的影响。**噪声**代表了任何模型所能达到的期望泛化误差的下界，它刻画了待解决问题本身的难度。换言之，泛化能力是由模型、数据以及问题本身的难度共同决定的。

在训练模型的过程中，要让模型有更好表现，就要想办法让模型预测的偏差尽量小；为了能够充分利用数据，就要想办法让模型预测的方差尽量小。如图 3-7 所示，我们把模型能力比做打靶。一个模型足够好，打在靶上的孔应该集中在圆心。偏差很小，说明孔离圆心近，反之，孔就离圆心远。方差很小，说明孔的分布比较集中，反之，孔的分布比较分散。

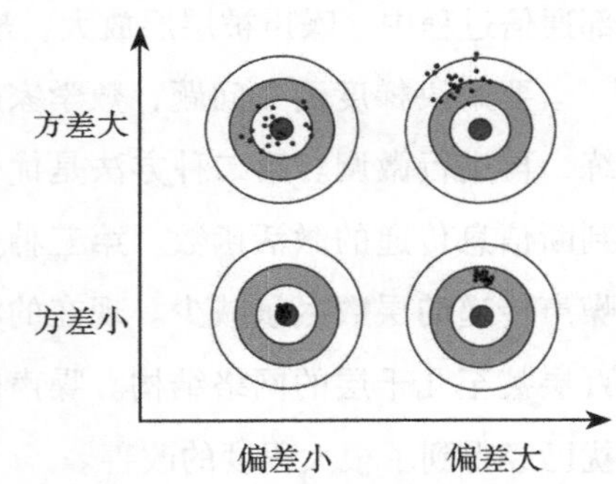

图 3-7　模型的偏差与方差

理想情况下，模型的预测结果应该尽量靠近正确值（偏差小），而且表现稳定（方差小）。但由于偏差会随着模型复杂度的增加而降低，方差会随着模型复杂度的增加而增加，因此要在方差和偏差之间找到最优平衡点，使得模型总体的错误表现尽可能小。

3.5.4　欠拟合和过拟合

人们曾想在通信系统中完全过滤掉噪声，来保证通信的准确性。不过后来放弃了这个想法，因为这种绝对理想的情况在现实世界里几乎不可能实现，或者说实现起来成本过高。如今的普遍认识是，**信息和噪声是共存的**。信息中有噪声是一种常态。

因此，如果要设计一个人脸识别系统，面临的挑战不是如何完全去除图像中的干扰噪声，而是要考虑在有噪声的情况下，如何尽可能提高人脸识别的准确率。这就需要很好地平衡并处理好信息和噪声的关系。迄今为止，地球上已有超过 1000 亿人生活过，但我们几乎找不到完全相同的脸。一个人脸识别系统，既要能够分辨出不同人之间的差异，还要识别出人类具有的共同特征。关于这一点，涉及描述模型表现的重要概念——**过拟合和欠拟合**。

简单来说，**将噪声误认为是信息的行为，称为过拟合**。反之，**将信息误认为是噪声的行为，称为欠拟合**。拟合是指统计模型和已知的观察结果相吻合的程度。当模型过拟合时，意味着它把噪声误判为了信息。对于很多机器学习模型，过拟合的现象更为常见。当模型欠拟合时，说明它错过了本该捕捉到的信息，即学习不到位，很大可能是用于模型训练的数据样本不够多，或者模型本身过于简单。

举例来说，如图 3-8，我们用树叶作为训练数据，得到了如下两个模型。

模型 1 以为树叶一定是锯齿状的，它完全记忆下样本数据的这一特征，把没有锯齿的树叶判断为非树叶，这是一个过拟合的模型，它的评判标准太过严苛。

模型 2 则相反，由于训练不到位，模型误以为所有绿色的物体都是树叶，将绿色这一特征作为树叶的充分条件，这是一个欠拟合模型，它的评判标准太过宽松。

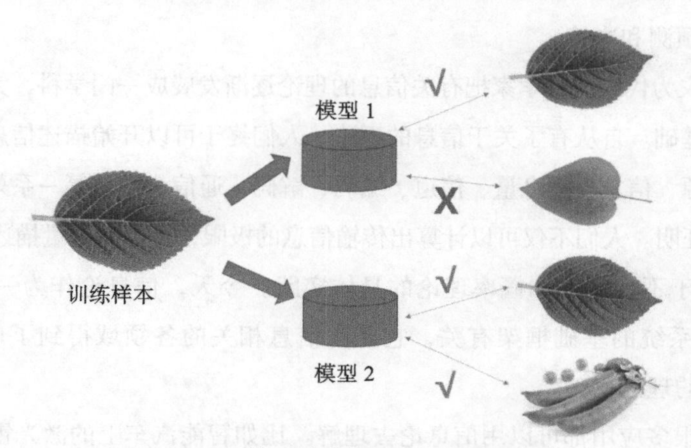

图 3-8　模型训练的过拟合与欠拟合

模型的实际预测与样本的真实情况之间的差异称为**误差**，把模型在训练集上的误差称为**训练误差或经验误差**，把模型在新样本上的误差称为**测试误差或泛化误差**。很明显，我们最终希望得到泛化误差尽量小的模型，但我们事先并不知道新样本是什么样的，所以只能努力使经验误差最小化。

理论上，我们可以构建一个精确拟合所有观察数据的模型，但这么做意义不大。在统计模型中，使用过多的参数会导致模型过度拟合，它让模型对已知数据（即训练集中的数据）预测得很好，但是对未知数据（即测试集数据）预测得很差。造成过拟合的原因有很多，比如样本干扰过多、模型过于复杂、模型参数太多等。解决过拟合比较常见的方法有：获取额外数据进行交叉验证、重新清洗数据或者加入正则化项，简单来说，就是对数据做进一步处理，或者增加限制条件。

因此，在训练模型时，为了对抗噪声，就要考虑降低模型的复杂度，适当地简化模型（当然也不能过于简单）。类比树叶的例子，模型无须对照叶子的每个纹路去匹配另一片叶子，但要能够识别出树叶的大致轮廓。

3.6　结语

当人们想要运用统计方法来描绘世间万物的变化规律时，才发现这个世界要比想象中的复杂许多。其中的难点在于，必须想办法将那些不具体、模糊的因素用具体的数字表示出来，实现对不确定因素的量化。只要可以做到这点，就有了计算和比较的条件，就能用数学的方法做出预测和决策。

为此，以香农为代表的科学家把有关信息的理论逐渐发展成一门学科，为当时的信息技术发展奠定了理论基础。自从有了关于信息的理论，人们终于可以开始描述信息、度量信息、交换信息。关于信源、信息、信息量、信道、编码、解码、通信、滤波等一系列概念，都有了严格的数学描述和证明。人们不仅可以计算出传输信息的极限，也可以定量描述信息与噪声。

信息论是关于不确定性和概率理论的具体实践。今天，信息论作为一门普适性基础理论，不仅与通信系统的基础框架有关，它还在信息相关的各领域得到了广泛应用。当然，它也是人工智能的理论基础。

人工智能的很多应用都可以用信息论去理解。比如智能汽车上的激光雷达，会主动探测道路和周边环境，根据电磁波的反射信号来定位目标，这些技术的背后都有信息论的身影。

有了统计学和信息论，人们这才真正开启了研究人工智能的大门。现在摆在人们面前的问题是：如何才能创造出具有“经验”和“知识”的人工智能？

第 4 章

大数据处理与挖掘

通过前面的讨论，我们已经理解了一些人工智能的基本理论。首先，解决人工智能问题要使用统计思维。其次，数据表达是有局限的，必须对数据做好甄别。另外，人工智能本质是一种处理信息的模型，信息论指导着它如何处理有效信息。那么基于统计学和信息论，人工智能要如何变得“智能”呢？答案是大数据。

人工智能的表现依赖大数据。没有数据的人工智能，就好像是离开了燃料的发动机，无法正常运转。举例来说，曾经在很长一段时间，业界在图像识别这项任务上的准确率只能达到 60% ～ 70%，这个数字无论再怎么努力也很难提高。这其中自然有机器学习算法和计算机硬件性能本身的局限，但更重要的是当时缺少数据。由于没有大量标注好的图像数据，因此算法研究受到很大的制约。为了解决这些问题，2009 年斯坦福大学教授李飞飞、普林斯顿大学教授李凯等人发起了一个超大型的图像数据库建设项目。他们计划收集超过 5000 万张高清图片，为图片标注 8 万多个单词。从 2010 年起，李飞飞等人用这些图片每年举办 ImageNet 图像识别竞赛，以促进计算机视觉的发展和应用。当时，计算机的图像识别准确率只有 70% 左右，由于算法本身存在局限，因此很难进一步提高。但就在 2 年以后，辛顿和他的课题组给出了基于大数据的解决方案，他们训练了一个深度学习模型，使准确率一下子提高到 80% 以上，深度学习算法也立即引起学术界的重视。随后不到 5 年时间，图像识别的准确率就超过了 98%，超过人类平均水平。我们站在今天回头去看人工智能的发展历程，李飞飞等人在数据收集上的贡献功不可没。正是有了这批被标注好的图像数据，人工智能算法才能慢慢发展起来，并取得今天的成绩。

不过，人工智能对数据有着严苛的要求，不是所有数据都能直接输入人工智能模型的，比如数据必须是完整的、大量的、有业务含义的、有特征标签的。在李飞飞的图像识别项目中，那批被标注的图片数据对提高计算机图像识别的准确率具有重要作用。但现实是，很多数据往往不是天生就有的，需要后天进行加工和处理，人们还要对数据进行分析和挖掘，才能最终变成人工智能的“燃料”。

4.1 大数据概述

过去，科学研究和企业决策也使用数据来支撑观点。只是近年来，数据的规模和复杂度急剧攀升，数据处理面临许多新的挑战：数据资源呈爆炸式增长，电脑、手机、摄像头、照相机、麦克风等大量电子设备每时每刻都在生产数据；庞大的数据量需要消耗大量计算资源和存储资源，传统的数据处理技术已难以胜任；百花齐放的应用场景催生了多样化的数据类型，进一步增加了数据处理的难度。

为了应对这些挑战，“大数据”技术和概念被提出，它改变了以往的科学研究方法和商业运作模式。无论是交通、餐饮、购物、通信、医疗、社交，人类几乎一切的活动和行为都被逐渐数据化。可以说，数据已然成为一种新的资源，而且是当今社会增长最快的资源。

古希腊数学家、哲学家毕达哥拉斯认为“万物皆数”，数是万物的本源，大自然中的一切都能被定义成数。如今，我们正在努力将 2500 年前毕达哥拉斯的想法变成现实，越来越多的数据促进了大数据产业的蓬勃发展。

4.1.1 数据是描绘世界的新方式

早在文字发明以前，人类祖先就会结绳记事，学会了计数和简单的算数方法。在原始社会，人类将信息记录在石块、木头、土坯、树皮、兽骨上，以便长期保存这些信息。由于当时通用文字和数字还未形成，每个人记录的内容和图案只有自己才看得懂。后来，通用的象形文字逐渐形成，人类学会了使用语言交流，并逐渐发展出了数学和计数系统。自计算机被发明以来，人类开始试图将生活中接触到的一切都变成数据，数据被存储到磁带、软盘、硬盘、光盘里，成为推动人类文明发展不可缺少的一部分。

今天所有的科学理论都建立在数据之上。只有以数据为基础，才称得上是现代科学，没有数据支撑的认知理论属于哲学、佛学的范畴。比如要解释什么是人，古人只能从文学、哲学的角度描述，但我们今天可以用数据来表达：人的全身肌肉大约有 639 块，由 60 亿条肌纤维构成；人由大约 59 种元素构成，其中 6 种（碳、氧、氢、氮、钙、磷）占了人身体的 99%；人的心脏每天跳动约 10 万次，每天输送约 6000 升血液；通常一个人有 206 块骨头，成人皮肤的表面积大约有 2 平方米；正常人的体温保持在 36 ～ 38 摄氏度，等等。

以前，人们只能概念性地描述很多事物。但在今天，数据提供了一种全新的描述世界的方法。大到宇宙，小到细胞，数据让我们重新定义和认识了世间万物。

如今，人类几乎所有的社会活动都离不开数据。全球数据总量每年以指数级规模增长，数据积累的速度超过以往任何时期。根据国际数据公司 IDC 统计，2011 年全球数据总量已经超过 1ZB（1ZB=10 亿 TB），而且至少以每两年翻番的速度飞速增长。在数据规模急剧增长的同时，数据类型也越来越复杂，除了数据库软件中的结构化数据，还有视频、音频、文档、图片等各种非结构化数据。

“大数据”的概念早在 20 世纪被提出。麦肯锡公司对这一概念的定义是“一种规模大到在获取、存储、管理、分析方面大大超出了传统数据库软件工具能力范围的数据集合”。可见，大数据的背后其实是为了处理它们而产生的一系列技术解决方案。今天，“大数据”的内涵更加丰富，它在不同的语境中有着不同的含义，既指复杂且大量的数据集合，也指一系列海量数据处理技术，还能代表一种由数据驱动的商业模式。

4.1.2　大数据到底有多大

提到大数据，首先它得是“大”数据。很多人刚接触大数据时，会产生这样的疑问：到底多大的数据才配称得上是大数据呢？实际上，这是一个很主观的概念。大数据的“大”是相对的，没有确切的界定。大数据并不单指数据容量的大小，还要看对这些数据按照特定需求进行处理的难度。

每个时期都有它的“大数据”。20 世纪大多数人认为图书馆就是最大的信息仓库。在计算机刚被普及时，一个 3.5 英寸软盘的存储空间是 1.44MB。互联网发展起来后，人们用于存储图像、音乐和视频的容量需求超过 GB。如今，一部未经压缩的 4KB 电影存储容量已经达到 TB 级，全球数据总量超过 ZB。曾经人们眼中的大数据在今天看来只是小数据。

大数据不仅仅指大量数据，还有数据类型丰富、处理速度快、价值密度低等特点。比如商家要分析美食受欢迎程度，收集的大数据中除了包含食物的做法、吃法、成分、价格，还可以有不同人的年龄、性别、收入、文化背景。一些看似对美食评价没有直接影响的数据，把它们和其他信息关联起来，或许会得到有意义的结论。这是大数据类型丰富的表现。

过去，数据存储很昂贵，对企业来说是一笔不小的投入，因此保存数据前必须想清楚用途。以银行为例，银行业务最关心的是转账、汇款等财务数据以及客户的卡号、证件号等个人资料，至于客户在手机银行 App 上逗留了多久、看过哪些内容，以往是不会记录的，因为把这些数据存下来，需要耗费大量的研发资源和存储资源，是一笔不小的投入。如今，随着大数据技术的发展，数据积累变得便捷，硬件成本不断下降，处理大数据的技术手段变得丰富，导致各个行业都会想尽办法获取更多数据，并用这些大数据更好地服务业务场景。

大数据的“大”也带来一些问题，大数据中真正有价值的数据少，这种现象被形象地称为价值洼地。比如路口的摄像头时刻监控道路情况，产生了大量视频数据。假设现在要搜寻某个嫌疑人的体貌特征或行踪，真正有用的视频或许只有一两秒。大量不相关的视频数据增加了提取这几秒钟关键画面的难度。从海量数据中找到有价值的信息好比在沙子中淘金。数据的体量越大，挖掘有效数据的难度就越大，这些数据中的错误可能越多，面临的技术挑战也越大。

回顾过去二三十年，大数据给人们的生活带来种种改变，所有的人、事、物都被数据重新定义。这些数据不仅可以更好地描绘客户行为和商业规律，也是训练人工智能模型的基本原料。我们知道，数据的价值在于利用，如何从海量数据中挖掘出有价值的信息，是人们要考虑和解决的另一个问题。

4.2 数据处理的流程和方法

总的来说，人们使用数据有两种方式。

第一种是直接对数据进行分析和处理，从中找到数据关联关系，挖掘出有价值的信息。此时数据面向“结果”。至于是否能找到数据规律，很大程度依赖专家经验。

第二种是通过机器学习的方式来处理数据或者构建人工智能模型。此时数据面向“过程”。这些数据不再是直接分析的对象，而是成为模型训练的输入。

当然在实践中，上述两种数据方法是可以混用的。比如，先用机器学习算法对数据进行预处理，剔除一些无效的特征维度，或者将数据聚成不同类别进行尝试性探索，然后根据数据预处理的结果进行进一步分析。

本章接下来会重点介绍第一种数据使用方式，即如何对数据进行分析和挖掘，包括一些数据处理的方法、步骤、应用场景。至于第二种方式，即关于如何构建和训练人工智能模型，这依赖一些机器学习算法，我们放到第5章和第6章进行讨论。

处理数据的过程可以与加工石油类比，石油需要进行勘探、开采、运输、提炼，最终才能变成石油产品。数据处理其实也是这样，包括数据收集、抽取、转换、计算、存储、分析、提炼等过程，最终才能实现数据变现。

我们知道人工智能需要数据，可有效数据是很昂贵的。有些数据质量不过关，有些数据需要人工标注，有些数据压根就没有条件获得。在企业中，由于数据质量、信息安全、组织模式、管理方式等条件限制，得到好用又有价值的数据并不容易。在处理这些大数据时，总体思路是分阶段进行，处理的步骤可以归纳为数据收集、数据加工、数据分析、数据可视化4个阶段。

4.2.1 数据收集

在所有的数据工作中，数据收集无疑是最艰难也是最重要的。很多人误以为实现人工智能的关键是算法，其实不是。这些年来，人工智能用到的大部分算法已经相当成熟，大多都可以“开箱即用”，很多研究工作放在对算法的改进和优化上。即便是深度学习算法，其底层逻辑相较十几年前并无本质区别。但数据收集不同，要解决什么具体问题，就必须有对应的数据，否则再好的算法也无济于事。而如果有了数据，那么一些简单算法也能有很好的效果。

数据收集主要有两种渠道。一种是通过直接调查获得的原始数据，称为**一手数据或直接的统计数据**。一手数据是数据产生的源头，是最有价值的，也是最新的；另一种是由别人调查得到的数据，或将原始数据进行加工和汇总后公布的数据，通常为**二手数据或间接的统计数据**。二手数据里会掺杂一些错误，有时数据在处理过程中还会进一步混入错误的信息，从而影响它的数据质量。

数据从来不是现成的。无论是企业还是个人，要收集准确又能用的数据，都需要花很大的气力。但数据又很重要，这在科学研究中体现得尤为明显。

举例来说，在16世纪哥白尼提出日心说观点后，他就一直坚信行星的运行轨迹是一个圆。可在当时，观测数据无法很好地符合哥白尼的日心说模型。人们无法证明，这到底是观测误差，还是假设本身就是错的。由于没有更多的数据，很多猜想无法被进一步研究和验证。而要解决这个问题，方法只有一个，就是收集更多的天文数据。可难点是，当时还没有制造出高精度的天文观测设备，而且要坚持做到日复一日记录观测，这件事本身就很枯燥。

后来，丹麦天文学家第谷·布拉赫为了研究这一问题，先是改进了天文设备，他在前人的基础上发明了六分象限仪，大幅提高了天文观测精度。然后，他在丹麦海峡的文岛建立了当时世界上最好的天文台，花了整整 25 年详细记录了几千颗恒星的位置。由于当时还没有望远镜，因此第谷全靠他的肉眼观测天空。可以想象，这项观测任务的难度极大。后人评价这些观测数据已经接近了人眼分辨的极限。第谷病逝以后，他的助手开普勒获得了这些数据，又经过 8 年时间的研究分析，开普勒最终提出行星是沿着椭圆而不是圆形轨道运行的。如果没有这些细致精确记录的数据，那么开普勒或许永远解不开行星运行的秘密。

不仅是科学研究，数据收集对人工智能的发展同样至关重要。比如，正是有了超过千万张标注好的图像数据，计算机视觉的图像识别准确率才能提高到一个新的高度。今天很多研究智能汽车的专家，把很多精力放在收集各种路况数据上，为的是让汽车能够更好地应对各种复杂的驾驶场景。导航软件会根据当前最新的路况信息为司机规划行车路线，这要依赖无数个正在使用导航软件的司机的驾驶数据。总的来说，人工智能的智能水平取决于开发者拥有了哪些大数据。在很多应用领域，研究人员会公开发表自己的人工智能论文，却很少无偿公开自己的数据。谷歌首席科学家诺维格（Peter Norvig）曾这样评价谷歌的产品："我们没有更好的算法，谷歌有的只是更多的数据"。

4.2.2 数据加工

数据收集完成后，还要对数据进行加工和甄选，也就是数据预处理。如果说数据收集要解决"数据从无到有"的问题，那么数据加工关注的是"数据从有到能用"的问题。在企业中，很多时候大家都能想到数据需求，但真正要得到这些完整的、准确的数据却困难重重。由于原始数据的来源、格式、质量参差不齐，因此整理、清洗、转换数据的过程就显得至关重要，它直接影响数据分析的结论。

1. 什么是 ETL

通常来讲，数据加工分成 3 个步骤：**抽取（extract）**、**转换（transform）**、**加载（load）**，简称 ETL，其目的是将很多分散、零乱、标准不统一的数据整合到一起，为分析决策提供数据支撑。

数据抽取的难点在于数据源多样，可能涉及不同的数据库软件产品、不同的数据类型格式。由于数据保存在各个地方，数据类型也各式各样，因此数据抽取需要挑选不同的抽取方法。

数据转换是数据加工环节中花费时间最长的，一般要占总工作量的六成到七成。在这个过程中，数据会按照特定需求进行聚合、统计、汇总。数据转换有很多工作要做，比如将字符型变量变成数字型变量，或处理缺失值、处理异常数据、剔除重复数据、检查数据一致性等。这个过程之所以复杂，是因为数据质量、种类、保存类型各不相同。现实中的完美数据很少，多数都存在口径不一致、不完整、格式混乱等问题，数据都是“脏数据”，必须“清洗”一下才能用。

举个例子，通常大型医院的内部管理系统多达上百个，要把这些系统的数据整合到一起，本身就很有难度。况且，有时数据质量还很糟糕。很多医疗数据在录入系统时就出现了差错，比如在男病人的病例记录中出现了卵巢癌。而这些数据一旦错误地录入系统，要核对校正准确非常困难。

一旦完成数据转换，这些数据就会经过加载最终写入数据仓库，将数据集中存储。集中存储的数据有很多用途，比如可以把各种类型的数据关联起来分析，也可以对它们执行批量查询和计算。

另外，不同的应用对数据处理需求不同，导致了有离线、实时等不同的数据处理方法。离线处理通常对数据计算的实时性要求低，但它要处理的数据量大，需要更多的存储资源。而实时处理对数据计算的实时性要求高，单位时间处理的数据量大，对计算资源要求高。现在很多实时处理的大数据技术已经相当成熟，数据可以像管道里的流水一样，进行实时采集、实时计算、实时展现。比如双十一那天，大屏要实时显示交易数据，就会用到这种技术。

整个数据加工过程，是让数据发挥价值的重要又基础性的工作。目前市面上已经有很多成熟的 ETL 工具，能够很好地支持各种数据源的加工逻辑。如果只看一个数据加工任务，那么这些工具都能很好地提供支持，技术实现难度也不高。但企业里通常这样的任务数量成百上千，要保证所有任务都不出错则有很大的挑战。企业在进行数据加工时，通常喜欢侧重在技术框架、开发模式、软件品牌等，而往往忽略了最重要的部分——数据管理的规则。换句话说，数据并不是越多越好，数据要根据实际需要进行采集和处理，否则数据越多，垃圾数据就越多。这不仅直接影响最终的分析结论，也拖累了整个数据处理平台的性能。

2. 独热编码和特征工程

通常情况下，我们收集到的数据可能是各种类型的。但对于机器学习来说，它要处理的数据就是不同的数值。因此，我们需要把数据转换成计算机能够理解的特征。让我们通过一个例子来说明这种数据转换的基本方法。

表 4-1 展现了一些人们的基本信息，包括年龄、性别、职业。现在，我们要把这些数据转换为机器学习模型可以理解的特征。

表 4-1 人员基本信息表

年龄	性别	职业
32	男	IT 工程师
28	女	老师
38	男	医生
35	女	医生

第一列是年龄，年龄本来就是数值特征，它可以直接比较大小，因此我们不用再做处理。

第二列是性别，性别是二元特征，只有男女两个选项，因此我们可以用一个数来表示特征，比如用 0 表示“女”，用 1 表示“男”，此处数值是一个标量。

第三列是职业，职业有很多种，它是一个集合。但是机器学习其实不理解职业具体是什么，我们需要把这些职业的描述编码成一个数值向量。假设世界上有 30 000 种不同类别的职业，可以先用一个 1 到 30 000 的整数来表示它，然后把每种职业类别和具体数值对应起来，比如 1 对应的是 IT 工程师，2 代表老师，3 表示医生，等等。不过，这个数值仅仅代表了职业的类别，无法相互比较大小，也不能做加减运算。我们不能说“医生”的职业大于“IT 工程师”，“IT 工程师”加上“老师”的结果是“医生”。

此时，就要进一步用**独热编码**的方法来编码数值特征，即用一个向量来表示职业。比如“IT 工程师”是数值 1，就用一个维度是 30 000 的向量 [1,0,0,0,⋯,0] 来表示它，只有向量的第一个元素（“IT 工程师”对应的位置）是 1，其余位置都是 0。“老师”就是 [0,1,0,0,⋯,0]，“医生”就是 [0,0,1,0,⋯,0]。

因此，假如现在我们要表示每个人的基本信息，可以用到一个 30 002 维的向量。其中，1 个维度表示年龄，1 个维度表示性别，30 000 个维度表示职业。在表 4-1 的例子中，4 个人的信息就可以表示为如下的向量形式：

[32,1,1,0,0,0,⋯,0]

[28,0,0,1,0,0,⋯,0]

[38,1,0,0,1,0,⋯,0]

[35,0,0,0,1,0,⋯,0]

在上面的例子中可以看到，仅仅是一个职业就要使用一个 30 000 维的向量。在实际的场景中，如果数据类别很多，机器学习就要处理海量数据的海量维度向量，这需要耗费大量存储和计算资源。有时，“维度灾难”也是我们必须在选择算法和模型阶段要考虑的因素。

简单来说，有些特征需要转换编码，有些特征需要进一步做降维处理，还有一些特征可能是不必要的，可以剔除和整合。

在使用机器学习算法前，通常要对数据做预处理，其中一个重要的步骤是完成**特征工程**。特征工程就是把实体对象特征化，它是把原始数据转变为模型训练数据的过程。在这个过程中，需要对原始数据做一系列处理，比如去除重复、填充空缺、修正异常值等，还要找到有代表性的数据维度，刻画出待解决问题的关键特点。“找特征”这件事极其重要，它直接决定了模型最终效果。比如要描述一辆车，“形状”这一特征就很有代表性，但“颜色”则不具备，车可以是各种颜色，如果只用颜色来区分车，那么显然不会达到好的效果。

一个好的机器学习模型，需要有大量高质量的数据集。在机器学习领域，有句著名的话：**“数据决定了机器学习的上限，算法只是尽可能逼近这个界限”**。意思是说，要得到好的模型效果，数据比算法更重要。特征工程的目的就是获取好数据。只要特征工程做得好，简单的算法就能取得不错的效果。

因此，特征选择是一个复杂的组合优化问题，它对模型结果非常重要。特征太多，会带来“维度灾难”。特征太少，会让模型表现不如人意。很多人误以为只要有了大数据，把它们直接“喂”给人工神经网络模型，就能让计算机变得智能。这样的理解显然不太准确。如何处理手上的输入数据，又要提取哪些结果作为输出，这些都需要非常高的技术含量。甚至特征工程的好坏，直接影响模型的复杂度和精确度。

3. 数据治理的难点

很多人刚接触大数据时，都预设了一个前提，那就是“假设数据都是可获取的”。基于这一假设，我们发现数据产业拥有无限潜能。但实际情况是，数据处理的每个环节都可能出错，除了技术原因，还有很多人为因素。

对于企业来说，数据驱动的目标越模糊、数据越零散、人的管控环节越多，项目开展起来就越吃力。这其中的原因如下。

一是数据分散。信息系统都是烟囱式的，跨系统数据无法互通，从而形成数据孤岛。

二是数据难共享。各个部门出于自身利益考虑，数据互通会有壁垒。

三是数据质量低。很多系统有“脏数据”“错数据”“空数据”，给模型训练和分析决策带来负面影响。为此，很多企业把数据治理的工作提上议事日程。

数据治理的初衷是希望打通各部门之间的数据。但难点在于，这不是一个纯技术问题。因为数据基本都存储在计算机里，所以要把它们集中起来，从技术层面看似乎没有难度。

数据问题更多在于管理和治理层面。这也就是为什么机构越大，人事越复杂，数据打通就越困难的原因。

另外，由于一些历史原因，很多行业本身就缺乏完整、可用的数据，或由于隐私和信息安全的原因，只能使用一部分数据。譬如医疗行业和政府部门有很多敏感的个人数据，把数据公开到哪种程度，在哪些场合可以使用这些数据，如今依然是一个待解决的问题。

在企业中，每个部门都希望得到他人的数据，但很少主动贡献自己的数据。越是大的企业，想要把数据流动起来，越需要组织上的支持。一些企业会设置专门的数据治理团队来负责数据治理工作。但是如果没有明确的要求、约束、利益，各部门就很难长期、无条件地配合，更不会把自己的业务数据和盘托出。

试想一下，假设你正在查看一张报表，发现有一处错误数据。原因会在哪呢？可能是采集程序出了问题，也可能是数据传输过程中造成的，或者是数据处理的逻辑错了，当然也可能是制作报表时出了问题，甚至数据本身就有问题。还有一些数据是从外部获取的，要核对和追踪它们就更加困难。这个数据经过多个部门、多个环节、多个系统，想要追根溯源需要花很多时间。

如何解决这一现实问题？通常情况是设立一个牵头角色，完成从数据的产生到消费的全部工序环节。不过有时分工又不可避免，只有分工才能让各个团队高效而专业化地协作。因此，管理者要做出兼顾两者的决策。如果质量检验成本很高，就要减少中间环节。反之，就应该让各个团队分工协作，提高效率。

还有一点很重要，企业提高数据质量最有效的方法是制定标准、精简流程，而不是加强每道环节的技术把关。虽然后者也能解决数据质量的问题，但成本更高，实现难度更大。但制定标准、精简流程恰恰是大的组织中很难做好的事情。

4.2.3 数据分析

我们下面要介绍的内容与数据分析有关。

数据分析有时也会和数据科学、数据挖掘、知识发现等术语混用，这些词语的边界并没有非常清晰的界定，基本上可认为是相同的含义。

如何通过分析发现数据背后的知识和规律，对企业具有战略意义。让我们先来举个例子。曾经有一段时期，人们热衷于讨论各种怪诞离奇的事，百慕大死亡三角的传说就是其中之一。百慕大三角地处北美佛罗里达半岛的东南部，是由百慕大群岛、美国的迈阿密、波多黎各的圣胡安形成的三角地带。据说这片海域经常发生灾难，途经此处的货轮、军舰、潜艇、飞机都会离奇消失，所以也称死亡三角或魔鬼三角。有家英国的海洋保险公司没有相信传言，它们统计了一百多年来世界范围内的海难数量，发现没有任何证据表明这片海域比其他地方更危险。于是它们降低了船只的保险费，也因此赢得了更多的用户。后来人们发现，“百慕大三角”源自一位作家的虚构故事，但因为大众以讹传讹，把这个故事流传开来。

数据分析的目的是帮助决策。常见的分析场景有两种。一种是“问题已知，答案未知”。比如我们想知道当月销售额是多少？新增客户数是多少？哪个产品卖得最好？这种情况下，我们需要将数据按照特定条件进行分类和统计，就能得出答案。另一种是“问题未知，答案未知”。比如，分析人员并不清楚货架上摆放的商品有没有更好的组合方式，只能通过用户的购物数据尝试性地寻找规律。又比如，商家不知道某款产品的销售方案是否可行，下一步应该如何调整销售策略，是否应该投资新的市场等。我们并不确定从数据中一定可以找到答案，甚至可能一开始都不清楚要哪些数据，只能通过尝试找出数据背后隐藏的规律。上述两种情况，都要基于数据做出分析，前者是用数据给出解释，后者是对数据进行探索。

一位合格的数据分析师要通过报表帮助管理层解读业务的内涵，而不是解读报表本身。他要回答的是为什么业务会产生这样的结果，而不仅仅告诉对方数据是哪些。数据往往只能看到“结果”，但呈现出这个“结果”的“过程”同样重要。比如本季度某个商品的销售量大幅下降，从数字上反映出的只是结果。但人们更关心的是，销量为何会跌？是什么原因导致利润下滑？有没有什么补救措施？这才是数据分析最关心的部分，也是其价值所在。

数据分析在商业活动中有着广泛应用。比如超市会根据顾客的购物情况，优化商品组合和定价策略，改进货架摆放方式。社交软件会根据用户的浏览记录和互动行为，判断用户的观点、态度、情绪，并在此基础上进行个性化广告推荐。还有市场运营、风险管理、供应链分析、金融反洗钱、交易风控等都会用到数据分析。过去商家想要卖出产品，必须先进行生产，再做广告营销。但如今，商家可以通过数据分析把商品推荐给特定的用户，先掌握用户的购买意愿，再进行大规模生产。以前，用户只有下了订单，商品才会从商家的仓库发货。现在，很多互联网公司会提前预测销售情况，将物资调配到各地最近的仓库，来降低备货和物流成本。

下面就简单介绍一些数据分析的常见算法。

1. 关联分析算法

分析和运用数据的行为被形象地称为**数据挖掘**。“挖掘”一词好比是从矿山中寻找金子，它说明了从海量数据中找到有价值信息的难度。

数据挖掘的目的主要体现在两方面：一是从数据中发现历史规律，通常称为描述性分析，比如基于用户购物记录找到关联性高的商品；二是对未来进行预测，通常称作预测性分析，比如基于历史的商品销售记录对未来销量做出预测。

从数据中挖掘出有价值的信息并指导商业活动，是如今常见的商业运作模式。假设有一家服装店，打算销售当地各种款式的服装。如果这家店没有历史销售数据，它就只能实行集中规划，按照相同的数量去采购各种尺码的服装。结果是，一段时间后门店卖光了一些特定尺码和款式的服装，其他衣服则积压下来，只好降价处理。因此，店家需要在经营过程中积累数据，包括销售量、库存、订货、营销情况、历史定价等。店家可以对数据做深入分析，预测销售趋势，精准采购商品，优化商品种类，满足个性化的顾客需求。不仅如此，店家还可以收集很多附加数据，比如商店周边的人群特征、公共设施、用户的购物习惯、兴趣爱好、市场趋势、天气预测、时尚潮流、可能影响本地销售的事件和新闻等。

数据不仅能更好地支持门店运营，还能帮助商家向用户推荐他们喜欢的产品。比如手机应用市场会优先推荐用户下载次数最多的 App 软件；搜索网站会将热门网页的搜索结果靠前排序；视频网站会根据用户以前看过的电影记录，推送他们可能爱看的新电影；购书网站会在推荐新书时告诉用户，买了“哈利·波特”系列书的人也喜欢买《指环王》，看过《福尔摩斯探案全集》的人也爱看《达·芬奇密码》。这些都是通过数据分析得出的结果。而这种方法，已经成为大数据时代的商家普遍采用的做法。

那么，这种方法是如何实现的呢？

简单来说，就是商家不断以“最佳组合”的形式推荐商品，让消费者看到自己感兴趣和想看到的商品。有一种高效的算法可以处理此类问题——**Apriori 算法**（**即先验算法**）。它是一个经典的关联规则挖掘算法，用于找出经常一起出现的集合。这个“经常一起出现的集合”，称为**频繁项集**。

在 Apriori 算法中提出了两个概念：**支持度和置信度**。**支持度代表了某个商品或商品的集合在整个数据集中出现的比例**。比如在 100 次购买记录中，人们购买了 A 商品 30 次，30/100=30% 就叫作商品 A 的支持度。**置信度代表了在购买某种商品后，同时购买其他商品的概率**。假设所有买 A 商品的 30 人中，有 15 人同时购买了商品 B，则称 15/30=50% 是商品 B 对商品 A 的置信度。

支持度和置信度都是重要的度量指标。以门店运营为例，首先，支持度低的规则多半是没有意义的，因为对于顾客很少购买的商品，即使进行大力促销，换来的收益也不大。通过支持度，可以先过滤掉一部分购买量本身就很少的商品。其次，置信度表示两种商品的关联规则，置信度等同于条件概率，也就是估计在已经购买另一个商品的条件下，某个商品会被购买的可能性。置信度越高，两个商品的关联性就越强。通过置信度，我们就能进一步找出关联性很强的商品组合。

Apriori 算法在计算关联规则时，有一个先验的原则：**如果某个集合是频繁的（也就是经常出现），那么它的所有子集也是频繁的**。就是说，如果 {A, B} 是频繁的，那么它的子集 {A}、{B} 都是频繁的。这个原则看上去很直观。但如果把它反过来看，就会发现另一层含义：如果某个集合不是频繁的，那么它的所有超集也不是频繁的。就是说，如果 {A} 不是频繁的，那么所有包含 A 的集合（例如集合 {A, B}）也是非频繁的。这个结论会让计算过程大大简化。

举例来说，假设我们拥有一批顾客购买商品的清单，Apriori 算法的计算过程大致是这样的。

第 1 步，设定支持度、置信度的阈值。

第 2 步，计算每个商品的支持度，去除小于支持度阈值的商品。

第 3 步，将商品（或项集）两两组合，计算支持度，去除小于支持度阈值的商品（或项集）组合。

第 4 步，重复上述步骤，直到把所有非频繁集合都去掉。剩下频繁项集，也就是经常出现的商品组合。

第 5 步，建立频繁项集的所有关联规则，计算置信度。

第 6 步，去掉所有小于置信度阈值的规则，得到强关联规则。对应的集合就是我们要找的具有高关联关系的商品集合。

第 7 步，针对得到的商品集合，从业务角度分析实际意义。

可以看出，Apriori 算法的本质是“数数”，它循环检验哪些组合频繁地一起出现，并把它们找出来。Apriori 算法通过支持度和置信度两个阈值，对原始数据集合做出层层筛选，每次筛选都会淘汰掉一些不符合条件的组合，直到找到那些最佳组合。

2. 用户画像和商品推荐

除了关联分析，数据分析的另一种常见应用场景是构建用户画像。

用户画像是企业通过数据抽象出的关于用户的商业全貌。它可以刻画出消费者的社会属性、消费习惯、消费行为，为企业向不同年龄层与消费观念的用户进行产品设计、广告推送时提供依据。

举个例子，银行经常会碰到客户要注销信用卡的场景，此时可对不同的客户群体采取不同的应对措施。比如针对高端客户，可以通过赠予大量积分的方法来挽留客户；针对一般客户，可以给予免年费或者多倍积分的优惠；如果是价值贡献低甚至是有损银行利益的客户，则考虑不予挽留。之所以能够这么做，是因为银行已经为每个客户构建了完整的用户画像。

如果深入分析社交网站和朋友圈里每个人的“点赞”数据，你就会发现这些行为的背后都有更加深层次的规律和原因。它能反映人们的兴趣爱好，或者对某些事情的态度和看法，还能反映出人们的某种心理特质。研究人员通过网络爬虫分析了 Meta[㊀] 的社交数据，这些数据包括用户名、所在城市、好友信息、发帖内容、点赞信息等，最终得出了这样的结论：如果某人为别人点赞超过 70 次，算法就可以为他画像；如果超过 150 次，算法就可能比他的亲人更了解他；超过 200 次，算法甚至比他本人更了解他。

想象一下，给你一组关于用户手机的充电信息，你能分析出什么？我来给你一些答案。比如，一般人晚上睡觉后都会插上电源给手机充电，仅仅通过这个动作，就可以找到一批晚上定时睡觉的用户。还有，特定的年龄、职业有特定的作息时间规律，这些都有可能用大数据分析出来。如果有世界杯足球赛，那么大数据还能找到熬夜看球的球迷客群。不仅如此，很多数据还能发现相关性，比如知道了人的睡眠作息和还款能力具有一定的相关性，那么就可以根据这个人的作息时间为他提供不同的金融服务等。总之，只要一组手机充电数据，我们就能挖掘出很多用户画像信息。

如今，无论是今日头条上的新闻，还是抖音上的短视频，它们都基于用户画像，为用户推荐他们最感兴趣的内容。以前，所有人只能观看同样的广告。后来，广告商根据用户画像，给不同人看不同的广告，比如给男人看西装的广告，给女人看口红的广告。如今，大数据已经可以做到千人千面，按照每个人的喜好、习惯、经济情况推送量身定制的广告服务。例如，每个人在手机淘宝页面上看到的商品推荐内容是不相同的，它们都是根据用户的历史购物行为动态生成的。从某种程度上来说，假如你想深入了解一个人，不妨去看看对方的淘宝主页。

3. 广告心理学和 AB 测试

你有没有这样的经历，商家以某种理由给你推荐了几张优惠券，但是为了用掉这些优

㊀　2021 年 10 月 28 日，Facebook 宣布将公司名变更为 Meta。

惠券，你尝试各种凑单、拼单，计算购买不同商品组合时的折扣力度。最终结果是，你虽然享受了一定程度的优惠，但也因此花出去了更多的钱，买了很多非必要的物品。

这背后，其实是商家在运用大数据分析、广告心理学、行为经济学等各种手段，引导用户做出某些决策和行动。

举个例子，在飞机订票系统上，机票内容可能进行了刻意分类。当搜索机票时，首页靠前区域会展示一些推荐的航班机票，通常价格比较实惠。后面会集中展示一些其他航班的机票。这么做是基于数据分析的结果，因为分区显示搜索结果会提高订票量，让票卖得更多。很多人有“选择困难”，面临过多选择会让他们考虑时间变长，甚至无法决策。此外，如果你留意一下，就会发现即使是在最佳航班的列表里，也不是所有的航班都是最实惠价格，很可能明显高于其他推荐航班的价格。而这个选项存在的意义就是不被选。它的目的是衬托出其他票价的实惠。

这是一种心理学的锚定现象，当人们估算未知价格时，最初的数值（也就是锚点）会在人的心里起到标杆和起点的作用。想象一下，当你走进一家手表店时，看见店里陈列了一块极尽奢华的手表，售价100万元，你选择不买它。请问你愿意花多少钱买一只比较好的手表呢？研究表明，你的报价会比你不知道这块100万手表时的高。也就是说，锚定的价格会影响人们对价格的判定，不卖的商品价格会影响到正在卖的商品价格。

美国经济学家丹·艾瑞里曾给他的学生做过这样一个实验。丹·艾瑞里让他的学生选择订阅《经济学人》杂志，并给出三个备选方案，如表4-2所示。

表4-2 备选方案

方案	订阅方式	价格
方案一	网络版	59美元/年
方案二	纸质版	125美元/年
方案三	网络版和纸质版	125美元/年

在方案中，方案二和方案三是同样的价格，只要是理性的人，都不会考虑方案二。那么，方案二还有存在的必要吗？有。它存在的意义就是不被选择。从实验数据看，那些订阅杂志的人中，有84%的人会选择方案三的订阅方式。而如果没有方案二，订阅方案三的人数比例大幅下降至32%。也就是说，有了第二个选项，人们更容易做出比较和选择。

现代广告学已经发展了上百年，自发展之初，它就与心理学、统计学紧密相关。用户以为是他自己想要购买商品，但背后很可能是由于商家的精心设计。广告商会研究如何编辑、排版、呈现广告信息，让消费者自愿掏出更多的钱来为商品买单。只需要一些心理学技巧，再加上一些基于大数据的用户实验，就可以精准地影响人类的情感和行为。在这个过程中，广告商会不断试错，尝试找到最佳的推荐方案，而对用户来说，他们完全不知道自己正在被算法操控。

“不断试错”在互联网产品开发中经常使用。比如当产品面临多个选择方案时，就可以采用 A/B 测试的方法来在两种不同的备选解决方案中做出选择。所谓 A/B 测试，简单来说就是针对同一个情况，提供两种不同的备选方案，让一部分用户使用方案 A，另一部分用户使用方案 B。然后根据最终的用户测试数据来评估哪个方案更优。

比如商家想要比较两种不同风格的网页设计，确定哪个更能吸引用户，就会用到这种方法。

首先，确定两个备选方案，找到两组用户群，做并行测试；

其次，为了比较效果，应该尽量控制影响因素。通常只有单个变量是有差异的，其他变量保持同步一致；

最后，定义统一的评判标准，并根据两组测试的结果，确定更优的方案。

这种测试对于产品改进有很大帮助。往往很多不起眼的小改动，就能获得很好的效果。比如，短租网站 Airbnb 曾经就试着把“保存到心愿单”的收藏图标由星形改成心形，这一改动使用户收藏心愿单的使用率提升了 30%。足见其对产品改进的功效！

在实际场景中，公司使用 A/B 测试不会仅仅是两个版本。比如要设计广告标题，它的字体、粗细、大小、颜色、背景、语气、句式、布局等有着无数变化，广告公司可以使用人工智能，通过 A/B 测试不断重复各种组合，找到最佳的改进和优化方案，为公司带来最大的点击率和购买率。

4.2.4 数据可视化

无论是关联分析还是用户画像，数据分析的目的是挖掘数据价值。那么，如何把数据价值呈现出来呢？最好的方式是可视化。

数据可视化是一种视觉表达方法，它将复杂的数据以可视的方式呈现出来，依托图表、图形、地图、动画等形式，诠释数据之间的关系。很多技术人员认为可视化只是指前端开发或报表制作，这显然不正确。可视化首先需要的是数据，这是最关键的基础。但它并不是对数据的简单展示，它更是一种能力，需要分析人员对业务有深刻的理解，对数据做深度的解读。如果数据没有经过归纳提炼，那么拥有的数据指标越多，展示它们的效果就越差。此外，数据可视化需要兼顾一些设计上的美感，它还和心理学有关，因此它也堪称是科学与艺术的结合。

人类天生就是视觉动物，对图像化的信息最为敏感，人的大脑皮层中大约40%的区域是视觉反应区。面对一组密密麻麻的原始数据，人们无法用肉眼马上发现有价值的信息，可能忽略掉某些关键信息。但如果为这些数字标注上不同的颜色，或者画出一张趋势图，那么人们瞬间就能看懂这张报表的含义。

就像照片能永远留下美好瞬间一样，数据也是某个现实世界的快照。数据可视化的目的，是把这个世界呈现出来，让读者一眼就能从图中读到核心内容，抓住重点。因此它需要良好的视觉表现形式。数据可视化是一门学问，选择什么图表传递怎样的信息，是十分有讲究的。为了表达核心观点，一张图表中不应该有过多的干扰信息。视觉设计的目的是要解决问题和传达信息，比如淘宝和京东的页面和App会使用橙色、红色这样的暖色调，是为了传达温暖和亲切。把数据以最合理、最直观的方式展现给对方，需要数据分析师具备良好的数据思维，对数据有着深刻的理解和洞察。

数据可视化常用到的图表有：柱状图、折线图、饼图、条形图、面积图、散点图、股价图、曲面图、雷达图、树状图、旭日图、直方图、箱形图、瀑布图等。可视化设计不仅只是一些简单图表，它们还有更形象、更复杂的表现形式，比如思维导图、社交关系网络图、城市地图等，因为数据本身就很复杂。但无论如何，我们都应该尽量通过可视化让信息丰富，而不仅仅停留在数据的丰富上。可视化设计需要平衡好信息量和可读性之间的关系。试想一下，你希望读者看到的图表是少而精还是多而杂？

可视化图表要为陈述观点服务。比如要展现某个地区的降水量，使用柱状图就比使用饼状图更合适；需要展示二维数据分布，可以使用散点图；要说明一个对象的组成和占比，适合选择面积图或是饼状图。当然，辨识度和视觉效果也是很重要的考虑因素，比如图表有50多个要素，要展示每个要素的占比，就要慎用饼状图，因为那些占比很少的要素会被挤在一块，而且使用50多种颜色很容易发生颜色混淆。

什么是好的可视化呢？我们不妨来看几个例子。

1869年，法国土木工程师米纳德绘制了一幅著名的信息图（见图4-1），他以可视化的形式，展示了1812年至1813年间拿破仑东征莫斯科的历史事件。该图描绘了拿破仑军队在对俄战争中的军力损失状况，图中透过两个维度呈现了6种资料——拿破仑军队的人数、距离、温度、经纬度、移动方向以及时间与地理的关系，它将定性、定量以及地理的信息整合在同一张图中进行比较。米纳德的设计成为数据可视化方面的经典之作，多年来一直被人们研究和提及。

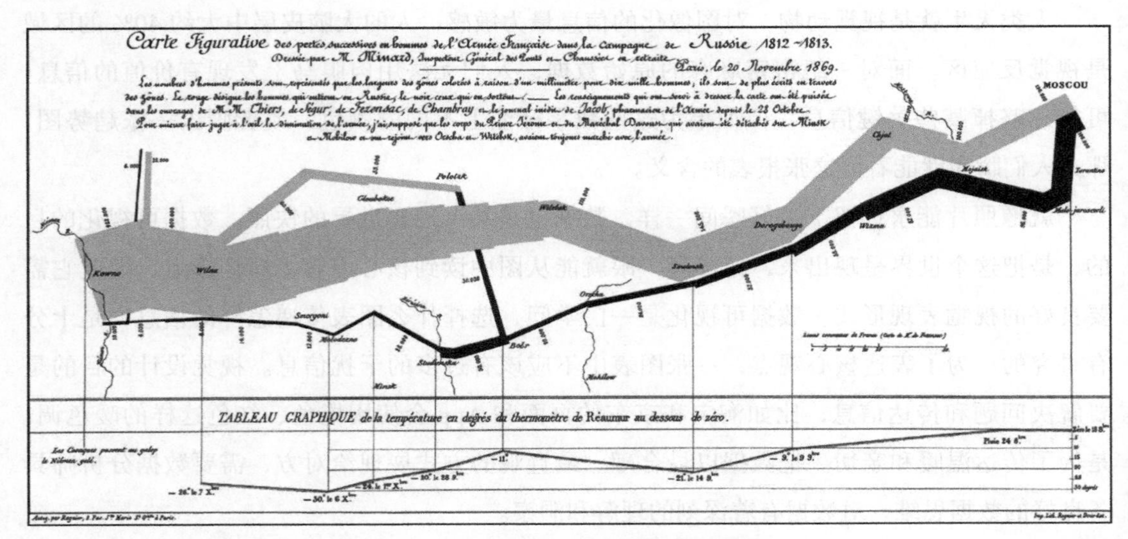

图 4-1　拿破仑东征莫斯科的信息图

再比如，19 世纪 50 年代，英国、法国和俄国爆发了克里米亚战争。这场战争非常惨烈，死亡人数超过 50 多万。南丁格尔主动申请，自愿担任战地护士。当时英国的战地医院卫生条件极差，战士无法得到有效的护理，很多人在战场外感染疾病而死。南丁格尔发现，战士受伤后在医院死亡的人数要大大超过了战争一线的阵亡人数。于是，她将她的统计发现制成了一种新颖的图表形式（见图 4-2），向不会阅读统计报告的国会议员报告克里米亚战争的医疗条件。因为该图表外形很像一朵绽放的玫瑰，所以这种图被称为南丁格尔玫瑰图，又名为极区图。这张图清晰展示了战斗死亡和非战斗死亡的人数对比。

南丁格尔图有一个圆心，以扇区来展示数据的大小或比重，数据所占的比例越大，扇区面积越大，扇区半径越长。和传统的饼状图相比，南丁格尔玫瑰图会将数据的比例大小夸大展示。这样展示的效果更直观、给人印象更深刻。

在南丁格尔的努力下，人类历史上第一所正式的野战医院建立了，医院改善了整体的卫生环境，加上南丁格尔和她的护理团队的精心护理，使得战士受伤后的死亡率从 42% 降至 2.2%。南丁格尔被认为是世界上第一位女护士，她开创了护理行业。就是为了纪念这位近代护理事业的创始人，人们将她的生日这天（5 月 12 日）定为国际护士节。但同时，她更是一位优秀的英国统计学家。她善于利用可视化的方式，让数据变得易于理解，这也体现出数据可视化的重要性。

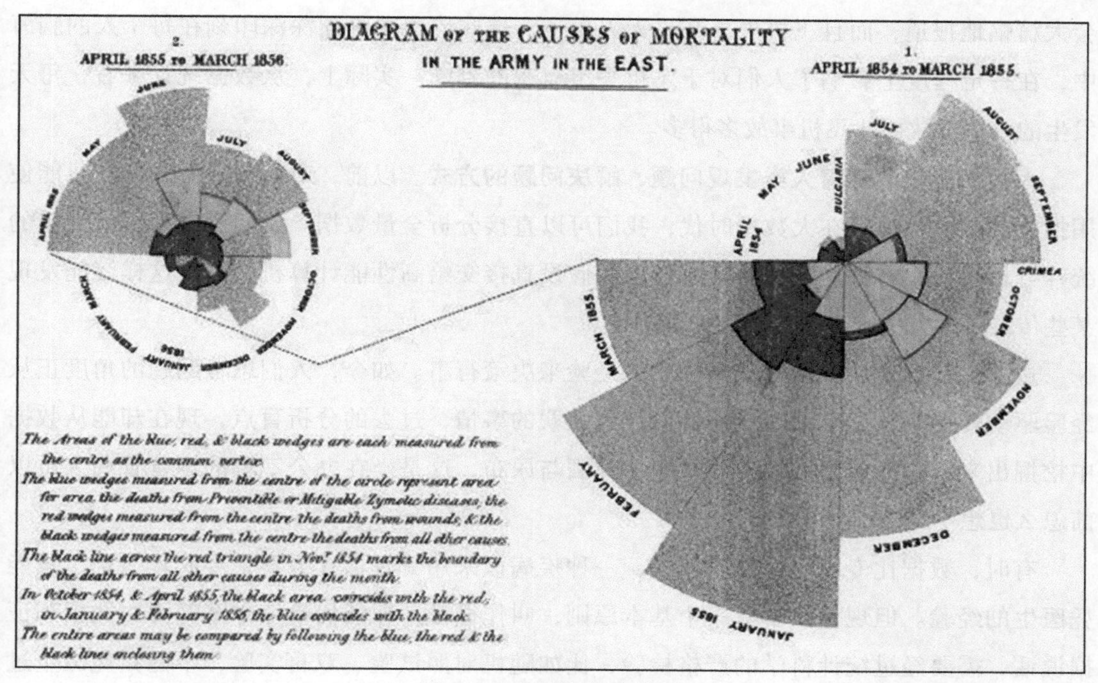

图 4-2　南丁格尔玫瑰图

正所谓一图胜千言，相较于一堆数据，人更容易分辨颜色和图形。数据可视化的关键是将数据与它所代表的事物联系起来，它是人们深层次理解数据的基础。总的来说，**数据可视化应该做到信、达、雅**。一是要能够真实地表达数据，不能扭曲事实；二是数据图表要准确清晰；三是要有美感，展现的内容简洁、直观。

4.3　大数据改变了什么

这些年来，数据能够带来的价值逐渐受到关注，并且被广泛应用在各个领域。大数据的降临带来了很多改变，比如更多的知识，更细的分工。它改变了人们的生活习惯。所有的经验、时间、记忆在大数据时代将被重新定义。

4.3.1　经验与数据

人的经验有时并不准确。人往往过于强调表面上看起来不寻常的事，但这不一定就是事实。比如，飞机事故比汽车、火车、轮船的事故要低得多，但一旦发生空难，新闻里就会大篇幅地报道，而且飞机失事几乎无人生还，这些惨烈的画面深深印刻在每个人的脑海中，在一定程度上影响了人们对于飞机失事概率的判断。实际上，从数据统计来看，每天发生的汽车事故要比飞机事故多得多。

大数据正在改变着人类发现问题、解决问题的方式。以前，对海量数据的处理只能使用抽样的方法，但是在大数据时代，我们可以直接分析全量数据。我们可以采用最简单的统计分析算法，将大量数据不经过模型和假设直接交给高性能计算机处理，这样就能发现某些传统科学方法难以得到的规律和结论。

过去，数据很难获得，人们喜欢用经验来决策行事。如今，人们思考问题的角度正从经验驱动转变为数据驱动。一些看似毫无关联的事情，过去的分析盲点，现在却能从数据中挖掘出来。比如在超市货架同时摆上啤酒与尿布，这是坐在办公室里的运营管理人员以前怎么也想不到的。

有时，数据比专家更可靠。过去，一种疾病该采用哪种治疗方案，要吃什么药，只能凭医生的经验。但现代医学有一个基本原则，叫作循证，即任何治疗方案都要用数据和证据说话，需要经过统计科学的严格检验，比如随机对照试验、双盲实验，不能只凭医生过往的经验。

在人工智能研究领域，过去很多由专家经验驱动的模型也在转变为由数据驱动。吴军博士在《智能时代》中讲过一个关于语音识别的故事。要让计算机自动识别人类语音，当时学术上最难攻克的地方，是如何让计算机理解人类语言的意思，而普遍的做法是基于语法和语义规则。但这个方法研究人员研究了几十年，一直没有得到很好的效果。如今我们回头来看这个问题，这是“解题”的思路错了。要让计算机处理自然语言，不用让它学会人类的思考模式，也不用让它掌握语言学。1972 年，康奈尔大学教授弗雷德·贾里尼克来到 IBM 实验室工作，他雇用大量数学家和物理学家，来替换原来的语言学家。他的研究方法是基于统计学，只用短短几年，他就把语音识别的准确率从 70% 提高到 90%，让计算机能识别的单词数量从几百个提高到几万个。贾里尼克曾开玩笑地说，他每解雇一位语言学家，语音识别系统的准确率就提高了 1%。

今天有关人工智能的解决方案都要依赖大数据，AlphaGo 需要上亿盘棋局数据，智能汽车需要大量行驶过程中的实景路况数据，人脸识别系统也需要数以千万计的人脸图像。正是这些数据，让计算机能够顺利地进行机器学习，随着数据的积累，计算机变得越来越“智能”。相比过去的专家经验，数据驱动的方法显然更为有效。这是大数据带来的第一个改变。

4.3.2 时间与空间

一个好的金融系统，为了促进货币流通，要让资金在企业、个人、平台之间高效流动，实现支付、贷款、理财、保险、基金、证券、征信等金融活动。经济学告诉我们，金钱可以在时间和空间上转换，“今天的钱”和“明天的钱”价值不同，“放在银行里的钱”和“放在自己口袋里的钱”价值不同，“一亿个人每人拿出一块钱”和“一个人拿出一亿元”的价值也不同，因为在估算某个物品的价值时，包含了人们对未来和人性不确定风险的定价。

大数据其实也是如此。一个好的大数据系统，也要让数据流通起来，形成一个良好的数据生态，实现数据的采集、清洗、存储、计算、汇聚、分析、统计、展示等各种数据活动。如果把数据看成资产，就要看到它的经济效益——数据能被立刻获得和几天后才能获得的价值是不同的，数据分散在各个系统中和数据集中存储在一起的价值是不同的。不仅如此，数据在时间和空间上也会转换，把不同类型、不同结构、不同用途的数据集中起来，提前计算好结果，等到要用的时候快速提取出来使用，就是在用数据的空间换时间。

互联网搜索就使用了这一策略。用户只要在搜索网站中输入一些关键字，就能看到想要的内容。搜索引擎之所以这么快，是因为它提前就检索过这些互联网上的网页，一些关键信息被保存在本地，还维护好了相应的索引。它的关键技术是 PageRank，它是由谷歌创始人拉里·佩奇和谢尔盖·布林在 1997 年提出的网页排名算法。今天很多互联网搜索算法都是在 PageRank 的基础上衍生出来的。

PageRank 算法同时考虑了网页的链接数量和质量：一个网页的受欢迎程度，既由指向它的网页数量决定，又由这些网页本身的质量决定。算法初始会赋予每个网页相同的分值，然后通过不断迭代计算，更新每个网页的排名得分。当用户搜索网站时，搜索引擎会根据查询请求，返回排名值靠前的页面。

不过，PageRank 算法要想很好地运作，远没有这么简单，因为网页数量呈几何级别增长，要计算所有网页得分，需要使用非常庞大的矩阵运算。就是说，谷歌通过数百万台服务器的空间资源，提前对网页进行排名计算，来换取用户秒级搜索的时间资源。

计算机系统是由复杂且不同的组件和程序构成的，要精确计算出一个算法执行的时间，从理论上讲是很困难的，它包括了算法执行过程中数据输入的时间、算法编译为可执行程序的时间、计算机执行每条指令的时间等，具体耗时只有实际测试才知道。此外，如果我们得到了不同算法的执行耗时，这个时间数值就能等同于算法的执行效率吗？也不见得。

我们还要考虑计算机本身的性能问题，因为算法是计算机执行的，其运算速度不仅依赖计算方法，还取决于硬件性能本身，把在不同计算机上测得的耗时放在一起比较是没有意义的。那么，应该如何在不通过实际测试且不考虑硬件性能差异的情况下，比较不同算法的效率高低呢?

比较好的做法是使用**时间复杂度**进行定量描述。时间复杂度可以整体评价一个具体计算任务的运算时间和资源开销，它表示算法执行的时间与空间（也就是数据量）之间的关系。如果耗时相对比较稳定，趋于一个常数，与数据量大小无关，它的时间复杂度就是 $O(1)$，这里的 O 是代表数量级的符号。例如，有一种算法叫哈希算法，它可以把任意长度输入的字符串转换成固定长度的输出，无论输入数据有多少，都可以一次性计算出结果，它的时间复杂度是 $O(1)$。正因为它的运算速度很快，在很多需要校验信息且实时性要求高的场景下，哈希算法有着广泛应用，比如数字签名、身份认证、文件校验、存储定址等。

假设计算机要把一组数据从头到尾遍历一遍，数据集合有 n 个数，就要执行 n 次读操作，它的时间复杂度是 $O(n)$。比如求和运算，计算机要依次读取所有数据再进行求和，数据规模有多大，读操作就有多少，它的时间复杂度就是 $O(n)$。

再比如冒泡排序算法，它的功能是对 n 个数排序，做法是按顺序依次比较两个相邻的数，根据比较结果决定是否要交换它们的位置，重复扫描直到所有数据完成排序。在极端情况下，初始数据是反序的，此时冒泡算法会依次扫描这些数据 $n+(n-1)+\cdots+1$ 遍，才能完成排序。就是说，它的时间复杂度和数据规模 n 的平方有关，即时间复杂度是 $O(n^2)$ 。

通过上面的一些例子，我们可以看到，时间复杂度对衡量算法性能非常关键，它是围绕数据量空间的一种时间评估方法。设计算法时必须考虑这个因素。

另外，一些大数据产品和组件也会专注于用空间换时间的功能。这些产品的思路都是提前把数据规整和计算好，维护好索引，当用户要使用数据时，快速提供给用户。谷歌平均 1 秒就要进行超过上万次搜索，如果不把这些搜索内容提前用算法处理好，就无法提供这么庞大的搜索服务。结合不同的使用场景，数据在空间和时间上会经常变换，这是大数据给人们带来的第二个改变。

4.3.3 记忆与理解

当今社会出现了一个有趣现象：**知道数据在哪里，比知道数据本身更有价值。**

请问你能把圆周率背到小数点后面多少位？ 2019 年的吉尼斯世界纪录是小数点后 67 890

位，但在同一年，谷歌计算机已经可以算到小数点后 31.4 万亿位。普通人一辈子都不会去记忆这么多位的圆周率，因为根本用不上，就算哪天真的要用，也可以交给计算机和搜索引擎。因此，比起记忆圆周率，知道如何查到圆周率的结果显然更加有用。

我小时候学数学，记忆更多的是推导过程，而不是数学公式本身。这样即使我背不出某个数学公式，我也可以在草稿纸上重新把公式推导一遍。而这个理解的过程，其实比死记硬背更有效。

很少有人能够记住去年的今天自己在做什么。但这不代表我们没有线索。你可以翻翻朋友圈、网络日记、账本、购物记录、聊天记录、工作邮件等，只要找到了一些线索，再从这些线索出发，或许可以帮助你准确恢复去年今天生活的记忆。

从古至今，人类想方设法保留各种“数据”，从印刷术、打字机、照相机，再到电子计算机、移动手机、云端存储。随着每一次科技进步，人类能够留下的数据越来越多。可随着数据变多，怎么使用这些数据便成了新的问题。以前，人们求书若渴，想要知道隔壁村的消息只能通过口口相传。今天，没有人能读完市面上出版的所有图书，我们每天都能看到和听到新的资讯、新的观点。以前知识匮乏，人们对知识没有选择。如今信息过载，人们对信息的选择太多，还有人因此产生了焦虑。大数据的特征之一是价值密度低，有效信息少，如何甄别和找到这些有价值的信息，就显得十分关键。

用理解取代记忆，这是大数据带给我们的又一个改变。

4.4　结语

大数据是一种规模大到远远超出传统数据处理技术能力的数据集合，它具有体量大、样式多、速度快、价值密度低等特征。从图像识别到天体运行观测，从商品摆放到图书关联推荐，大数据的应用场景无处不在。

本章详细介绍了大数据的基本概念，以及数据的收集、加工、分析与可视化。大数据不仅改变了人们过往的认知经验和处事方法，也让基于数据的机器学习成为可能。海量、丰富、高质量的数据是人工智能的基础，它帮助人工智能不断自我学习，改进性能。可以说，大数据赋予了人工智能“智能”，而让机器实现“智能”学习的过程，必须依赖强大的机器学习算法。那么，机器到底是如何学习的呢？我们将在下一章中展开讨论。

第 5 章

机器是如何学习的

自从计算机被发明以来，很多行业专家便开始着手将他们的专业知识和经验梳理出来，逐条转换成规则，然后将规则输入计算机程序。可时间一久，新的矛盾出现了。人们发现知识无穷无尽，而且还会不停增长，让专家来总结这些知识不仅费时费力，还有可能跟不上知识更新的速度。不仅如此，如果已有大量规则，那么想要增加新的规则也很困难，需要考虑是否会和已有规则发生冲突。

于是，人们提出一种“偷懒”的解决方案——是否可以让计算机自己来学习这些“知识”？这便有了**机器学习**，它让计算机从数据中自动学习规律。实现它的关键，是人们重新设计了计算机的数据处理逻辑，也就是提出一种新的**算法**。

算法这个词很多人并不陌生，但并不是所有人都喜欢它。在普通人眼中，算法或许意味着天书般的数学公式，或者一段复杂的程序代码，总让人望而却步。但其实，如果你深入理解算法的原理，就会发现，算法并不神秘，它是一套严谨的运算逻辑，而且是由无数数学家和计算机专家总结出来的精炼逻辑，是许多人智慧的结晶。

算法好比机器的引擎，它能让计算机在无人干预的情况下，仅仅基于数据，就变成某个领域的“专家”。这么做的好处是，计算机提炼规则的效率大幅度提升，行业专家也可以腾出精力，去做更多、更有价值的事。

5.1 机器学习是什么

要理解机器学习，我们先来看看人类思考和推理的过程。

5.1.1 归纳与推演

在科学研究中，常见的推理形式有两种：一是**推演**，二是**归纳**。

推演是从一般性的前提中推导出具体的结论，它的结论没有超出前提的范围，它是一个从简到繁、由一般到特殊的过程。比如古希腊数学家欧几里得撰写《几何原本》时，仅仅通过 5 个公设和 5 个公理，就以严谨的逻辑推演出一整套几何学理论体系。《几何原本》不单在数学方面做出了巨大的贡献，其推演的思想方法也对后世产生了深远的影响。不过，推演得到的结论是基于有限的前提假设，说到底它们是等价的，并没有产生新的知识。

归纳则刚好相反，是从具体的前提得到一般性的结论，可以理解为由繁化简、由特殊到一般的过程。比如古人根据观察发现，当月亮周边出现光晕，天就会刮风，当墙角的青苔变得潮湿时，天就会下雨，于是把这些气象规律总结为“月晕而风，础润而雨”，这是归纳。归纳通常从过往经验中得到，它可能会出错。比如一个人只看到过白天鹅，于是归纳出“所有的天鹅都是白色的”，就显然错了。

请注意，科学研究中所说的客观归纳和人的主观归因是不同的。例如，科学告诉我们，燃烧要有三个要素——可燃物、助燃物和着火源。它们没有主次之分，无关先后顺序，必须同时满足。但人是在乎原因的，当我们观察到某种现象，就会试图找个理由去解释它。比如一场森林大火，原因可能是有人乱扔烟头，我们不会说是因为森林里有氧气。虽然从科学的角度，这两个诱因对燃烧同样重要，少了其中任何一个，火灾都不会发生，但我们仍然主观地认为，乱扔烟头才是造成火灾的直接原因，因为森林里有氧气是很正常的事情，但“有人扔烟头”这一行为就不寻常。直觉告诉我们，要将火灾归因于烟头而非氧气。因为扔烟头这个动作的发生概率要远远小于有氧气的概率。心理学家对此给出的解释是，人倾向于将某件事的原因归结于罕见事件，而非普通事件。

生活中，我们通常看到事物的外在表现，但它们很可能是有局限的。如果想要透过现象得到本质，就需要用到归纳。而一旦有了归纳后的结论或规律，再把它们运用到新的观察上，就是一个推演的过程。福尔摩斯总是能用他超凡脱俗的推理能力解决疑难案件，他的拿手本领就是归纳推演，平时通过观察归纳出规律，案发时基于现场的细节和证据推演出一般性的结论。

对于计算机来说，这种模仿人类从现象到本质的归纳过程就是机器学习。而把这个学习得到的模型用于实际应用场景，则是一个推演的过程。这个过程可以被抽象成一个数学模型（见图 5-1）：有一个特定的函数 $f(x)$，将输入变量 x 映射到输出变量 y。

比如要让汽车实现自动驾驶，这个模型的输入是汽车接收到的图像和感应器信息，输出是汽车行驶的转向角度和制动强度；要让计算机下围棋，则围棋棋谱中每个棋子的落子点是输入，下一步落子的获胜概率是输出。

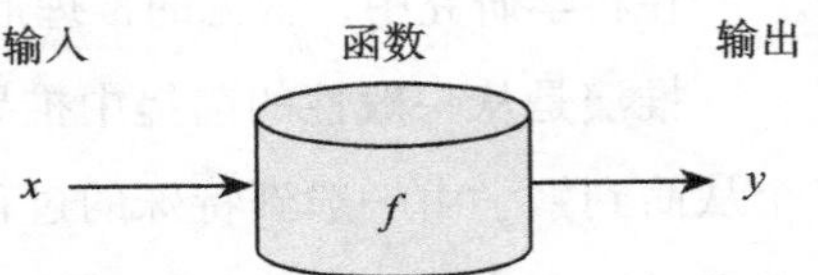

图 5-1 机器学习模型的数学函数

要得到这些特定的映射函数 $f(x)$，需要找到输入数据和输出数据之间的复杂联系，而这正是机器学习要去完成的任务。

在整个机器学习过程中，计算机根据输入的样本数据，按照提前定义好的运算逻辑，总结出样本特征与输出目标之间的数据联系。这样机器就可以根据输入自动给出输出结果。输出可以是某个逻辑判断，也可以是数值、图像、文本、声音等内容。

5.1.2 定规则和学规则

什么是“学习”？西蒙（Herbert Simon）教授给出的答案是：“如果一个系统能够通过执行某个过程，改进它的性能，那么这个过程就是学习。”西蒙是图灵奖和诺贝尔经济学奖的得主，在他看来，学习的核心是能改善性能。

让机器能自主地通过数据改善它的性能，就是机器学习。

“机器学习”一词最早是由塞缪尔（Arthur Lee Samuel）在 20 世纪 50 年代提出的。在这之前，塞缪尔已经开发了一个可以自我学习的西洋跳棋程序，这个程序也是世界上第一个能够自我对弈的程序。

卡耐基 – 梅隆大学的人工智能专家汤姆 · 米切尔（Tom Mitchell）在他的经典教材《机器学习》中将“机器学习”定义为：是一个计算机程序，由一些任务（T）中的表现（P）来度量，通过经验（E）学习改进[一]。人工智能领域的计算机科学家吴恩达认为，机器学习是一门使计算机可以不用显式编程就能运作[二]的科学。

传统编程模型和机器学习模型有着很大的不同。传统编程一般基于规则，目的是快速得到答案。这里说的规则，指的是程序员比较熟悉的数据结构和运算方法，它们都是计算机程序的核心。当规则确定好后，程序会根据输入数据，按照规则给出对应的答案。通常

[一] 英文原文是：A Computer program is said to learn from experience E with respect to some class of task T and performance measure P if its performance at tasks in T,as measured by P,improves with experience E.

[二] 英文原文是：Machine Learning is the science of getting computers to act without being explicitly programmed.

每次输入数据，都会得到唯一且确定的答案。这是传统编程的特点。

机器学习并非如此。它与传统编程最大的区别是，计算机输出的是一套将输入变成输出的“过程”，而非问题答案的“结果”，如图 5-2 所示。

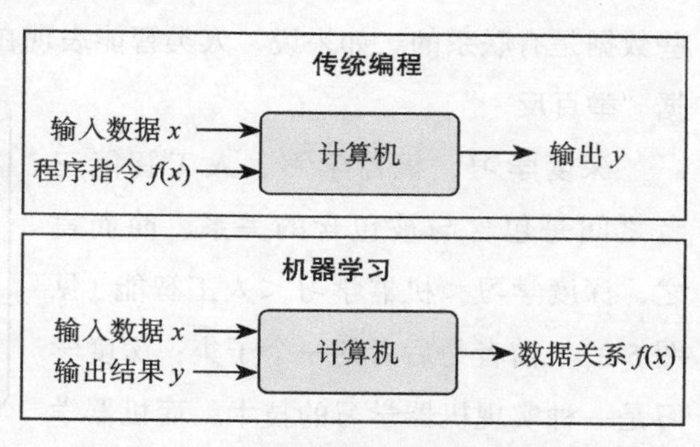

图 5-2 传统编程与机器学习的区别

当进行机器学习时，算法会尝试从输入和输出数据之间寻找某种关联关系，并不断去验证和迭代更新它。一旦通过检验，这套关系规则就被固化成一个数学模型，未来有新的数据输入，就能用这个模型来得到对应的输出。这种学习的方式其实和人很像，只是计算机需要大量数据，人类有时只需要少量的样本。

另外从数学的角度看，机器学习需要具备三个要素：模型、算法、策略。**模型**定义了学什么。建立一个模型，就是将一个实际的业务问题转化为一个可以用数学来量化表达的问题。**算法**定义了怎么学，即具体的学习步骤。任何一个数学问题，都要有具体的解法。比如数学上在求解最小二乘问题时，常会用到一种梯度下降的迭代方法，它就是算法。**策略**定义了何时结束学习，即学习优化的目标和准则。数学上，它通常定义一个损失函数，来评价预测值与理论值之间的差距，然后将机器学习转化为一个使损失函数最小化的优化问题。

有人可能会把“机器学习”称为“机器学习算法”，其实这不太妥当。机器学习是指从数据中学习得到模型的完整过程，它是一个工程问题。机器学习算法则是指机器学习时需要用到的数学运算方法，它是一个数学问题。两者最好不要混为一谈。

机器学习非常依赖数据的体量和质量，它有别于人类认知规律的方法，两者底层运作原理存在本质上的不同。举个例子，2012 年 Google 实验室让计算机成功识别出了图像中的猫。但为了实现这个图像识别功能，Google 使用了 1000 台服务器、16 000 个处理器，将它们连接成一个包含 10 亿个节点的人工智能模型。从资源投入上看，这是很大一笔花销。不仅如此，为了训练这个模型，研究人员从网络上下载了 1000 万张图像数据，最终才让计算机具备了辨认猫的能力。但是对于人类而言，一个 3 岁小孩只要看过几张关于猫的图片，就能轻松分辨出从未见过的猫。这个差别的背后是人类大脑和机器智能截然不同的运作原理。人是将猫的外形看成整体后再进行理解和认知，而计算机是对图像中猫的特征进行了像素级的关联分析。计算机并不知道“猫”这一概念代表什么含义，它只知道“猫”和哪些数据是有联系的。如果说，人类智能表现在会“举一反三”，那么机器智能就需要大量数据“举百反一”。

深度学习、机器学习、人工智能三者之间是包含与被包含的关系。简而言之，深度学习＜机器学习＜人工智能（见图 5-3），前者是后者的一个子集：深度学习是一种实现机器学习的技术，而机器学习是一种实现人工智能的方法。

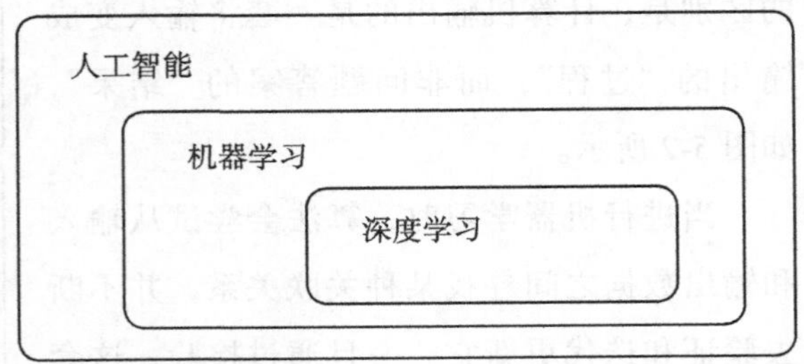

图 5-3　深度学习、机器学习、人工智能之间的关系

深度学习主要指以人工神经网络为基础的一系列模型，其算法设计模拟了大脑中的神经网络结构。近年来人工智能广受追捧，很大程度上是因为深度学习算法在自然语言处理和计算机视觉等领域取得了研究突破。**机器学习**比深度学习的概念更广，它不一定要基于人工神经网络结构，只要是通过数据训练出来的模型，基本都能归到机器学习范畴。**人工智能**的定义就更宽泛了。当我们提到人工智能，除了在说机器学习这样的计算机应用外，还会拓展到生物学、认知学、心理学等，它是一个更为综合和交叉的学科。

本章将重点介绍机器学习的常用算法。有关模拟人类大脑思考的深度学习算法，我们会在下一章中介绍。

5.1.3　算法的含义

“算法”一词最早源于公元 9 世纪的拉丁文——algorismus，它随阿拉伯数字的普及传入欧洲，随后受到希腊语的影响，才慢慢演变成了现在的“算法”algorithm。如今，随着计算机技术的发展，“算法”一词得以发扬光大。

算法是提前定义好的运算方法，它是计算机必须遵循的一组步骤或规则。如果我们把数据看成原始食材，分析结论和模型结果作为菜肴，那么算法就是烹调过程。

计算机中的算法通常表现为一段程序指令，它告诉计算机用什么逻辑执行计算。在计算机中有很多成熟算法，比如冒泡排序、MD5 加密算法、哈希算法等。它们都是一种确定性的机器指令执行序列。要让机器怎么做，早在编写程序时就设定好了。比如排序算法的作用是把随机数字按照从小到大的顺序排列，它的执行逻辑是不断重复地两两比较每组数据，直到完成排序。无论输入是什么数据，算法都能完成同样的排序任务。就是说，算法给出了一套通用解决方案，用来解决不同场景下的具体问题，所以它具有很强的问题迁移能力。

以前，程序执行过程中虽然能依靠有限的参数控制程序对象、执行次数、执行分支条件等，但它的基本逻辑早在编程时就确定了。在这个过程中，计算机只是按照程序员事先规定好的指令规则执行运算，没有任何“学习”的行为。但这种算法的问题是，计算机有多“智能”完全取决于程序员。随着程序逻辑越来越复杂，编程难度也变得越来越大。于是，人们开始设计机器学习算法，想办法让计算机自动总结数据规律。

早期的计算机由于硬件性能差，计算速度慢，只能通过改进算法来保证运行性能。在当时，程序员或多或少都要懂些算法。但在今天，几乎 90% 以上的程序员不会直接和算法打交道。这些算法被专门的算法工程师封装到软件中，对程序员来说更像是个“黑盒”。一些简单算法可以直接调用现成的软件包，复杂算法需要从专门的公司购买。算法本身变成了一种商品，懂算法的人变得稀缺又重要。

5.2　机器学习算法

有人觉得算法很难，认为它是一大堆数学公式和程序代码，只有数学专业或 IT 从业者才能搞懂。事实上并非如此。算法在设计之初，都是为了解决某个具体问题。它们的设计思想很朴素，有时还很简洁。沿用至今的都是普适又好用的算法。

数据分析并非必须用到算法，使用办公软件 Excel 一样可以完成任务。但如果要分析的是海量数据，或者想做一些数据探索任务，使用算法就是一种更好的选择。

要理解机器学习，重要的是理解算法背后的原理。算法之所以难理解，是因为它与人类思考问题的方式有很大的差异。比如要研发一个人脸识别系统，需要让计算机回答很多问题：如何才能判断图像上的某张脸就是某个人，如何把图像转变为数据，这些数据如何和某个人的身份信息关联起来，匹配度达到多少才能判断图像里的人脸属于谁，等等。这些问题都必须转化为数学问题，并且要找到具体的求解方法。越复杂的场景应用，就会有越复杂的数学转换。

构建一个机器学习模型，有几个核心问题要解决。首先要解决的是**建模问题**，即如何用数学函数来表达现实功能。这点最重要也最困难。今天很多人都会讨论人工智能的局限和缺陷，之所以会有这些问题，并不是计算机解不出数学方程，而是很多人工智能问题还无法用数学函数很好地去描述。其次要解决的是**评估问题**，即如何找到一套评价标准来评估函数模型的优劣。如今我们会说人工智能在很多商业应用中有“杀熟”现象，但其实设计算法的是人，使用哪种评估函数就会让算法表现出哪种倾向性的目标，算法只是按照事先定义的评估函数来进行运算而已。最后还要解决**优化问题**，也就是如何找到性能表现最佳的某个函数。

我们可以做个类比，比如你要建一栋高楼，先要知道如何去造（建模问题），然后要设计出评价房屋质量的方法（评估问题），最后要能知道最优建造的方法（优化问题）。整个机器学习的过程就是想办法构建出一个可以在新的数据上表现得尽可能好的数学模型，即它的泛化能力要强。就是说，无论是大苹果、小苹果、红苹果、青苹果，模型都要能够识别出它是苹果，这才是好的模型。

5.2.1 常见的学习方法

按照学习方式的不同，当前机器学习算法可以分成三类：无监督学习、监督学习、强化学习。

1. 无监督学习

无监督学习直接分析给定的数据，它不需要知道数据的具体含义。它的输入是没有维度标签的数据，输出通常是自动聚合的不同类别的标签。

举例来说，有一篮子水果，我们要将篮子中同类别的水果归到一起。这件事如果交给计算机，那么它该怎么做呢？首先，它会想办法得到水果的各种特征数据，把它们表示为数学上的向量。我们假设此向量包含了颜色、味道、形状等特征。然后将相似向量（向量距离较近）的水果归为一类。比如将红色、甜的、圆形的水果归到一起，将黄色、甜的、长条形的水果划分到另一类。分类这些水果是自动进行的，只要有数据，算法就会找出比较接近的特征。这就是无监督学习，它的典型算法是聚类算法。

2. 监督学习

监督学习需要知道给定数据的类别，也就是标签。它根据已知数据的标签，预测未知数据的标签。还是以水果为例，假设我们已经提前为各种水果贴好了标签。计算机利用这些水果标签和特征数据，学习两者之间的数据联系。比如，计算机从数据中发现，红色、甜的、圆形的水果更有可能是苹果，黄色、甜的、长条形的水果更有可能是香蕉。学好以后，计算机就有了一个可以判断水果类别的模型。当遇到一个全新的水果，计算机就能根据它的特征，自动为它贴上标签。监督学习的典型应用场景是推荐和预测，它是机器学习中应用最广泛的，现在很多人工智能问题的解决思路都是基于监督学习。

监督学习需要使用大量带有标签的数据。有时，受限于资源投入（比如经费不足、数据不全、时间不够、人力缺乏等），我们只有少量的有标签数据。此时可以将这些有标签数据和大量无标签数据结合起来使用，也就是将监督学习和无监督学习结合起来，这种学习方法也叫**半监督学习**。比如我们手上有很多俄语的文本，想要把它们翻译成中文。但我们没有很多关于俄语的标签数据，即缺少足够多的训练数据。那该怎么办呢？如果我们手上正好有很多现成的已标注中文的英语语料，那就可以先想办法把俄语和英语的单词关联起来，因为很多语言的语法是相通的，计算机可以通过无监督学习的方式，找到两种不同语言之间最佳的词组映射关系。随后使用已有的英语语料，用监督学习的方式训练出一个能将英语翻译成中文的模型。最后，把“俄语→英语”“英语→中文”两个模型结合起来使用，就能实现俄语文本翻译中文的任务。

3. 强化学习

之所以把强化学习单独归为一类，是因为它和上述两种学习方式明显不同。强化学习的目的是让长期的奖励回报达到最大，它是一个不断追求更好的学习模型。它的输入是一些数据的状态、动作以及与环境交互的反馈，输出是当前状态的最佳动作。相较于监督学习和无监督学习，强化学习是一个动态的学习过程，它没有明确的学习目标，对结果也没有精确的衡量标准。

强化学习带有决策属性，它会连续选择一些行为，但没有任何标签和数据会提前告诉计算机应该怎么做，只能尝试先做出一些行动，然后根据反馈改进行动。比方说，向杯子中倒水的时候，一开始，我们会比较快速地倒水。当杯子快满的时候，我们会调整肢体动作和手的位置，控制水倒入杯中的速率。水位线越高，倒水的速度就越慢，直到某个时刻，我们停止了倒水的动作。在这个过程中，我们根据目标水位与实际水位之间的距离，不断调整倒水的姿势。这件事对人来说并不复杂，计算机却需要不断和环境交互完成。许多控制类和决策类的问题都属于强化学习问题，例如控制无人机实现稳定飞行，或让人工智能在电子游戏中取得高分。

机器学习算法涉及领域很广，以下将挑选一些典型的算法进行介绍。

5.2.2 回归

生活中很多数据是有关联的。比如，房价和房屋面积有关，气候变暖与碳排放量密切相关，国家经济影响着货币价格，海拔越高的地方大气压强就越小，动物的代谢率取决于它们的体重等。如果将这些数据记录下来，就会发现它们之间存在某种联系。数学上，找出这些联系的方法称作回归，它是一种监督学习算法。

回归是分析变量之间相互关系的一种方法。“回归”一词最早是由英国生物学及统计学家高尔顿（Francis Galton）提出，他是提出生物演化观点的达尔文的表弟。高尔顿在实验中注意到，无论是豌豆种子的尺寸，还是人类的身高，都存在一种“向均值回归”的现象。就是说，遗传基因会让每个人的身高向人类平均高度接近，而不是朝相反两个极端发展。高尔顿认为存在某种大自然的约束，这种约束使生物特征分布趋于稳定，不会导致两极分化。在数学领域，“回归”通常和数据预测联系在一起。但实际上，这一词语本身并不表示预测，只是由于高尔顿的研究贡献，这种叫法被保留了下来。

回归在实际生活中有着广泛应用。使用回归算法来分析数据时，其目的有二。一是解释已有规律。以线性回归为例，它首先假设数据之间存在线性相关性，然后利用已知的样本数据，找到合适的方程表达式，这个方程是对数据现象的一种解释。二是预测未知和未来。数学方程不仅可以解释数据之间的关联性（前提是它们的线性关系假设是正确的），还能使用已知的数据规律对未知的数据样本做出预测，比如股价走势预测、房地产销售分析、天气预报、商品推荐。

下面介绍具体算法。以一元线性回归为例，它只研究一个自变量 X 与一个因变量 Y 之间的关系。假设我们手上有一组数据，每组数据有 X 和 Y 两个变量。将这些数据画在函数图形上，可得到散点图，如图 5-4 所示。

不难发现，图 5-4 中的数据点似乎聚集在一条直线附近，这条隐藏的直线就是我们要求解的回归方程。这里我们可以假设 Y 与 X 是线性关系，这些点与直线的偏离由一些不确定因素造成，即 $Y=\theta_0+\theta_1X+\varepsilon$。其中，$\varepsilon$ 是随机误差，它是所有不确定因素影响的总和，其值通常不可观测。数学上的处理方法是把它看成随机噪声，假定其服从正态分布。

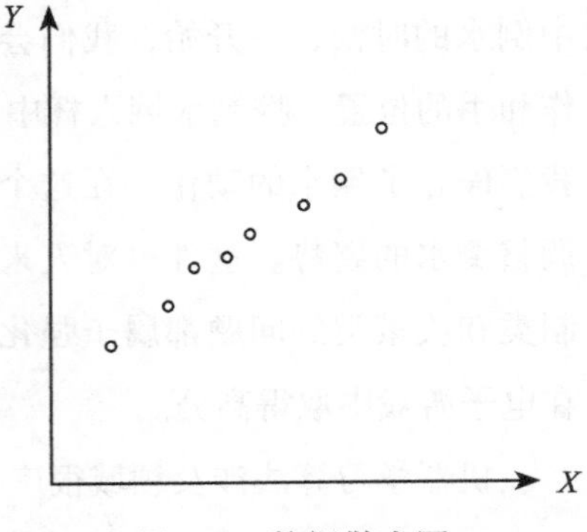

图 5-4　数据散点图

那么，如何求出这个方程的回归参数（θ_0、θ_1）？

通常的思路是，找到一条直线（如果数据是多维的，则要找到一个平面），使得样本数据到这条直线的距离平方之和尽可能小。这种拟合方法称为**最小二乘法**。

古人把“平方”称为“二乘”，“最小二乘法”其实就是最小平方法，它是一种数学上的优化方法。该方法如今已经内嵌到大部分计算机系统的软件中。如图 5-5 所示，在给定原始数据的情况下，最小二乘法的目的就是在函数图像上，尝试找出一条“最佳”的直线（或平面），使得直线（或平面）到原始数据点之间的距离平方和尽可能小。从数学的角度来看，点线（或平面）之间的距离越小，说明直线（或平面）越能代表数据特征。理想情况下，所有的数据点正好都在这条直线（或平面）上。

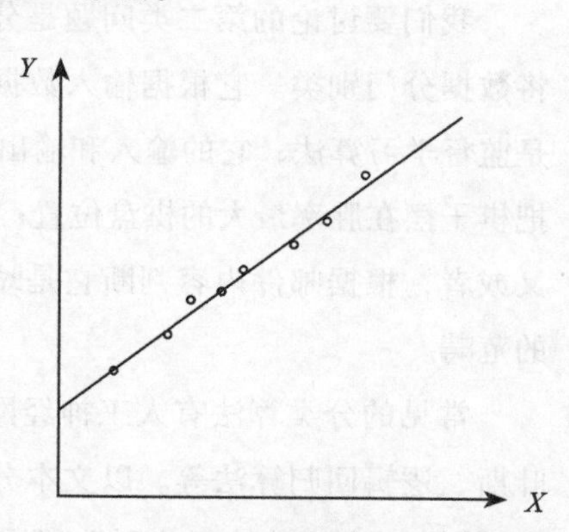

图 5-5　数据散点图及拟合回归线

确定了 Y 与 X 间的定量关系表达式（即回归方程）后，我们还要对回归方程进行检验，因为在之前的计算过程中，我们并不能确定 Y 与 X 有线性关系，只是做了假设。如果它们不存在线性关系，那么得到的回归方程将毫无意义。因此需要借助统计方法，对回归方程的参数进行假设检验，来验证输入与输出数据之间是否真的存在线性关系。

线性回归可以从两组变量之间找到关联关系，这是一个机器学习的过程。不过，实际场景中变量可能是多维的，比如你要预测某个地区房屋的价格，手上除了房价数据，还有关于这个地区的人均收入、房屋的建筑面积、使用面积、房间数、到市中心的平均距离、附近的教育情况（比如是否有学校）、医疗情况（比如是否有医院）、交通情况（比如是否有公交和地铁）、治安情况（比如犯罪率）等。也就是说，可能存在多组变量影响结果。此时就要构建多元线性回归方程。当然，它用到的数学方法与一元线性回归算法类似。

构建多元线性回归方程有时会碰到多重共线性的问题。所谓多重共线性，是指样本数据中存在一些具有较强线性相关性的变量，比如房屋的建筑面积和使用面积就是这种关系。要预测房价，最好只用其中一个变量。如果把房价既和建筑面积关联，又和使用面积关联，则反而增加了计算复杂度，解释性也会变差。另外，多重共线性的问题还会导致方程解的不稳定。

还有一些算法在线性回归算法的基础上做了改进和优化，比如岭回归、Lasso 回归、弹性网络回归等，这里不再展开讨论。读者只要知道，它们都是基于回归思想发展和迭代出来的算法。

5.2.3 分类

我们要讨论的第二类问题是分类问题。**分类**是机器学习中最广泛的一类应用，目的是将数据分门别类。它根据输入数据的特点，将它们归到有限个提前定义好的类别中。分类是监督学习算法，它的输入和输出都是离散变量。比方，下棋时计算各种下法的获胜概率，把棋子摆在胜率最大的棋盘位置；检测图像时，判断图中的动物到底是一只猫还是一条狗；又或者，根据邮件内容判断它是垃圾邮件还是正常邮件，以上这些都属于分类算法要解决的范畴。

常见的分类算法有人工神经网络算法、决策树算法、支持向量机、K 邻近法、朴素贝叶斯、逻辑回归算法等。以文本分类为例，它的输入是文本的特征向量，输出是对应的文章类别。比如文本中"金融""股票""货币"这些词频繁出现，那么这大概率是一篇经济类文章；如果"足球""比赛""球员"出现次数很多，则更有可能是体育类文章。分类算法要做的就是确定一段文本更可能属于哪个类别。

又比如，春秋时期的伯乐，我国历史上有名的相马学家，他在《相马经》中传授了关于相马的经验，可以通过马的身材高矮、四肢长短以及身体各个部位的特征，来区分好马和差马。其实，伯乐在做的就是建立了一个用于鉴别马的分类模型。

1. 分类评价方法

建立分类模型的第一步，是要找到一种评价分类效果的方法。

先来看个例子。假设让一位气象学家来预测飓风袭击某个城市的可能性。他认为，飓风不会来的概率介于 99% 和 100% 之间。气象学家对这项预测的精确度（99% 和 100% 之间）很有信心，于是他建议，没有必要组织城市大规模疏散。但不幸的是，飓风来了，城市遇到灾难。

从这个例子中我们可以发现，仅仅依靠精确性来评价分类结果是有缺陷的。尽管它是客观的，但它没有考虑执行决策的后果。我们希望找到一种平衡风险和收益的方法，因为在某些场合下，大致的正确比精确的错误更好。

对于一个分类模型，人们有时看重它判断正确的能力，有时则更关注它决策错误的风险。为此，需要定义两个重要指标，来衡量模型效果的优劣：一个是查准率，另一个是查全率。

查准率也称**准确率**、**精度**，用来衡量分类本身的准确度。**查全率**也称**召回率**，用来衡量分类正确的覆盖度。对于一个二分类问题（分类结果只有"真"和"假"两种情况），查准率表示在认为是“真”的样例中，实际到底有多少是“真”。查全率表示在所有“真”的样例中，实际找出了多少“真”。

举例来说，假设有一个预测出生婴儿性别的分类模型。在实际运行后，得到如下表所示的数据结果。

实际 \ 预测	预测是男孩	预测是女孩
实际是男孩	80 人	20 人
实际是女孩	40 人	60 人

通过此表，能得出以下的结论。

1）模型对男孩的查准率是 80/(80+40)=66.7%，它表示在所有预测是男孩的样本中有多少是真男孩的比例。

2）模型对男孩的查全率是 80/(80+20)=80%，它表示在所有男孩中实际预测对了的男孩的比例。

有时，我们也用查准率与查全率的调和平均值作为综合评价的指标。总的来说，查准率和查全率关注不同的视角。如果希望模型给出尽可能准确的判断，就要优先提高查准率。如果希望模型的筛查尽量全面，就要优先提升查全率。至于如何权衡这两个指标，取决于具体的应用场景。举例来说，警察抓罪犯时，只有拥有充足证据，才能把嫌疑人定成罪犯，如果抓错的后果很严重，此时就要以查准率优先。但对于灾难天气的预报，我们希望所有即将发生的重大灾难尽可能全部预报出来，哪怕有误报，也决不能漏报，这时就要关注查全率。

值得注意的是，查准率和查全率这两个指标通常难以兼得，其中一个指标高了，另一个指标就可能变低。举个例子，假设我们要设计一个监控系统，通常都希望它的报警又全又准——既不能出现漏报，又不能出现误报。但在有限的资源投入下，这两个目标很难兼得。对于一个有一定规模的数据中心，它会拥有上万台服务器，每台服务器实时监控上千个指标，这些指标彼此紧密关联，一旦某个设备部件出现问题，就会触发大量关联告警（称为告警风暴）。让监控系统的告警既要准确又要全面，相当于同时兼顾查准率和查全率，需要付出很大投入。因此有个折中的做法是设计两套监控系统（或两类功能模块），一个优先确保查全率高，作为主要的监控手段；另一个不断提高查准率，用于故障根因定位和告警收敛，作为监控辅助。

现在，我们已经理解了分类算法的基本评价方法。以下将介绍几种常见的分类算法。

2. K邻近算法

第一种分类算法是**K邻近算法**，也叫**KNN（K-Nearest Neighbor）算法**。它通过“测量距离”实现分类。在数学上，经常会用“距离”来区分数据。这里的“距离”通常指欧氏距离，它最早是由古希腊数学家欧几里得在其《几何原本》中提出的。在二维平面上，欧氏距离表示两个点之间的几何平面距离。

在K邻近算法看来，两个数据点的距离越近，它们就越有可能属于同一类别。当有一个新点加入时，计算它到现有的点的距离，如果大多数“邻居”都属于某个类别，那么这个点大概率也属于这个类别（见图 5-6）。这就是K邻近算法的基本思想。

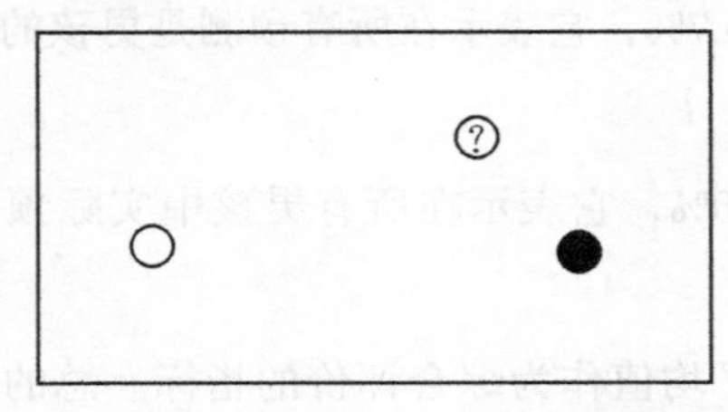

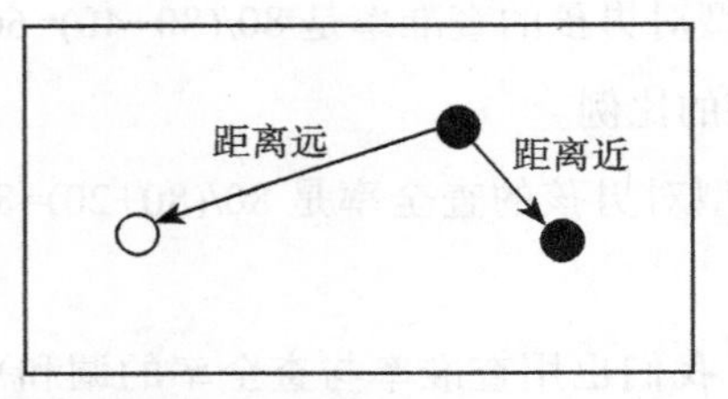

图 5-6　判断未知样本类别的方法示意图

举例来说，假设我们有一些白点和黑点，它们的数据分布如图 5-7 所示。当有一个未知样本加入其中时，该如何判断它是白点还是黑点呢？

K邻近算法告诉我们，可以在特征空间中选出与这个未知样本距离最近的 K 个数据点，然后分析它们的类别。如果大多数点都属于某个类别，则这个样本也应该属于这个类别。自定义的 K 通常是不大于 20 的整数。在K邻近算法中，所选“邻居”都是已经正确分类的对象。K邻近算法只依据最靠近的 K 个样本的类别来决定待分类样本的类别。也就是说，分类的依据是“少数服从多数”。

现在，我们取 K=5，选择样本周围距离最近的 5 个点来判断样本的类别（见图 5-8）。通过计算，在 5 个“邻居”中，有 4 个“邻居”是黑点，1 个“邻居”是白点。由此可以做出判断，这个未知样本更可能是一个黑点。

让我们总结一下K邻近算法的计算步骤：

第一步，计算已知类别数据集中所有的点到当前未知点之间的距离；

第二步，对距离进行排序；

第三步，选取与未知点距离最近的 K 个点；

第四步，确定这 K 个点的类别，出现频率最高的类别即为未知点的预测类别。

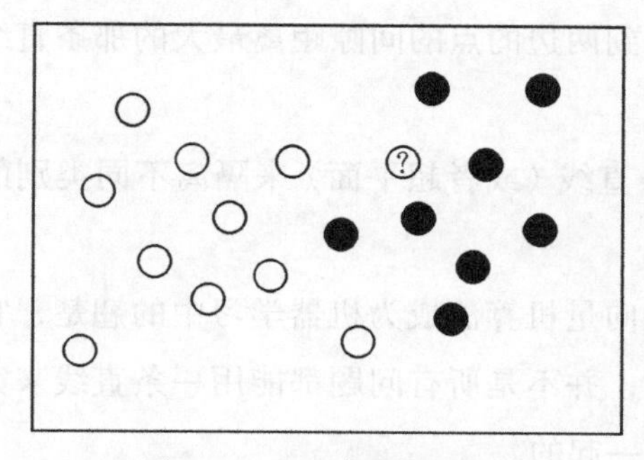

图 5-7　一些白点和黑点

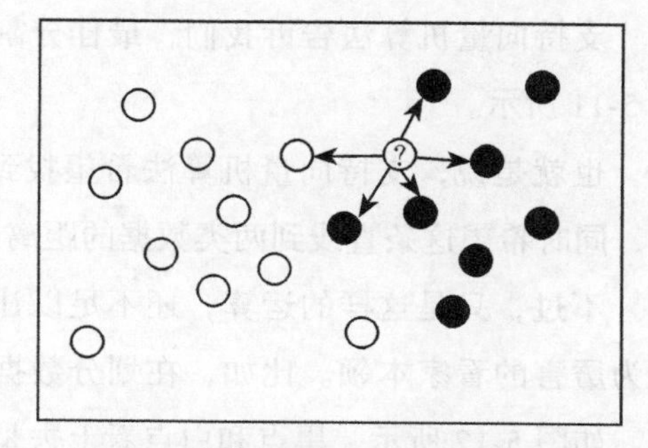

图 5-8　未知样本与“邻居”的距离

K 邻近算法逻辑简单，易于理解，它无须估计参数，也不需要数据训练，比较适用于多分类问题。当然，K 邻近算法也存在一些缺点。首先，由于算法采用多数表决的分类方式，因此难免会在原始样本的类别分布偏斜时出现缺陷。这就好比你在做决策时希望听到精英的意见，但是精英往往是少数，周围大量民众会给你带来较大的误判影响。其次，K 邻近算法必须保存全部数据集，存储空间需求大。由于必须对每个数据样本计算距离值，所以它的计算量大，时间开销大。但总的来说，K 邻近算法仍然是一种好用又便捷的分类算法。

3. 支持向量机算法

我们再来介绍第二个强大的分类算法——**支持向量机**（Support Vector Machines，SVM）算法。该算法的设计实现很巧妙，也是公认的将工程问题和数学问题优雅地结合在一起的算法。

为了说清楚这一算法，我们还是来看一些图。假设有以下样本数据。它们用黑点和白点表示，如图 5-9 所示。

现在需要将它们分成两类，假设有几种不同的分割方法（见图 5-10），哪种分割方法才是最好的呢？

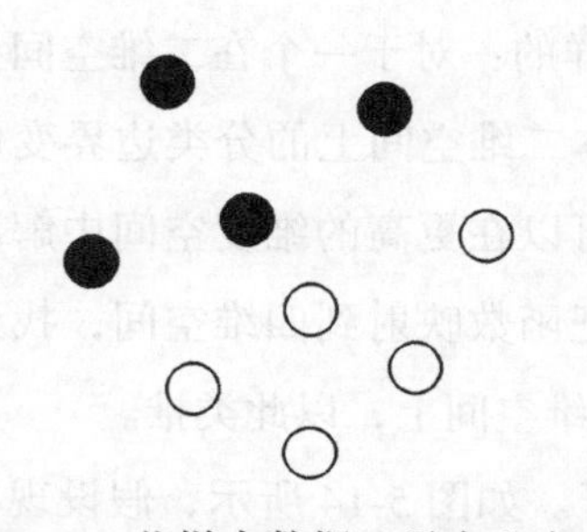

图 5-9　一些样本数据：黑点和白点

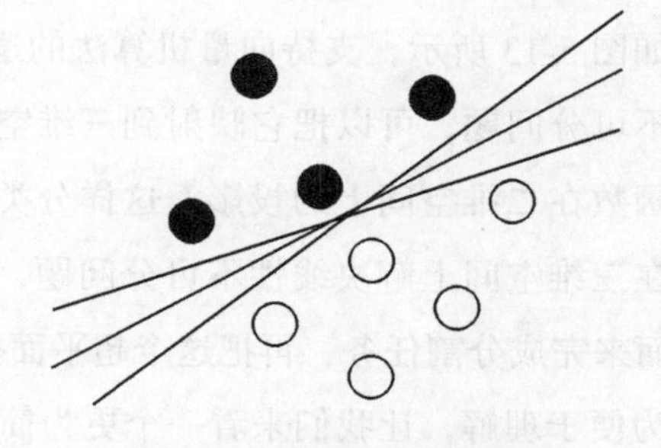

图 5-10　划分黑点和白点

支持向量机算法告诉我们，最佳分割线是到两边的点的间隙距离最大的那条直线，如图 5-11 所示。

也就是说，支持向量机算法希望找到一条直线（或者超平面）来隔离不同类别的数据集，同时希望这条直线到两类数据的距离最大。

不过，只是这样的运算，还不足以让支持向量机算法成为机器学习中的翘楚，它还有更为厉害的看家本领。比如，在划分数据集时，并不是所有问题都能用一条直线来完成分割。如图 5-12 所示，黑点和白点看上去是混在一起的。

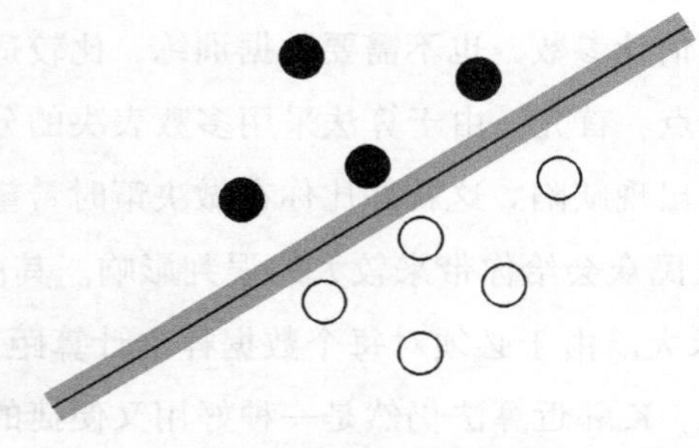

图 5-11　最佳的分割线

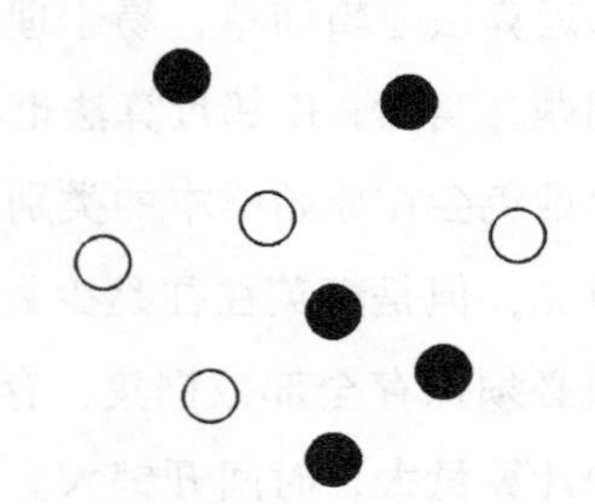

图 5-12　更复杂的黑白点分布

使支持向量机成为强大分类算法的秘密武器，是它使用了一种被称为“核技巧”的数学转换方法。它能将数据从其采样空间重新映射到更容易被分离的超空间，简单来说就是将数据“升维”处理。由于相关数学推导和证明过程比较复杂，涉及非线性规划求解、拉格朗日乘子法、对偶问题优化、序列最小优化算法（SMO）、核函数方法等，需要一定的数学知识储备，所以这里就不再展开讨论，有兴趣的读者可以去阅读相关论文。简而言之，支持向量机算法将在低维空间里解决不了的分类问题，放到高维空间中去解决，而且在数学上已经证明了这种“升维”动作是可行的，不会带来额外的计算开销。没有额外开销这点很重要，它保证了算法运作的高效。

如图 5-13 所示，支持向量机算法的逻辑是这样的：对于一个在二维空间上无法解决的线性不可分问题，可以把它映射到三维空间，原本二维空间上的分类边界变成三维空间上分类函数在二维空间上的投影，这样分类问题就可以在更高的维度空间中解决；同样，如果要在三维空间上解决线性不可分问题，则可以把函数映射到四维空间，找到四维空间的超平面来完成分割任务，再把这个超平面投影到三维空间上，以此类推。

为便于理解，让我们来看一个更为简单的例子。如图 5-14 所示，假设现在有一条直线

(一维空间)，上面有两类数据，其中 {-1} 和 {1} 属于同一个数据集合（图中用黑点表示），{0} 属于另一类（图中用白点表示）。对于这两类数据，我们无法只用一个断点隔开它们。

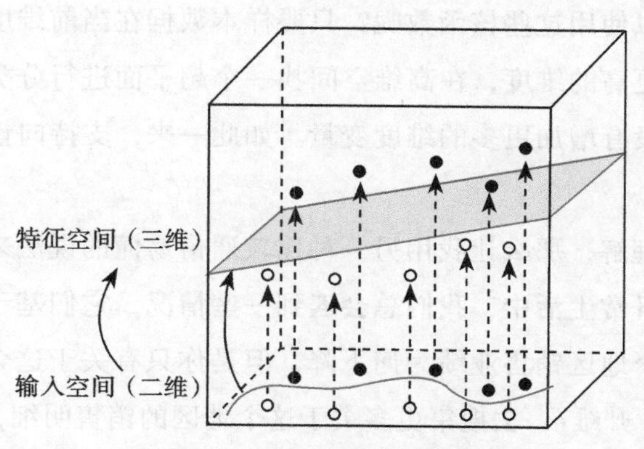

图 5-13 SVM 升维示意图

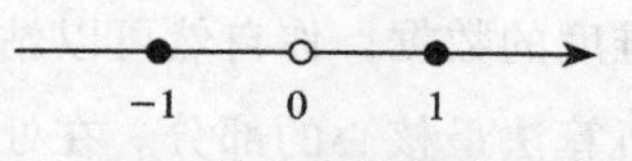

图 5-14 一维空间的黑点和白点

那么，怎么将它们分开呢？可以这样想象，这三个点是某个二维空间函数（比如 $y=x^2$）在一维空间上的映射。如图 5-15 所示，通过这样的“升维”转换，黑点看上去就和白点区分开了，而在新的二维空间中，很容易就能找到一条直线把两者区分开来。找到这条分割直线后，再把它从二维空间中映射回原本的一维空间（你可以想象把两个黑点、这条分割直线都压扁，扁到它们都回到一维空间上）。

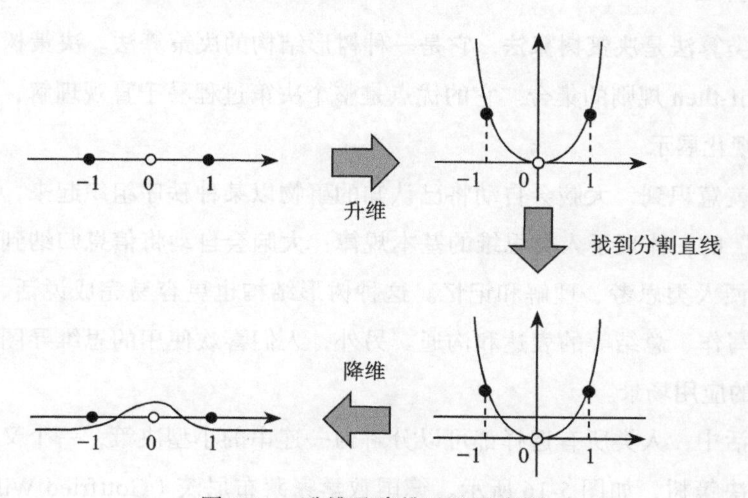

图 5-15 升维及降维过程示意图

支持向量机算法设计出了一种通用方法来解决这个“升维”空间构造过程，即使用核函数。目前有二三十种常用的核函数可以直接使用，如线性核函数、多项式核函数、径向基核函数、高斯核函数等。

在什么条件下可以使用这些核函数呢？只要样本数据在当前维度空间线性不可分，就一律用核函数映射到更高的维度，在高维空间找一个超平面进行分类。而在更高维度上的超平面方程，实际并没有增加更多的维度变量。如此一来，支持向量机算法能够很好地解决分类问题。

如果你觉得不好理解，那么让我用另一种比较通俗易懂的说法来给你说说支持向量机算法的原理和思想。日常生活中，我们总会遇到一些情况，它们基于当前现状看来是无解的，比如你想知道某个地区销售业绩为何下降，但是你只有关于这个地区销售量的统计数据。此时只能想办法"升维"，去搜集更多关于这个地区的销售明细，来支撑原因分析和管理决策。在这个过程中，如何"搜集更多明细数据"就是一种"核技巧"，当你拥有了更多维度的数据，你自然可以站在更高的视角来观察和分析具体的销售情况。这就是支持向量机算法最核心的部分。在处理数据对象时，很多算法都会选择简化分析过程，还有一些专门对数据做"降维"处理的方法（本章后面会介绍），但是用"升维"来解决分类问题的算法并不多见。支持向量机算法就是其中之一。支持向量机算法被认为是一种优雅的算法，它既有数学上的美感，又能很好地解决工程问题，还蕴含着一些哲学思想。

4. 决策树算法

第三种分类算法是**决策树算法**，它是一种树形结构的决策算法。决策树可以看成是一个编程语法中 if-then 规则的集合。它的优点是整个决策过程易于直观理解，有良好的解释逻辑，方便可视化展示。

人类很早就意识到，大脑会自动将已认知的事物以某种秩序组织起来，它的结构大多是"自上而下"的，体现了人类思维的基本规律：大脑会自动将信息归纳到树形结构的不同分组中，以便人类思考、理解和记忆。这种树形结构也更容易完成说话、培训、演讲、报告、述职、写作、总结等的表达和沟通。另外，人们喜欢使用的思维导图和金字塔思考法，也是典型的应用场景。

在日常生活中，人类所有选择都可以分解为一连串的小型决策，一个又一个的小型决策组成巨大的决策树，如图 5-16 所示。德国数学家莱布尼茨（Gottfried Wilhelm Leibniz，1646—1716）早在 300 年前就为这一精密学科建立了理论：生命可以分解为一长串连续的二元决策。从某种程度来说，生命就是决策树算法。

人的记忆也是如此。1956 年，美国认知心理学家乔治·米勒在他的论文《神奇的数字 7±2：我们信息加工能力的局限》中写道：人的短期记忆只能记忆 7 个左右的项目。有人可能一次记住 9 个项目，有人只能记住 5 个，但都在数字 7 附近。我们的大脑比较容易记住 3 个以下的项目。这就意味着，当大脑发现需要处理的项目超过 4 或 5 个时，就会开始将其归类到不同的逻辑集合。比如，当我们要出门购买很多物品时，大脑很可能将购物清单中的物品按照商店地址或物品种类进行归类。要记住一个人的电话号码，人们会把 11 个数字拆开，然后分别记忆，13524667890 通常会被记成 135-246-67890，这里的 135、246、7890 就是一个个小组块。总之，为了记忆海量知识，人类必须使用如树形结构的记忆框架，将不同的知识分门别类，才能完成记忆。

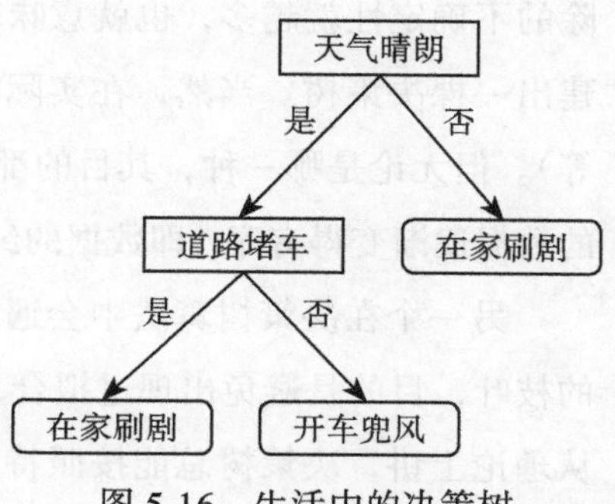

图 5-16　生活中的决策树

还有，在数据库软件中，为了能快速定位到想要查找的数据，数据库会为数据表建立索引，这些索引一般都是树形结构。不仅如此，操作系统的内存和进程管理也会用到树。通常一个拥有十亿个节点的树，它搜索到对应节点的查询次数不超过 30 次。也就是说，建立树形结构能够以较小的开销，大幅提高搜索效率。

通过以上几个例子，你可能已经发现，树形结构特别擅长对数据进行分类和检索。决策树算法的核心逻辑是把一件复杂的事情拆分成一个个高效的子决策事项。而算法的目的是生成一棵泛化能力尽可能强的决策树，让它可以很好地处理没有见过的数据。

也就是说，决策树算法把一个复杂问题拆分为很多个单独的子问题，在搜索答案时，它从根节点开始，通过有限个节点的选择，最终找到问题的解。

那么，它是如何构建这棵决策树的呢？

想象这样的游戏：如何通过不断提问，猜对自己头上的卡片内容？显然，大原则是尽快缩小猜测范围。那么，提问卡片内容“是否是猫”和“是否是动物”哪个更能缩小范围？显然是后者，因为它消除了更大的不确定性。决策树算法的原理也是如此，它是一种找出最能消除不确定性的划分枝叶的方法。只要有了这个方法，就能构建出最有效的决策树结构。

昆兰（Ross Quinlan）提出用信息论中熵的概念来度量决策树中的选择过程的方法，它的简洁和高效立即引起了学术界的轰动，成为机器学习中的另一派主流。得到了信息熵，我们可以通过比较划分枝叶前后的信息熵，计算出信息增益量。信息增益量越大，说明消除的不确定性就越多，也就意味着这种划分方式更好。这样经过反复计算和迭代，就能构建出一棵决策树。当然，在实际构建决策树时，特征选择还有很多种方法（比如基尼指数等）。但无论是哪一种，其目的都是为了挑选最佳的特征，通过特征的选择，使得原来无序的数据逐渐变得有序（即数据的纯度提升）。

另一个在决策树算法中会遇到的问题是：如何**剪枝**？剪枝就是为一棵决策树剪去多余的枝叶，目的是避免出现过拟合，因为在决策树算法中，样本数据很容易被“过度”划分。从理论上讲，决策树总能按照特定的划分方法把数据完全分开，即每个叶子节点都是一个样本数据。但这会造成决策树的分支过多。由于这棵树学习得“太好”了，以至于它会把样本数据的特有性质，误当作所有数据的一般特质。

比如，我们将很多双鞋子的价格告诉决策树，目的是得到一双鞋子的价格区间，比如 100 ～ 200 元。但是过拟合会导致决策树只构建了特定价格的鞋子，比如它认为鞋子的价格只能是 120 元、150 元或 180 元，其他价格都不是。显然这样的决策树学习“过度”了。

要解决这个问题，可以主动裁剪掉一些决策树的分支，降低过拟合的风险。一种方法是在决策树生成过程中，估计每个节点在划分后的效果提升程度，决定是否接受当前的划分，这种方式属于**预剪枝**。另一种方法是先生成一棵完整的决策树，然后自底向上逐个考察各个非叶子节点，评估它们是否能替换为叶子节点，这种方式属于**后剪枝**。无论是预剪枝还是后剪枝，都是为了生成一棵更好、更健壮的决策树。

另外，决策树模型是单个预测器，它最大的问题是不稳定，有时训练样本集合的变化很小，但生成的决策树会有很大差异。为了克服这一缺陷，人们将数以百计的决策树模型组合起来，并根据“众人投票”的方式，确定分类结果，这样得到的结果会更准确、更稳定。因为是很多棵决策树，而且每次分类时会随机选择一些树模型，所以人们将其形象地称为**随机森林**算法。在随机森林算法中，每棵树的层数都比较少，而且它们分类的精度也不会要求很高。这些树通常要构造十几甚至上百棵，虽然每棵树的表现欠佳，但是当把它们组合在一起，就会达到很好的预测结果。

5.2.4　聚类

聚类就是把相似的东西归在一起。与分类不同的是，聚类要处理的是没有标签的数据集，它根据样本数据的分布特性自动进行归类。在聚类的过程中，我们只有样本数据，但不知道它们属于哪个类别，也不知道一共有几类。

人在认知事物时，倾向于简化，是因为人类大脑的记忆容量存在限制。无论是一棵树、一朵花，还是一栋建筑、一个物件，所有个体之间都会存在差别。虽然世界上找不到完全相同的两个物品，但这并不妨碍我们对它们进行归类。古希腊人眺望星空时，看到的不是零散的星星，而是由星星组成的图案，它们代表着不同的星座。这是因为人类会把相似的事物归到一类，我们的大脑会将具有“共性”的事物组织在一起，比如存在某种共同点或者看上去位置接近。总之，大脑用抽取共性的方式，使我们能快速记忆不同的事物。

举个例子，当看到图 5-17 时，你会很自然地把黑点分成两组。造成这种印象是因为一些黑点之间的距离比另一些黑点的大。人眼捕获到这些信息后，很自然地将其分为两组，以便于分辨和记忆。

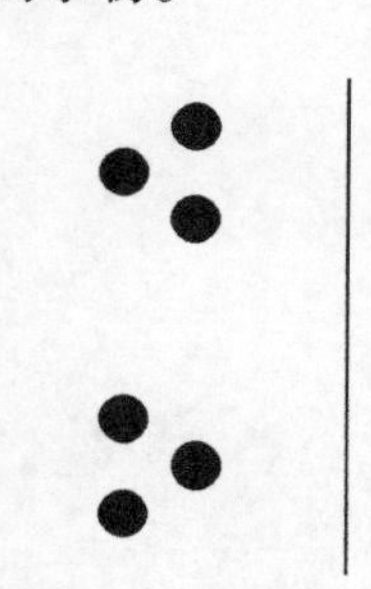
图 5-17　6 个黑点

中国有关聚类思想的起源很早，早在《周易 · 系辞》中就记载了“方以类聚，物以群分”，这句话后来演化为大众熟知的“物以类聚，人以群分”。

真正意义的聚类算法是在 20 世纪 50 年代前后才被提出的。聚类的英文为 Clustering，它是典型的无监督学习算法，基本思路都是利用每个数据样本所表示的向量之间的“距离”或密集程度来进行归类。也就是说，让相似的数据“报团取暖”，并且尽量远离那些和它们不同的数据。

与 K 邻近分类算法的思路相近，“计算距离”也是聚类算法的常见思路：根据不同数据点的距离远近，判断它们更应该归属于哪个类别。比如有 3 个样本数据：1、2、100。如果要把它们分成两类，我们会把 1 和 2 归在一个类别，100 单独归到另一个类别。原因是 1 和 2 的距离比较近（只差了 1），而它们和 100 之间的距离很远。对计算机来说，它能自动计算这些样本之间的距离，然后将那些靠得近的样本分到一起。

常见的“计算距离”的聚类算法有 **K 均值（K-Means）算法**。我们先给出它的具体算法步骤：

第 1 步，任意选取 k 个数据点作为初始中心；

第 2 步，依次计算其他点到这些中心的距离；

第 3 步，将每个点归类到与它距离最近的中心，每个类别下点的集合是一个类簇；

第 4 步，重新计算各类簇的中心位置（即类簇中所有点的中心，也叫质心）；

第 5 步，重复上述 2、3、4 步骤，直到所有数据点都被归类，且类簇的中心位置没有明显变化。

此时就可以认为聚类任务顺利完成。

如图 5-18 所示，可以看到，K 均值算法的基本思路就是不断拉拢身边距离相近的样本数据，将它们归为同类。

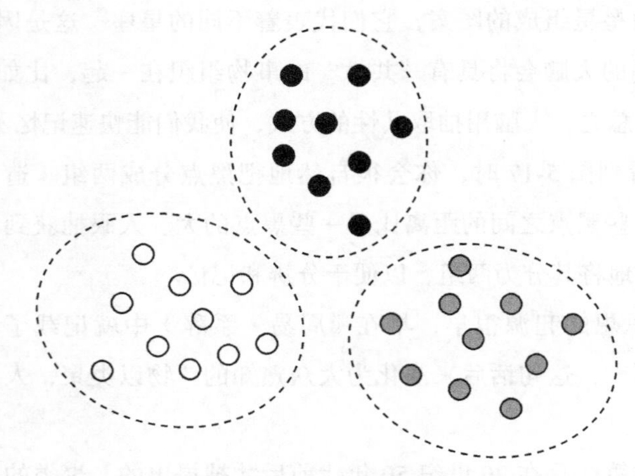

图 5-18 越“近”的点越像同类

不过，该算法也有一些不足。首先，它需要提前指定类簇的数量，但在很多实际应用中，我们很难知道数据是什么分布，甚至不知道数据应该聚成几类。其次，它要事先定义初始中心，这个选择通常是随机的。由于初始中心不同，因此最终结果也可能大不相同。如果初始中心恰好都在某个类别，则会对结果产生一定影响。也就是说，还是需要人对聚类结果做进一步的核实。再次，因为算法需要重复迭代地计算类簇中心，所以如果数据量很大，计算开销也就会很大。最后，算法通常用欧式距离来划分类簇，但它有一个隐含条件，即假设了数据样本中各个维度变量具有相同的重要性，而在实际应用中，这些变量的重要程度可以是不同的。

当然，“计算距离”只是聚类解题思路的一种。根据具体应用，我们还可以使用其他的聚类方法。举个例子，假如我们把需要聚类的数据集投射到一个三维（或更多维的）空间中，这些数据在空间中的分布可能是任意尺寸、任意形状的。此时，并不一定数据点之间的直线距离近，它们就属于同一类。想象一个被弯曲的曲面，曲面上数据样本的聚类原则就不一定是距离最短优先，如图 5-19 所示。

对于曲面空间，我们可以用“计算密度”（即根据数据之间的疏密程度）的方法来判断它们是否可以聚成一类。这些算法比较擅长解决数据的分布形状不规则的问题，如图 5-20 所示。

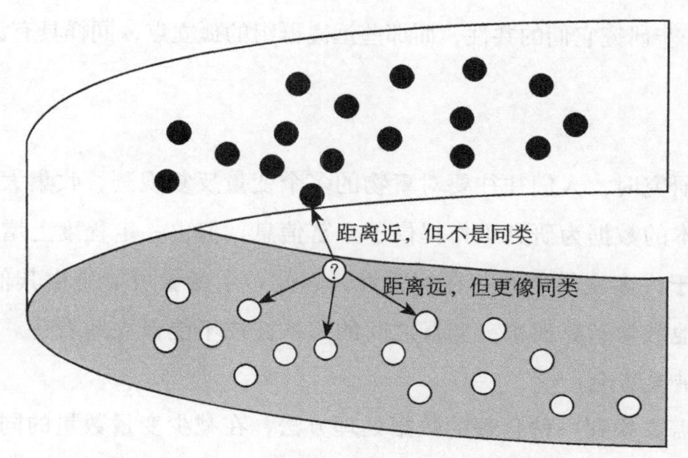

图 5-19　弯曲的曲面上，距离近的不一定是同类

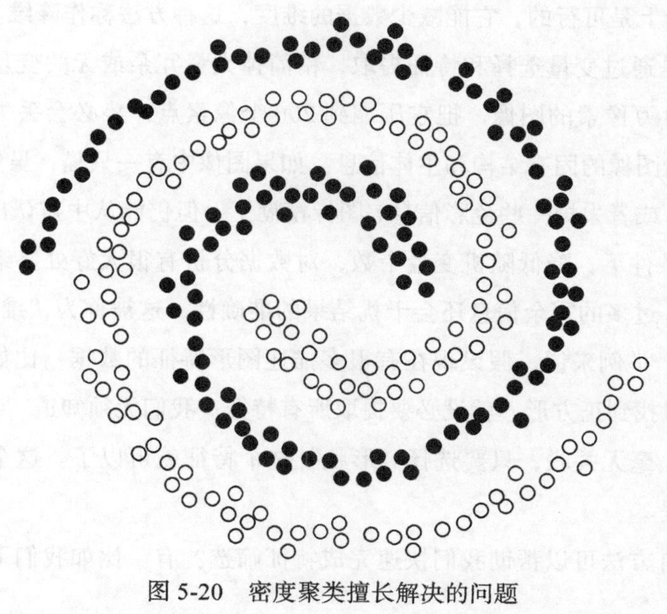

图 5-20　密度聚类擅长解决的问题

聚类算法的应用场景很多。例如，它可以用于图像分割和特征提取，找到图像中相似的视觉区域；也可以用于从海量论文中找到具有相似内容和观点的论文。它还可以用于异常点检测，比如信用卡防欺诈、医学肿瘤病例筛查、刑侦破案等，因为普通人的消费数据、体检报告、行为特征与那些“特殊”人群数据相去甚远，所以聚类算法能从样本中找出与

众不同的数据对象。

总体来说，聚类就是把看上去彼此“相类似”的数据分在一组。人们可以针对那些聚在一起的对象，进一步研究它们的共性，而那些远离群组的孤立点，同样具有深入研究的意义。

5.2.5 降维

在进行科学研究时，人们往往要对事物的多个变量反复观测，收集大量数据。虽然使用多变量、大样本的数据为研究工作提供了丰富信息，但也一定程度上增加了数据采集和分析的难度。由于许多变量之间存在相关性，因此一个变量可能是由其他变量的和、差、积、商，或者其他数学运算而来，变量之间的关系往往不能孤立地看待。盲目减少变量会损失信息，导致错误结论。

因此，人们需要找到一种合理的数据处理方法，在减少变量数量的同时，尽量降低原变量中包含信息的损失程度。如果变量之间存在一定关联性，那么使用更少的综合变量来代替原变量，理论上是可行的，它能减少数据的维度，这种方法称作**降维**。

降维的目的是通过变量选择和特征提取，精简掉大量冗余或无关变量，仅保留主要变量。比如一张 200 万像素的图像，把它压缩到 200 个像素点，势必会丢失一部分信息，但它仍然保存了原始图像的固有结构和主体信息。如果图像中有一只猫，虽然降维后（也就是把图像信息压缩，或者去掉一些色彩信息）图像模糊了，但仍能从中辨认出这只猫。

在某些限定条件下，降低随机变量个数，对数据分析有很大好处。维度过大不仅意味着更大的计算量，过多的冗余信息还会干扰结果的准确性，这被称为“维度灾难”（有时也称“维度诅咒”）。举例来说，假设现在有很多描述图形特征的数据，比如形状、颜色、大小。如果我们只想找到正方形，就没必要提取所有特征。我们无须知道“颜色”和“大小”，它们和“正方形”毫无关联，只要选择“形状”这个特征就可以了。这个筛选过程就是一个特征选择的过程。

那么，是否有方法可以帮助我们快速完成特征筛选？有。比如我们下面即将介绍的主成分分析法。

主成分分析法（Principal Component Analysis，PCA）在文件压缩、声音降噪等领域有着广泛应用。它是一种把多个变量简化为少数几个主成分的统计方法。这些主成分能够反映原来变量的绝大部分信息，通常表示为原始变量的线性组合。这符合人类在认知过程中“化繁为简”的需求，也符合“奥卡姆剃刀定律”——如无必要，勿增实体。

主成分分析法的数学原理是对数据进行正交线性变换，把原始数据变换到一个新的坐标系中，从而找到新坐标系的主成分。在求解过程中，它需要用到矩阵运算和特征分解，关键步骤是如何寻找最大方差的方向。比如我们有一些红酒，可以通过年份、颜色、酒精含量、酸度、甜度等特征来描述它们。但是其中很多特征可能是相关的，特征数据会出现一些冗余。我们的目的是希望通过尽可能少的特征来总结每瓶酒！

此时，主成分分析就派上了用场。它重新组合原有的特征，以便很好地总结红酒，当然这些新特征是由旧特征构建的。例如，一个新特征或许是“年份”乘以 3 减去“酸度”乘以 2 后得到的变量，或者是其他类似的组合（我们称之为线性组合）。这种新组合或许看上去没有业务含义，但也可能体现出一些特征之间的隐藏关系。

主成分分析法在所有可能的线性组合中，尝试寻找最佳的特征组合。它有两个目标：第一是尽可能找到最小的特征组合，也就是去除冗余的特征；第二是尽可能体现特征的差异，也就是让不同的特征能明显区分。

举例来说，随意挑选两个特征构建它们的散点图，如图 5-21 所示。图中每个点有两个特征，分别对应 X 轴和 Y 轴。在图中画一条直线，将所有点投影到这条直线上，就可以构建一个新的特征（新的 X 轴）。它可以通过两个旧的特征的线性组合来表示。

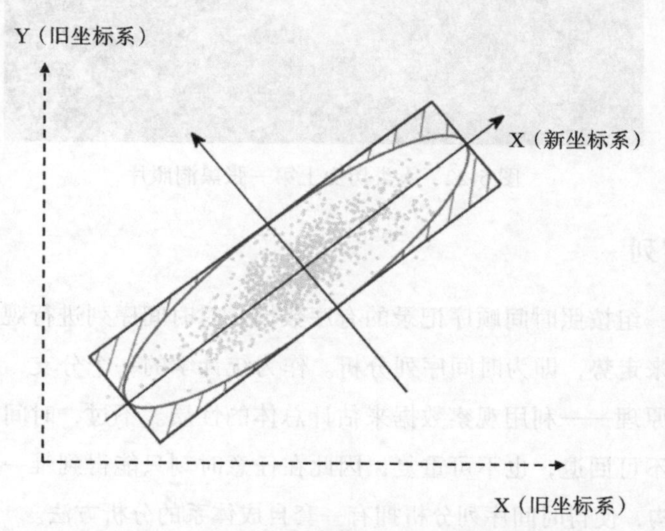

图 5-21　主成分分析中新老坐标变换示意图

不仅如此，主成分分析法还会根据两种不同的“最佳”标准找到最合适的新坐标系：第一，让数据投影在新坐标系上的点（新特征）尽量分散，也就是方差最大化；第二，让新特征与原来的两个特征的距离偏差最小，也就是误差最小化。当同时满足上述两点时，新的特征组合就找到了。

由于新的特征剔除了原有特征的冗余信息，因此它更有区分度，数学上的表征就是方差更大。它保留最有可能重建原有特征的新特征，所以它不仅可以实现降维，也可以作为提取有效特征（即特征工程）的一种方法。

主成分分析法在分析复杂数据时尤为有用。举一个天文观测的例子，2019 年人类历史上第一张黑洞照片发布，如图 5-22 所示。为了得到这张照片，天文学家动用了遍布全球的 8 座射电望远镜，采集了多达 4PB 的观测数据，"冲印"了约 2 年时间，才让黑洞的真容得以面世。要合成这张照片，科研人员每天要处理的数据量高达 PB 级别，需要消耗大量时间。根据相关报道，在数据的处理中，就用到了主成分分析等相关技术。

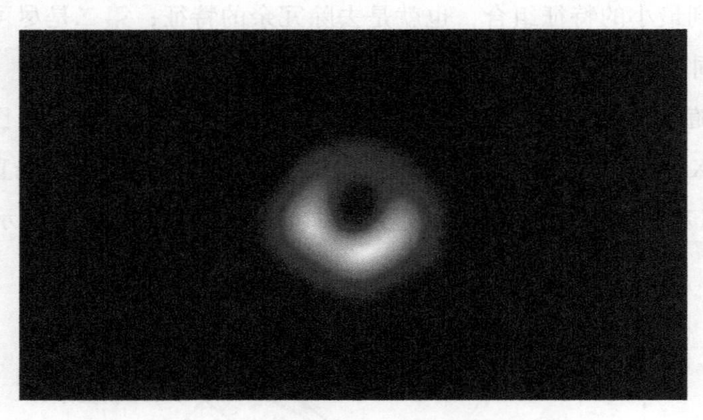

图 5-22　人类历史上第一张黑洞照片

5.2.6　时间序列

时间序列是一组按照时间顺序记录的有序数据。对时间序列进行观察、研究，找寻变化规律，预测未来走势，即为时间序列分析。作为统计学的一个分支，时间序列分析遵循了统计学的基本原理——利用观察数据来估计总体的性质。不过，时间序列分析也有其特殊性，由于时间不可回退，也不可重复，因此在任意时刻只能得到唯一的一个观察值，这种特殊的数据结构，使得时间序列分析拥有一套自成体系的分析方法。

最早的时间序列分析可以追溯到 7000 年前的古埃及。为了发展农业生产，古埃及人密切关注尼罗河泛滥的时间规律。他们把尼罗河每天涨落的情况记录下来，构建出一个时间序列。通过长期观察，古埃及人发现，尼罗河的涨落趋势非常有规律。比如从天狼星和太阳首次同时升起那天算起，大约两百天后，尼罗河就会开始泛滥，泛滥期持续七八十天，这段时期大致在每年的 7 月到 10 月。洪水过后，留下了肥沃的土壤，人们播种会有更好的收成。由于掌握了尼罗河泛滥的规律，因此古埃及这一时期的农业迅速发展，劳动效率也大大提高。

常用的时间序列分析方法大致有两种。第一种采用了趋势拟合的方法，比如提取出时间序列的各种趋势规律（如 ARIMA（差分整合自回归移动平均）算法），或用各种不同频率和幅度的波形叠加组合（如傅里叶变换、小波分析等）。我们前面介绍的回归算法也是时间序列分析方法之一。第二种采用了特征提取的方法，比如使用统计方法、专家经验提取时间序列特征，将这些特征、原始时序数据、标签等输入人工神经网络模型进行训练，或使用具有上下文记忆功能的人工神经网络算法。有关神经网络的算法将在第 6 章中介绍。

针对时间序列并没有一种通用的分析方案，需要根据实际的数据特点挑选算法，也可以结合多个算法一起使用。

下面我们介绍一种比较常用的方法。它考察时间序列数据的**趋势性**、**周期性**、**季节性**以及剩余不规则变化（**随机变动**，也叫**残差**）。时间序列的趋势性可以使用线性回归、指数曲线、多项式函数来描述。

周期性是一种循环的变动，它取决于一个系统内部影响因素的周期变化规律，表现为一段时间内数据呈现涨落相同、峰谷交替的循环变动。比如，太阳黑子（亦称日斑）是太阳光球上的临时现象，它会在可见光下呈现出黑暗的斑点。如果观察太阳黑子的活动周期，就会发现它具有周期性的活动规律。大约每隔 11 年，太阳黑子会变得活跃，对地球的磁场产生影响，使地球南北极和赤道的大气环流进行经向流动，从而造成恶劣天气，还会影响各类电子产品的使用。太阳黑子每隔 11 年活跃一次，这就是一种周期性的表现，如图 5-23 所示。

如果一些波动受到季节影响，那么我们也说它是一种季节性变化。许多销售数据或经济活动会受到季节因素的影响，它们的数据会随着季节变化而起伏波动，但不是所有的时间序列都会呈现出季节性。

一旦剔除时间序列的趋势性、周期性、季节性，剩余的波动部分通常被归为不规则变化，它包含突然性变动和随机性变动。随机性变动是数据以随机形式呈现出的变动，通常是无法解释的“噪声”。突然性变动可能是由一些突发事件导致的，表现为时间序列数据中混入了一些异常值。

趋势性、周期性、季节性都可以用时间序列的相关算法构建出具体的数学模型。时间序列数据会受到以上各种因素的共同影响，它是这些模型叠加组合后的总体结果。在数学上，如果有多个影响因素共同作用在同一个对象上，则通常有两种处理方法。第一种方法是把各个影响因素相互累加，信息熵就是这种计算方式，一个事件的信息熵是每个子事件信息熵之和。这种加法模型假定多个影响因素之间相互独立，互不影响。还有一种方法是把各个影响因素的结果相乘，概率就是用乘法计算的，事件发生的概率是每个子事件发生概率之积。乘法模型假定各个因素之间会相互影响。在时间序列模型中，叠加趋势性、周期性、季节性、不规则变化的模型结果可以使用加法、乘法，也可以混合使用。不过更为常用的是乘法模型。

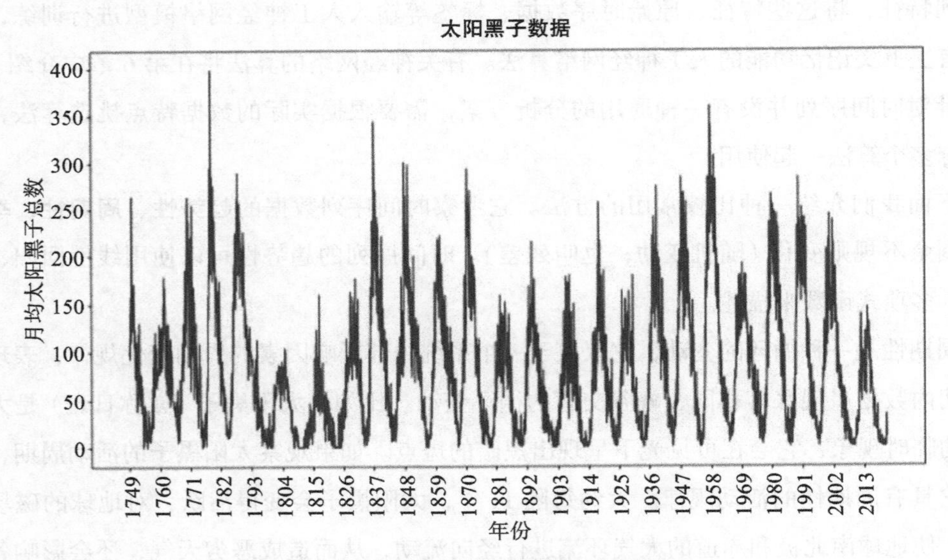

图 5-23　太阳黑子的周期性变化图

时间序列模型在解决实际问题时，序列必须满足特定的数据分布，或者具有平稳时间序列的特性，比如在剔除趋势数据后，时间序列不能与时间有依赖关系，数据波动的频率和幅度不能随时间变化等。如果不满足一些检验要求，则无法用通用模型来求解。

5.3　没有完美的算法

至此，我们已经介绍了一些机器学习算法。当然，这些算法只是一些典型代表，机器学习算法的种类不计其数，每种算法都有它自己的解题思路。人们需要根据实际的应用场景来挑选算法。

那么，是否存在一种通用的最优算法，可以直接应用到各种场景呢？

天下没有免费的午餐，所有要获取的东西都是有成本的，无论这些成本是显性的，还是隐性的。一个人要在考试中取得好成绩，就要比别人更加努力读书；若要弹好钢琴，就要投入大量时间练习。在机器学习领域，同样如此：我们无法设计一个通用的算法，来适用所有的应用场景。就是说，**没有一个算法可以在任何领域总是表现最佳**。这一理论告诉我们，不存在普遍适用的最优算法。使用任何算法，都必须要有与待解决问题相关的“假设”。一旦脱离具体问题，空谈算法的优劣将毫无意义。这是因为算法在解决问题时，会遇到各种情况、面对任何分布的数据，在某些问题上表现好的算法，很可能在另一些问题上不尽如人意，甚至不如胡乱猜测的随机算法。如果不考虑具体问题，那么任何算法都不是最优的。

很多人以为，一个算法之所以好，是因为它足够复杂，用了一些别人看不懂的数学公式。于是，一些算法工程师想尽办法把自己研究的算法搞复杂，生怕别人觉得自己设计出来的东西太简单。可实际上，这么做是南辕北辙，过于复杂的算法并非好的算法。好算法并不是因为复杂，恰恰相反，是因为它的逻辑简洁、清晰，设计优雅。如果你觉得某个算法复杂，那么并不是因为它的原理复杂，而是我们要解决的实际问题很复杂。实际上，没有哪个单一算法能够显著提升某个特定场景下的准确率。面对复杂场景或者个性化需求，可以将各种算法组合、集成起来使用，或者将场景合理地分成若干个子步骤分批实现。总之，**算法是简洁和高度抽象的表达，场景才是复杂的**。很多工程上要解决的问题，不是把算法变得复杂，而是要把场景变得简单、可控。

我们应该根据获得的特定数据、数据的特定分布、要解决的特定问题，选择合适的算法来建立模型。有些模型擅长图像分类，有些模型擅长文本处理，还有一些能从不同数据中找到关联关系。挑选算法时，我们只需要关注自己要解决的具体问题，不用考虑这个算法是否很好地解决了其他问题，不同算法各有所长。如果不考虑实际解决的问题，我们就很难评价算法的优劣。所有的算法选择和模型设计都要具体问题具体分析。任何模型都要先从问题和场景出发，而不是先有算法再找场景。

5.4　结语

机器学习并不是把所有工作都交给计算机。即便到了今天，编程依然是所有计算机进行自动化运作的基本前提。只是现如今的编程方法较以往有着很大的不同。面对海量数据，与其一条条将运算逻辑和规则梳理清楚，倒不如设计和定义一套让计算机自我学习的方法，由机器代替人类来整理规则。所以从本质上讲，机器学习算法只是一种更高级的编程语言。

机器学习算法包含了回归、分类、聚类、降维、时间序列等。这些算法虽然是数学问题，但原理并不复杂。算法是不断演进的，好用的算法被不断完善和迭代，以解决实际问题；不好用的算法则被人们淘汰和遗忘。

如今，算法在机器学习和人工智能技术发展过程中扮演着重要的角色。但相对而言，它对使用者的数学要求非常高。在很长一段时间里，它只是学术圈的事，并没有被大众看到。直到人工智能算法被提出，并应用到围棋游戏、图像识别、文字翻译等人们生活中熟悉的场景，算法才真正走出“象牙塔”。人们这才发现，原来算法离我们的生活如此之近。

第 6 章

模拟大脑的神经网络

尽管机器学习提升了梳理和添加规则的效率，但人们并没因此变得轻松，因为机器学习模型对数据提出了更高的要求。人们的精力转移到了高质量的数据采集和新的算法研发上。随着要处理的数据量越来越大，很多传统的机器学习算法遇到性能瓶颈。

与此同时，人类对大脑和生物神经元的研究取得了成果。模拟大脑思考的人工神经网络算法被人们提出并逐渐发展起来。不过，当时很多人还不清楚人工智能未来的发展方向。研究人员对人工智能有着各自不同的理解，出现了诸如符号主义、连接主义、行为主义等各种人工智能学派。

20 世纪，学术界有一场关于人工智能算法未来发展的“赌局”。当时，杰克（Jackel）是贝尔实验室的部门主管，他和他的研究小组成员万普尼克（Vapnik）——发明支持向量机算法的统计学专家——打了一个赌。他们打的赌是：5 年以后（到 2000 年），哪些算法将主导人工智能的未来。杰克认为人工神经网络算法将被大规模投入应用，万普尼克则认为支持向量机这样的机器学习算法会得到普及。赌注是一顿奢华大餐。5 年以后，杰克因为当时人工神经网络算法并没有被很好地普及而输了。万普尼克虽然赢了，但他也看到了人工神经网络算法未来发展的无限潜能。最终，两人选择平摊账单。这场“赌局”让我们看到，其实人工智能相关算法的发展并没有想象中那么一帆风顺。现今很多成熟的人工智能技术，实际上经历了很多年，才被大众慢慢接受。

在本章中，我们将围绕人工智能算法，更准确地说是基于人工神经网络的深度学习算法展开讨论。

6.1 不断演进的人工智能

人工智能也称机器智能、计算机智能，泛指让机器具有人类智能的理论、方法、技术和应用。它通常被视为计算机科学的一个分支，涉及不同的科学技术领域。因此，想要全面掌握人工智能相关技术，需要一个系统性的学习过程。

“人工智能”一词在不同语境中表示不同的含义。它可以代表一种算法，也能指代一种计算机技术，或某类应用场景。广义的人工智能不局限于计算机科学，还包括生物学、脑科学、哲学等领域。可以这样说，凡是能够模拟人类认知能力和智力水平的学科，都能归为人工智能领域。虽然人工智能的概念目前还没有明确的定义，但有一点可以肯定，人工智能就像蒸汽、电力、计算机一样，已经成为人类社会发展的关键技术驱动力。

人工智能这一概念最早是由约翰·麦卡锡等 4 位科学家在 1955 年提出的，他们希望机器能表现得像人一样会认知、会思考、会学习。为了深入探讨当时计算机科学领域尚未解决的问题，麦卡锡在 1956 年举办了著名的达特茅斯会议。他召集了当时在数学、脑科学、计算机科学等领域的顶尖专家，包括香农、明斯基、塞缪尔等人。会议围绕用机器模仿人类智能展开，整个会议持续超过一个月，以大范围的头脑风暴和集思广益为主。会议对很多前沿话题进行了深度讨论。这场会议以后，人工智能这个概念开始慢慢被人们了解和接受。

早期的人工智能研究，大多局限于模拟人类大脑的运行。受限于软硬件条件，研究者们只能用它来解决一些特定领域的问题，比如开发几何定理证明程序、西洋跳棋程序、搭积木的机器人等。以现在的眼光来看，当时的机器智能还很“弱智”，计算机只是充当了数值计算器，可这些应用在当时已经称得上是“人工智能”了。

直到今天，人工智能的理论发展还在路上。很多专家对人工智能的研究方向持有不同的见解。有学者认为，人工智能应该让机器的行为看上去像人一样，因此要将精力放在解决计算机如何感知、推理、决策、行动等问题上。也有学者认为，人工智能是一门有关知识的学科，应该研究计算机如何表示知识、如何获取知识等问题。还有专家表示，人工智能可以看成人类智慧的部分模拟，它是脱离了生命体的智能，除了计算机科学，还涉及生物学、心理学、脑科学、语言学、哲学等交叉学科。

其实，手机就具有人工智能特征。从 1973 年摩托罗拉推出世界上第一部商用移动电话（俗称“大哥大”），到 2007 年第一代 iPhone 问世，手机的演进就是一个不断定义“智能”

的过程。一开始，人们惊呼 iPhone 就是“智能手机”，但如今没人这么说了，因为它就是手机该有的样子。同样的道理，今天很多人工智能研究，在未来看或许就是它们该有的样子。也就是说，人工智能的概念和定义会随着时代发展和科技进步不断更新。无论是新闻媒体还是大众舆论，人们总喜欢用个人经验来判定人工智能价值的高低。这种基于经验的判断方法虽然不是最佳判断标准，但它往往反映了一个时代下大部分人对人工智能的普遍认知。

6.1.1　从浅层学习到深度学习

一开始，谁也不清楚应该如何构建人工智能。于是，人们提出两种不同的建设思路：一种思路是基于规则和程序，由人先把运算规则定下来，然后输入到计算机程序中。在当时，程序员需要为不同的问题编写不同的程序，而计算机的智能程度完全取决于这位程序员的编程能力。这种编程方式曾经主导了人工智能研究数十年。另一种思路是直接从数据中学习规则和关系，由于当时计算机技术还不成熟，这个想法实际操作起来难度很大，经历了很长时间的探索。不过，一旦从数据中学习好了规则，计算机解决问题的能力就会比以往任何时候都强，同样的学习算法可以用来解决不同的问题。虽然算法设计的难度变大了，但它的泛用性更好，这远比为每个问题单独编写程序更有效率。

1. 浅层学习

起初，计算机的识别逻辑由静态规则构成，这样的程序被称为**规则引擎**或**专家系统**。它是早期实现人工智能的方法。很多科学家倾向于使用逻辑和符号系统实现人工智能，持有这一观点的学派被称为**符号主义**，或**逻辑主义**。

后来有了机器学习，它让计算机从数据中自动学习。传统的机器学习也叫**经典机器学习**，它基于的是**结构化数据**。所谓结构化数据，通俗地讲就是二维表，它能被方便地存储在传统数据库中。文本、视频、图像不属于结构化数据。为便于说明，我们把传统的机器学习统称为**浅层学习**。

在构建浅层学习模型时，人们不再需要像以前那样逐条增加规则，维护复杂的规则引擎，但工作并没有因此变得轻松。因为人们的精力放在了对结构化数据的预处理上，也就是加工和整理用于模型训练的数据，还要完成特征工程。可是，面对图像、文本、视频这样复杂的非结构化数据，要提取有效特征非常困难。很多研究都停留在实验阶段，无法应用到实际场景中。

浅层学习的性能之所以无法进一步提高，一方面是因为做特征工程的人需要具备丰富的行业经验，可专家本身就是一种稀缺资源。而且，虽然机器能够自主学习，但还是有很多需要人工介入的步骤。另一方面，海量数据的处理也面临挑战。当数据量增大到一定程度时，浅层学习算法在处理这些数据时遇到了性能瓶颈。

2. 深度学习

于是，**深度学习**的概念开始被提出。深度学习在设计时借鉴了人脑中的神经网络结构，整个模型具有深度的层次结构。推崇深度学习算法的科学家们主张模仿人类的神经元，用一种网络连接的方式实现人工智能。持有这一观点的学派被称为**连接主义**，或**仿生学派**。

如图6-1所示，如果样本的数据量比较小，那么无论采用哪种学习方法，最终得到的模型效果其实都差不多，甚至浅层学习在小数据量上的表现更好。但是随着数据量的增加，浅层学习的性能逐渐趋于平缓，深度学习的性能大幅增强。当然，深度学习也会遇到性能瓶颈，在某些领域的表现可能超过人类，但无法达到完美。

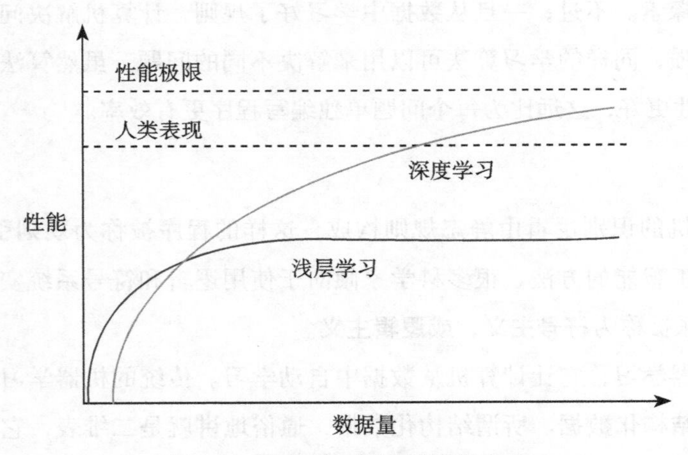

图6-1　数据量与算法的性能表现

假设现在要做图像识别，浅层学习会尝试检测出图像中的关键信息和特征，但是实际的特征情况非常复杂，使得检测效果并不理想，要通过大量算法组合实现。深度学习则不同，它擅长处理复杂数据之间的关联关系。一旦输入图片数据，它就会通过卷积、池化、误差反向传播等一系列数学方法，对数据做出层层抽象，直接从原始数据中学习特征。在这个过程中，人们不再需要关注如何把原始任务分解成多项子任务，然后用不同的浅层学习算法处理这些任务，只要完成标注图像数据的准备即可。

过去，计算机的运算速度很慢，只能用少数几个参数来探索模型，且得到的模型无法大规模应用。如今，随着大数据的发展和计算机计算能力的不断提升，人们建立了更加复杂的模型，提取了更多的特征。而深度学习算法把这个过程自动化了，能从大数据中直接提取关键特征，不需要专家投入大量时间以人工方式定义数据规则。

6.1.2　萌芽、复苏、增长和爆发

任何一项技术的发展从来都不会一帆风顺。有时，某个关键问题无法解决，导致整个技术发展停滞。而一旦难题被攻克，它就会被大规模应用。技术发展就是这样一个循环上升的过程。对于人工智能来说，深度学习算法就是这样一个关键难题，从发展历程来看，总共经历了“三起两落”。

1. 第一代神经网络：单层感知器

1943 年，心理学家麦卡洛克（Warren McCulloch）和数学逻辑学家皮兹（Walter Pitts）发表了一篇论文。该论文指出，他们模仿生物神经元结构，构造了一个基于神经网络的数学模型。这个模型被称为神经元模型或者 MP 模型（M、P 分别代表两位科学家名字的首字母）。它是人工神经网络算法的起点和基础。

1957 年，美国科学家罗森布拉特（Frank Rosenblatt）提出了**感知器**模型。这个模型迅速引起了人们的关注。感知器模型实际上就是将神经元模型中的**激活函数**作为符号函数，写成向量的形式，即

$$h(x)=\mathrm{sign}(\boldsymbol{w}\cdot x+b)=\begin{cases}-1 & \boldsymbol{w}\cdot x+b<0\\ 1 & \boldsymbol{w}\cdot x+b>0\end{cases}$$

在数学家眼里，这是一个具有美感的模型。它看上去很简洁，但功能强大，可以实现自我迭代。只要有足够数量的样本，感知器模型就能自动找到一组合适的权重。在做数据训练时，它会不断比较模型输出和正确答案之间的差异。如果输出与正确答案不一致，权重就会在原有的基础上做出细微调整，以便今后给出的结果更接近正确答案。这种渐进变化具有重要意义，它让权重受到所有训练样本的影响，而不仅仅是最后一个。

感知器模型的巧妙设计让它有望被发扬光大。但是，它存在一个致命缺陷——无法解决“异或”问题。

什么是“异或”？想象有一个开关电路，它由两个开关组成，如果两个开关状态相同（都处于连通或者断开状态），整个电路断开。当只有一个开关连通，另一个开关是断开状态

时，整个电路连通。这个逻辑就是“异或”，它是很多复杂逻辑运算的基础。计算机如果要对两个数值做加法，就必须对它们的二进制数进行“异或”运算。解决不了“异或”问题，意味着感知器模型只能做线性分割的任务，无法很好地解决复杂的非线性问题。

1969 年，美国人工智能科学家明斯基（Marvin Lee Minsky）和帕佩特（Seymour Papert）出版了 *Perceptrons*（中文书名为《感知器》）一书，明确指出感知器的能力是有限的。书的封面上印刷着两个红色的螺旋结构图案，如图 6-2 所示。这两个图案看上去就像是一个迷宫的俯视图，其中上方的图案只由一条螺旋线构成，而下方的图案由两条不相连的螺旋线构成。感知器从理论上被证明，无法区分这两个图案。

图 6-2 *Perceptrons* 一书封面

感知器的这一缺陷极大地打击了研究者的信心。虽然明斯基和帕佩特在 *Perceptrons* 中提出了使用多层感知器的设想，但在当时还没人知道如何训练这么一个复杂的模型。由于明斯基等人在人工智能研究领域的权威性和影响力，许多人对他们的论断坚信不疑，也就逐渐放弃了对感知器模型的进一步研究，用感知器来实现人工智能的想法也因此一度停滞近 20 年。

2. 第二代神经网络：多层感知器

直到 1986 年，辛顿（Geoffrey Hinton）提出**多层感知器（MLP）**模型。其采用 Sigmoid 函数进行非线性映射，解决了长久以来的异或难题。其实，把感知器组合起来用的想法以前也有人提出过，比如上述提到的明斯基。但是，真正的难题在于：这个复杂模型的参数到底应该怎么训练？辛顿给出了这个问题的答案——**反向传播（Back Propagation，BP）算法**。该算法给出了一种调整网络结构中各层节点权重的方法。

1989 年，多层感知器模型被证明可以近似逼近任意连续函数。该发现极大地鼓舞了神经网络的研究人员。同期，法国科学家 Yann LeCun 设计了一个卷积神经网络模型 LeNet，并将它用于数字识别任务，取得了较好的效果。自此，研究者们开始不断设计更深、更复杂的网络结构，人工智能算法的发展进入了第二次热潮。

当一个难题被解决后，人工智能又将面临新的难题。人们发现，用反向传播算法训练多层神经网络，还存在很多制约：第一，随着神经元节点增多，训练的时间变得越来越长；第二，神经网络的优化是一个非凸优化问题，也就是说，容易造成局部最优，而不是全局最优；第三，也是最严重的问题，从理论上讲，随着神经网络层数的增加，神经网络的学习能力应该越来越强，但实际情况是，网络层数的增加并没有提高学习能力。

这是因为反向传播算法存在梯度消失的问题：当修正误差向前层网络传递时，后层梯度会乘以一个学习率再叠加到前层，由于 Sigmoid 激活函数的特性，加上后层梯度原本就很小，因此误差梯度传到前层网络时，数值几乎为 0，使得前层网络无法更新权重。简单来说，就是误差越传越小，直到接近消失，无法起到修正网络的作用。这个问题再次把深度学习算法从神坛上拉了下来，人们开始争论浅层学习和深度学习孰优孰劣。尽管当时诸如长短时记忆（LSTM）这样性能表现突出的网络结构被构建出来，但没能引起人们足够的重视。

而在这期间，很多基于统计学的机器学习方法进入良好的发展状态：1986 年，决策树算法被提出，很快各种改进方法相继出现。1995 年，支持向量机算法被提出，解决了非线性分类问题。它由于拥有良好的数学特性，因此受到研究者的大力推崇。1997 年，AdaBoost 模型被提出，催生了一系列集成学习方法。集成学习通过组合不同的算法，集成各类算法的优势，弥补单个算法的缺点，提高模型的综合表现能力，直到今天都有着广泛应用。

3. 第三代神经网络：深度学习

解决不了梯度消失问题，就无法进一步提高人工神经网络算法的表现能力。2006 年，辛顿给出了一种解决方案：先通过无监督学习以预训练的方式初始化权重，再用监督学习对权重进行训练和微调。他提出“深度信念网络”（DBN）的概念，这么做能缓解梯度消失问题。不过这段时间里，受限于场景和数据，人工神经网络的相关算法一直不温不火，没有引起太多人的关注。

直到 2011 年，ReLU 激活函数被提出，才摆脱了这一困局。该函数直观简洁地模拟了人脑对刺激信号的处理机制，从根本上区别于以往 Sigmoid 函数的特性。通过这一优化，人工神经网络算法的表现能力有了明显提升。这一年，微软首次将深度学习算法应用在语音识别上，准确率得到了大幅提升。2012 年，辛顿和他的课题组成员参加了 ImageNet 图像识别大赛，他们使用卷积神经网络（CNN）一举夺得冠军。其分类准确率达到 84.7%，比第二名（使用了支持向量机算法）高出将近 11 个百分点，这充分证明了深度学习算法的潜力。

随着深度学习算法在计算机视觉领域挑战了传统方法并胜出，学术界重新燃起了对它的研究热情。随后几年，随着网络结构、训练方法和计算机硬件的不断发展，深度学习算法取得了一系列激动人心的成绩。在语音识别方面，2001 年的语音识别准确率只有 80%，但到了 2016 年，这个识别准确率大幅提升到 94%。在图像识别领域，2010 年的图像识别准确率刚刚超过 70%，但到了 2017 年，这个识别准确率能达到 98%，超过了人类平均水平。

如果说深度学习算法的研究突破是掀起人工智能第三次浪潮的关键因素之一，那么，真正引爆全球范围内人工智能热潮的，是计算机完成了一件在当时人们看来不可能完成的任务——下围棋。1997 年，IBM“深蓝”靠暴力搜索打败了国际象棋冠军卡斯帕罗夫，但这种方法不能用在围棋上，因为围棋的复杂度比国际象棋高得多。随后将近 20 年的时间里，人工智能仍然无法在围棋领域取得突破。直到 2016 年 3 月，围棋软件 AlphaGo 横空出世，以 4 ∶ 1 的比分轻松战胜了世界顶尖棋手李世石。次年 5 月，AlphaGo 以 3 ∶ 0 的成绩完胜世界冠军柯洁九段。这两场比赛标志着计算机在围棋领域已经彻底战胜人类。谷歌公司也因此宣布 AlphaGo 不再和人类比赛，以后只通过自我对弈提高棋艺。2017 年 10 月，AlphaGo 出现了升级版——AlphaGo Zero，在没有使用任何人类棋谱数据的情况下，经过短短 3 天的自我训练就轻松击败了 AlphaGo，而且 100 场对决全部胜利。

人工神经网络的重大突破大约每隔 30 年发生一次，从 20 世纪 50 年代的感知器，到 20 世纪 80 年代的多层感知器算法，再到 2010 年前后开始兴起的深度学习算法。每个阶段都经历了一段繁荣期，在短时间内取得飞跃性发展，然后又进入较长时期的缓慢发展。在三次人工智能浪潮中，第一次浪潮让人们看到了人工智能发展的希望，不过由于感知器模型在设计上的局限性，无法很好地解决数学上的复杂非线性问题，导致相关算法的研究和发展一度停滞不前。第二次浪潮源自人工神经网络算法的问世，通过反向传播算法，使得神经网络进行大规模数据训练成为可能。不过当时的算力、数据还不够，无法满足实际应用的需求。如今，我们正处于第三次浪潮中，由人工神经网络演变而来的各种深度学习算法登上舞台，加上大数据、云计算等技术的发展，人工智能开始迎来新一轮的春天。

6.2 机器会不会思考

长久以来，人类孜孜不倦地探索大自然的奥秘，不断寻求生命的意义。哲学中的经典三问“我是谁”“我从哪里来”“要到哪里去”，引发人们无尽的思考。随着人工智能的发展，人们的脑海中冒出一个新的问题——机器会不会思考？

自从计算机被发明以来，无数学者就开始思考这个问题，他们想知道机器和人类到底有什么区别，机器是否能和人一样智能。这些专家不仅讨论计算机的优势和潜能，也在思考有关智能的问题，比如：机器如何推理？机器如何获取经验和表达知识？人类何时将无法分辨出机器和人？机器人到底是机器还是人？

最早提出机器智能设想的人是英国科学家阿兰·图灵。图灵在人工智能领域做出过巨大贡献，被后人誉为“人工智能之父”。1950 年，他在 *Mind* 杂志上发表了一篇题为《计算机的机器与智能》的论文。在这篇论文中，图灵提出了一种验证机器是否具有智能的方法：测试者在看不见对方的情况下与人或机器进行交流，测试者可以随意提问，如果他无法判断自己交流的对象是人还是机器，而对方正好是机器，就说明该机器具有智能。该方法后来被称为**图灵测试**。

有人认为，要让机器回答问题似乎并不困难，只要让程序学会一些特定的问答规则就行。但如果深入思考一下就会发现，由于问题的不确定性，编程逻辑会变得极其复杂。比如，向机器提问“你会下围棋吗？”，可能得到答案“会”，如果把同样的问题问第二遍、第三遍，那么回答可能还是“会”，因为答案是从标准知识库里提取出来的。但如果这个问题是问人，那么他第一次回答“会”，再问几遍他就不耐烦了，甚至反问“干吗老问同样的问题？”，这个回答是人类经过综合分析后给出的。由于图灵测试没有规定问题范围和提问标准，因此如果机器通过了验证，就说明它在面对不确定性问题时表现出了人类的智慧。

图灵测试想要考察的是计算机对语言运用的程度。在认知科学中，要理解语言必须理解各种符号表达的含义。比如“苹果”代表了一种特定类型的水果，它是一个概念符号，不是指某个具体的苹果，而是表示所有苹果的集合。也就是说，我们用“苹果”这个词语概括了一个非常复杂的对象——所有的苹果都叫作苹果，无论它们的外观、颜色、味道、尺寸有多么不同。

虽然人类能轻松分辨出苹果，但很难精确地定义它。我们判断苹果的方法并不是用大量规则来检验它，更多基于直觉和经验，把眼前的物体和记忆中苹果的样子做比较，如果它最像苹果，就认为它是苹果。这就导致很难让计算机基于逻辑规则来判断什么是苹果，更不用提让计算机理解自由、民主、和平这种抽象的概念。另外，语言表达也有很大的模糊性，有时会出现难以描述、词不达意的情况。例如，20 世纪美国法院曾就电影中的某些片段是否属于“色情”进行争论，而最高法院的大法官斯图亚特（Potter Stewart）认为“色情”这个概念无法用语言准确定义。“色情”是什么？这个问题很难回答，但是只要他看到，就能马上做出判断。以上这些都说明了计算机很难驾驭人类语言。正因为如此，图灵测试才把“计算机能否很好地处理人类对话”作为检验机器智能的方法。

其实，图灵并没有给出证明智能的具体步骤，只是针对“特定”场景抛出了一个新的问题。在图灵看来，这个“特定”场景需要满足这样的条件：计算机能够理解人类的语言，并且可以很好地回答人类提问。在这个场景中，如何判断计算机本身具有智能的问题，变成了如何分辨人类智能和机器智能的外在表现。试想一下，如果计算机在下棋对决中战胜了人类，它是否看上去也具备了思考能力？不过对于这些场景，图灵并没有给出方法。

图灵测试真正想要表达的是，当机器表现出像人一样“会思考”的特征时，就可以认为机器会思考。是的，机器本身是否具有意识、是否会思考这些都不重要，我们只看它的表现。虽然图灵测试并不是普适的，但它仍然提供了一种分辨机器智能的方法，而这个方法一直沿用至今。

6.3 深度学习算法

深度学习算法是受人类对大脑神经元研究成果的启发而提出的。它是一种对深层结构的人工神经网络进行有效训练的方法。20 世纪 80 年代，神经网络的结构都很小，受限于计算机的计算能力，神经网络的层数并不多，自然表达也不充分。如今，人们已经能够构建和训练超过千亿个神经元参数的网络模型，网络深度能突破千层。这些模型有着强大的表达能力，在图像视频处理、音频处理和自然语言处理等领域有着广泛应用。

深度学习算法有很多种，还有很多变种算法和混合算法。限于篇幅，我们只对一些主流的深度学习算法进行介绍。

6.3.1 人工神经网络：模拟人脑的思考

脑是人类最神秘的器官。直到今天，我们对它仍然不够了解。为了探究人类大脑的秘密，科学家们开始对脑神经网络进行研究。人工神经网络算法也是受生物神经元结构的启发才设计出来的。

1. 人类大脑中的神经网络结构

20 世纪以来，随着人们对神经系统和神经元功能的深入研究，很多关于脑神经网络的概念和理论逐渐被提出。**神经元**就是**神经细胞**，是神经系统中感受刺激和传导信号的基本元件。根据现有的研究结论，人类大脑中约有 860 亿个神经元。这些神经元间有超过 160 万亿个连接，形成了一个错综复杂的网络。

神经元由细胞体（胞体）、树突和轴突组成，如图 6-3 所示。树突和轴突都是从细胞体伸出的突起。神经元的**胞体**是神经元的主体。和其他细胞一样，它由细胞膜、细胞质和细胞核构成。一个神经元有很多个**树突**，树突短且分支多，主要用于接收输入信号。一个神经元通常只有一个**轴突**，轴突较长，末端有许多小分支，能与其他神经元的接收表面进行连接和通信，并将神经信号传递出去。

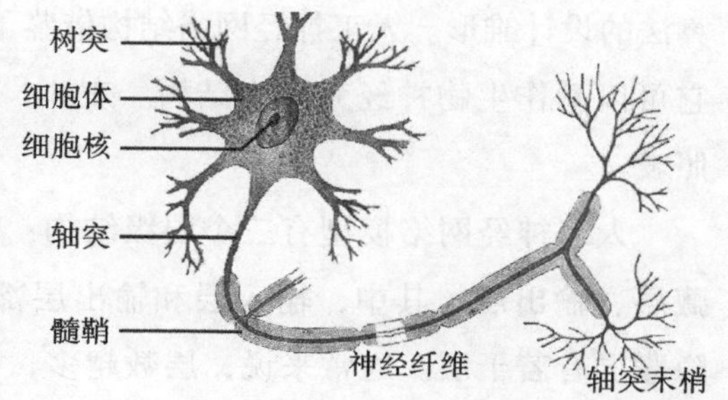

图 6-3　生物神经元示意图

每个神经元总是和多个神经元相连。神经元之间的连接部位称为**突触**，它是神经元之间信号传递的枢纽。通常，一个神经元可以形成 1000 ～ 10 000 个突触。

神经元会有选择地响应外部信号，只有当输入信号的刺激强度大于某个特定阈值时，神经元才会接受这些信号并被激活，否则处于抑制状态。也就是说，神经元传递信息的方式和晶体管差不多，只有 0 和 1 两种状态，即要么传递信号，要么不传递。

当我们的大脑想发出指令时，相关的神经元就会开始行动。每个神经元的树突都会接收相邻神经元传来的信号（化学信号或电信号），并将它们传递给其他神经元。一瞬间，脑的指令就会传达到我们身体的任何角落。神经元在活动时会产生微弱的电流。临床上，我们可以把这些脑电波曲线记录下来形成脑电图。虽然流经每个神经元的电流很微弱，但它们产生的总电量足以点亮一个 20W 的灯泡。

神经元还有一个特点——具有很强的学习能力，即可塑性很强。每个神经元的组成部分和连接它们的突触每天都会发生变化，这也是人类能够通过后天学习不断提升自己能力的原因。举个例子，伦敦有超过 24 万条道路、5 万个标志性地点，还有各种不规则的城市布局。普通人要花多年时间才能记住它们。但研究人员发现，伦敦出租车司机能轻松地记住这些信息。脑科学家通过扫描他们的脑部结构发现，这些出租车司机的大脑刚开始和普通人差不多，但在经过长时间的学习、训练后，他们的大脑中用于空间记忆的部分——海马体的形状逐渐变大。出租车司机工作的时间越长，他们大脑区域的变化就越大。也就是说，后天的训练和学习重塑了大脑的生理结构。

2. 深度学习算法中的人工神经网络结构

我们之所以如此详细地介绍人类大脑神经网络的结构，是因为它是现今人工神经网络算法的设计雏形。人工神经网络结构借鉴了生物神经元，两者有很多相似之处。简而言之，它可以看作生物神经元网络结构。表 6-1 是它们的对照表。

表 6-1 生物神经元和人工神经元对照

生物神经元	人工神经元
树突	输入
轴突	输出
突触	权重

人工神经网络模型有三个层级结构：**输入层**、**隐藏层**、**输出层**。其中，输入层和输出层都只有一层，隐藏层有若干层。通常来说，层数越多，模型就越复杂，性能表现也会越好。如图 6-4 所示，每一层的圆圈（节点）称为神经元。它获取前一层的所有神经元的输出值，按照特定的数学函数（激活函数）进行运算，并将输出结果传递给下一层。每个神经元都会进行这样的运算，这就是人工神经网络模型的基本结构。现今，很多复杂的深度学习算法基本都是从这个网络结构派生和演化而来的。

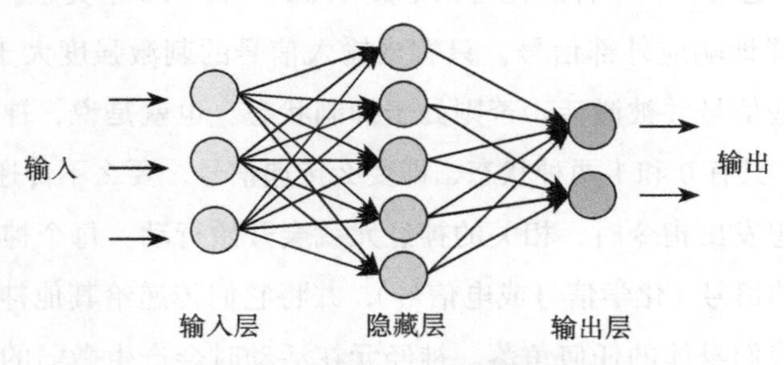

图 6-4 人工神经网络模型结构

只看单个神经元，它的运算并不复杂：将所有输入值乘以各自的权重后线性求和，再用事先定义好的**激活函数**计算，得到输出。每个神经元都是这样的独立节点，它们有各自的权重、激活函数、模型参数，但把它们组合起来，就能构成一个复杂的网络结构。

激活函数有多种选择，以前会使用线性激活函数，现在基本弃用了，取而代之的是诸如 Sigmoid、ReLU 等非线性激活函数。比如，Sigmoid 函数是一个 S 型函数（见图 6-5），无论输入数据是多少，该函数都会把它映射成一个 0 到 1 之间的数。

ReLU 函数更具特点（见图 6-6）。如果输入是负数，则输出是 0；如果输入是非负数，则输出等于输入。实际上，这种特性与人脑中的神经元受到外部刺激并被激活的原理类似。当生物神经元受到的刺激没有达到某个特定阈值时，它不会对刺激做出任何反应，即神经元的输出是 0。只有受到达到特定阈值的刺激以后，神经元才会做出反应，并且输出的神经信号强度与输入刺激强度呈线性增长。

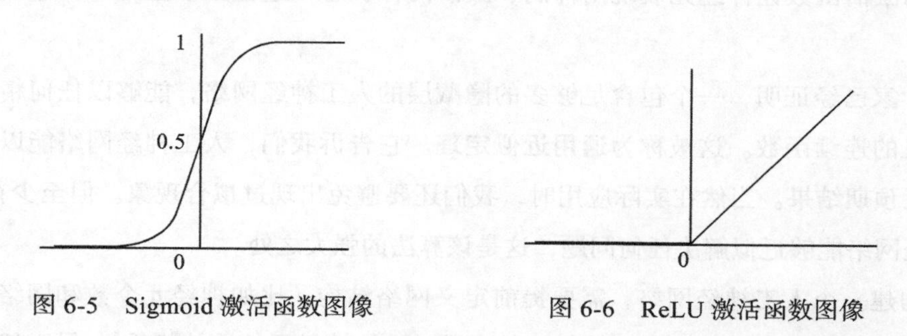

图 6-5 Sigmoid 激活函数图像　　图 6-6 ReLU 激活函数图像

激活函数相当于门卫，只有符合阈值条件的数才可以被激活并通过，这么做是为了使神经元非线性化，增强模型的整体表现能力。每个神经元都是这样的独立节点，有各自不同的权重、各自的激活函数、各自的模型参数，它们组合起来构成了一个整体的复杂的网络。

3. 人工神经网络是黑箱吗

人工神经网络有很强的数据学习能力。它能自动挖掘输入数据和输出数据之间的联系，提取数据的特征，并根据输入数据及时调整各个神经元的权重。只要有数据，这个网络就能不断迭代权重的数值。在这个过程中，网络模型挖掘出只有它自己理解的数据特征关系，这是因为网络结构和输入数据本身就很复杂，这些特征的关系也很复杂，难以用人类理解的方式做出解释。"谷歌大脑"项目的计算机科学家杰夫·迪恩（Jeff Dean）曾说："在训练模型的时候，我们从来不会告诉计算机'这是一只猫'，是它自己发明或者领悟了'猫'的概念。"

有人批判深度学习是一个黑箱，它的性能虽好，但不知道为什么好。即使人们得到所有的模型参数，依然很难解释这些参数的业务含义，因为模型拥有太多的参数，这些参数是通过数据自己学习出来的。

其实，人工神经网络模型本身并不是一个黑箱，我们只是没办法用人类可以理解的方式理解模型的含义。当神经网络模型看过 1 万张关于狗的图片后，它就可以从这些图片中以自己特定的方式来辨认和总结出狗的特征，只是这种辨认方式不是人类的认知方式。当然，研究者们也看到了这些问题，目前很多关于深度学习算法的可解释性研究正在开展中。

4. 人工神经网络如何设计

人工神经网络虽然可解释性差，但它具有强大的非线性表现能力。非线性是自然界的普遍现象，只有很少的事物之间存在明确的线性关系。在人工神经网络中，我们可以通过带阈值的激活函数让神经元表现出抑制、激活两种状态，这在数学上是一种非线性关系的表现。

数学家已经证明，一个包含足够多的隐藏层的人工神经网络，能够以任何精度逼近任意预定义的连续函数。这被称为**通用近似定理**。它告诉我们，人工神经网络能以任意高的精度逼近预期结果。当然在实际应用时，我们还要避免出现过拟合现象。但至少在理论上，人工神经网络能够近似解决任何问题，这是该算法的强大之处。

要构建一个人工神经网络，需要提前定义网络结构，比如神经元个数和网络层数。这里涉及两组参数，一组是模型训练得到的参数（比如神经元的连接权重），另一组是定义网络结构的参数（比如神经元个数和网络层数），后者是在搭建网络之前就要手工设置的参数，也叫**超参数**。

人工神经网络通常拥有大量权重和层数。训练这个模型不仅要用到大数据，还要定义海量的超参数。不过，定义超参数没有标准的方法，往往需要大量实践，才能找到最佳的超参数。因此，有时会有这样的情况，明明大家使用同样的算法，但由于超参数设定不同，模型表现有天壤之别。就连当事人也解释不清为何自己的超参数就是最佳的，有人甚至把调参看成是一门“玄学”。如何自动调试超参数也是当前很热门的一个研究方向。

我们把神经网络看成由海量神经元组成的一个整体。这个整体的表现不只依赖单个神经元，还会受到不同神经元相互作用的影响。也就是说，人工神经网络的整体表现是个体表现的综合。

过去，人们以为具有更多隐藏单元的“宽”网络会比具有更多层数的“深”网络的效果好。可事实并非如此。理论上，一个具有浅层结构的“宽”网络也能充分逼近和表达任意的多元非线性函数，但它在具体实现时由于需要太多的节点和参数而无法实际应用。近年来，随着计算机能力的大幅提升，人们已经能搭建并训练超过千层的神经网络模型，这种深度神经网络不仅具有更强的表现能力，而且有很强的泛化能力。

研究人员发现，人工神经网络的表现具有多样性。当我们随机设定一组初始权重来训练模型时，每次得到的网络内部结构都是不同的，但这不影响它们有相似的性能表现。这似乎也暗示着，人虽然是不同的个体，但经过各自的学习，仍然能够达到同样的认知水平。

5. 人工神经网络的优化策略

人工神经网络如何自我学习呢？

简单来说，这取决于它的优化策略。优化是机器学习中非常重要的概念。对于一个实际问题，解决它的关键是能否把这个问题转变成一个可求解的数学问题。很多复杂问题的数学求解很难一步到位，此时就需要通过优化的思想来逐步逼近结果。

人工神经网络是怎么做的呢？首先，要得到神经元权重的最优解。那如何得到“最优解”呢？需要建立一个能够量化权重好坏的函数，即**代价函数**。当我们有一组权重时，代价函数要计算的是神经网络基于这组权重得到的输出和真实值之间的误差。只要误差足够小，这组权重就足够好。

现在，我们的目的变成了让神经网络中的权重沿着正确的优化方向逐步修正，使得基于代价函数得到的输出和真实值之间的误差尽可能小。只要找到误差最小时的某个状态，就能找到一组最优的权重。换句话说，要有一种能够最小化代价函数的通用过程。该如何实现呢？答案是**梯度下降法**。

在微积分中，**梯度**就是向量或函数在该点处变化最快的方向。如果把一个函数的图像看作一座山，那么山上某个点的坡度（或者说斜度）最陡的方向就是它的梯度。某处的梯度大小表示这个地方的坡度有多陡。计算机在求解某个具体的函数方程时，只要它能够收敛（即误差小于某个指定的数），就认为能通过有限次迭代找到近似解。求解过程中沿哪个方向误差收敛速度最快呢？答案是梯度的方向。梯度下降法就是这个思路。

梯度下降法是一种能够最小化某个函数误差并求得近似解的通用过程。它就好像是从一座山的山顶下山，我们选择的是自己所处位置距离山脚最近、最陡峭的路线。

有了优化目标（代价函数）和优化方法（梯度下降法），接下来就是考虑具体的优化步骤。这里的难点是，虽然能够方便地计算出输出值和真实值之间的误差，但这个误差应该如何修正并分配到网络各层的权重上呢？自人工神经网络理论问世以来，在过去的很长一段时间里，人们一直都没有找到网络中间层节点权重调整的方法，直到辛顿提出了**反向传播法**。“反向传播法”的计算过程是计算网络中每个权重的梯度，从误差已知的输出层开始，逐层计算上一层权重的梯度，然后进行修正。这样逐层递推直到要修正的误差传播回输入层。该算法在后来的深度神经网络发展中占据了非常重要的位置。

6.3.2 卷积神经网络：让计算机“看”到世界

我们来讨论下一个问题：计算机是如何“看”的？

人是如何看到世界的？很多人认为是大脑接收到了眼睛捕捉到的图像信号，其实更准确地说是大脑处理了这些信号。人的眼睛每秒向大脑发送约 1000 亿个信号。对于大脑来说，要处理这些视觉信号，最难的不是“看到”图像，而是“识别”它们。实际上，人们“看到”的信息只有 10% 直接来自视神经，其他信息来自大脑的其他部分。“看”不仅仅是接收视觉图像，更重要的是理解图像背后的含义。这是计算机视觉要解决的主要问题。

计算机“看到”的图像和人眼中的图像是不同的（见图 6-7）。在计算机中，每一张图片就是一组数据的集合，所以对于计算机来说，重要的不是理解图像是什么，而是要找到某类图像和数据集合之间的关系。

人眼中的图像

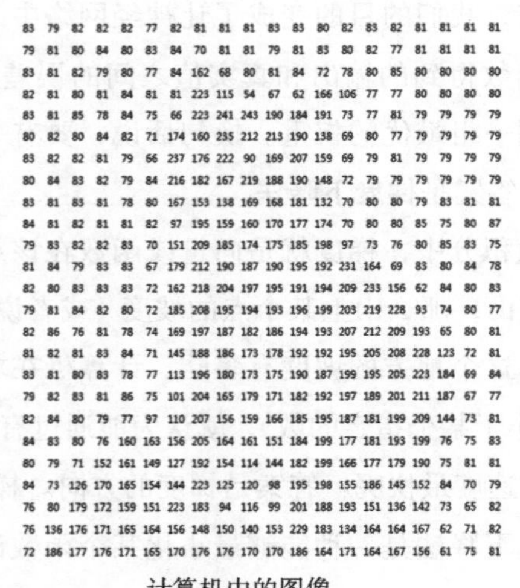

计算机中的图像

图 6-7 人眼中和计算机中的图像

计算机视觉的发展可以追溯到 20 世纪 50 年代，当时的技术主要基于统计模式识别，比如 OCR（Optical Character Recognition，光学字符识别），它能识别出图像中各个字符的特征，很多银行把这项技术运用在票据字符识别等业务上。如今，得益于人类对大脑皮层和生物视觉的认知，实现计算机视觉的方式也逐步由模式识别转变为人工神经网络模型。

人的大脑皮层（也称大脑皮质）中有一半负责视觉，它们位于大脑皮质枕叶距状沟两侧。这种强大的视觉系统可以进行高度的抽象和复杂的运算。视觉皮层的组织结构为科学家们设计深度学习网络模型提供了灵感。

1. 什么是卷积神经网络

1962 年，神经科学家休伯尔（David Hunter Hubel）和维厄瑟尔（Torsten Nils Wiesel）通过对猫的研究，发现生物的视觉神经会对视觉刺激进行逐层处理，然后理解复杂的视觉特征，形成视觉认知。这一研究成果使得他们获得了 1981 年的诺贝尔生物学和医学奖。

1989 年，Yann LeCun 等人受生物视觉的启发，提出了一种擅长处理图像信息的网络结构——卷积神经网络。这个网络模拟了视觉皮层（也称视皮质）中的细胞，即有小部分细胞对特定部分的视觉区域敏感，个体神经细胞只有在特定方向的边缘存在时才能做出反应。借鉴这种生物视觉的方式，卷积神经网络能够很好地完成图像分类任务。它通过寻找低层次的特征，如边缘和曲线，然后运用一系列的卷积计算得到一个更抽象的概念。直到今天，卷积神经网络作为计算机视觉中最基本也是最重要的模型，已经应用在各行各业之中。

卷积神经网络是一种带有卷积结构的深度神经网络，在大型图像处理方面有出色的表现。在卷积神经网络中，最重要的就是**卷积**。卷积一词最早源于信号理论，用于计算两个函数相互作用的叠加结果。它是一种重要的数学运算。想象一下，房间里有一盏灯，灯正变得越来越亮，可以认为灯的亮度是一个发光函数。同时，房间本身的亮度也在变化，假设房间正变得越来越暗，且有一个变暗函数。那么，人眼能感受到的灯亮，是房间的亮度和灯的亮度的叠加，这其实就是灯的发光函数和房间的变暗函数的卷积。

那么，为何不直接用传统的神经网络来做图像处理，而要使用复杂的卷积操作？答案是前者算力不够。在传统的神经网络中，各个神经元都是全连接的，输入节点非常多，有非常大的计算量。直到今天，计算机的计算能力还远达不到这种大规模计算要求。比如，一张高清图片有 1920 × 1080 个像素点，彩色图片有 3 个颜色通道（RGB，分别对应红色、绿色、蓝色），那么图片的特征向量维度数就是 6 220 800（1920 × 1080 × 3），也就是有超过 600 万个特征维度的输入。假设神经网络的隐藏层有 1000 个隐藏单元，那么输入层和第一个隐藏层之间的参数矩阵中就有 60 亿个参数。这还只是很小一部分层数对应的参数。在如此海量的参数下，我们没有足够的数据训练出一个足够好的模型，计算机的计算能力也没有这么强大。卷积神经网络就是为此准备的，它可经过卷积、池化、权值共享等操作，大大缩减训练过程中的参数量。本质上来说，这是一种对计算机算力的妥协。

2. 卷积神经网络结构

多年来，卷积神经网络经历着渐进式的改进。目前，主流的卷积神经网络包含以下三层结构。

1）**卷积层**。它是卷积神经网络的核心，利用一个局部区域去扫描整个图像并进行卷积计算。这个“局部区域”是一个数学矩阵，称为卷积核（见图 6-8）。通过不同的卷积核，卷积神经网络可以提取出图像特征，并增强原始图像信号中的某些特征，减少噪声的干扰。

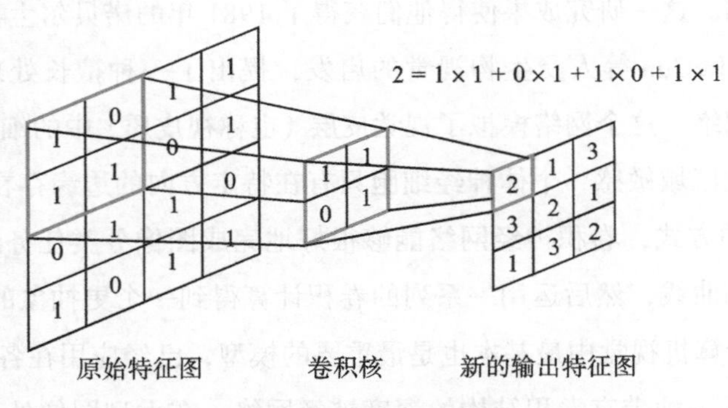

图 6-8　图像特征的卷积过程

卷积核的作用是处理单个像素与其相邻像素之间的关系。它相当于一个滤波器，不同的滤波器提取不同的特征，最后组合到一起，识别出完整的图片特征。打个比方，对于手写数字识别，某个卷积核提取“一”，另一个卷积核提取“|”，这个数字很有可能就被判定为“7”。

单个卷积核只能提取输入数据的一部分特征，通常它的提取是不充分的，所以可以用很多个卷积核来叠加特征提取的效果。

卷积操作实际是在提取一个个局部信息，所以它能局部感知（也叫局部连接）。比如在识别图像中的某个物体时，其局部像素联系比较密切，而距离较远的像素相关性较弱，因此每个神经元没必要感知全局图像，只需重点对局部感知。这么做其实也是为了减少用于计算的参数个数。

另外，局部感知虽然可以减少模型中神经元之间连接的个数，但如果卷积核比较多，则模型中的总体参数量并不会大幅下降。为了进一步减少参数，在做局部感知时，基本的处理方法是：同一个卷积核针对不同的图像区域具有相同的功能。也就是说，卷积核在处理特征时，在一个区域提取到的特征也适用于其他区域。在数学上，它体现在卷积核用相同的权值来处理不同输入层的神经元连接上。这种权值共享的方式也能有效减少模型总体的参数量。

卷积核能对图像做出很多有意思的处理，比如把图像虚化、锐化，又或者给图像营造出一种艺术氛围，你可以把它理解为给图像加了滤镜。如果把某部分图像的像素与周围的像素取平均值，相当于对图像做了模糊化处理。如果放大了每个像素和周围像素的差距，则相当于把图像中物体边缘的特征放大，达到锐化的效果。

2）**池化层**。又叫下采样层，目的是压缩数据，降低数据维度。基本上，每个卷积层后面都会接一个池化层，以压缩原来卷积层的输出矩阵大小。

“池化”是一个重要操作，它将一个区域中的每个特征聚合起来。这么做可以压缩图片的信息。很多高清的原始图像很大，实际做图像识别时，没有必要非得用原图，只要能获得图像的有效特征就行，因此可以采用类似图像压缩的思想来调整图像的大小。一个隐藏层节点个数为 100×100 的神经网络，经过 2×2 池化后，会得到一个 50×50 的神经网络。

常见的池化操作有最大池化和平均池化。最大池化就是在一个给定区域中求出最大值。平均池化就是取平均值，一般会取整。读者可参考图 6-9。

池化层提高了模型的健壮性，把准确描述变为概略描述。从整个图像的角度，它对图像做了模糊处理，就像是对图像打“马赛克”。由于原来的像素矩阵变小了，因此一部分信息必然会丢失，这在一定程度上防止了模型出现过拟合现象，不过不影响图像整体信息的获取。这一点其实挺好理解的，就是说，即便不是高清图像，依然不妨碍我们识别出图像中的物体，反而能提高模型辨认物体的能力。

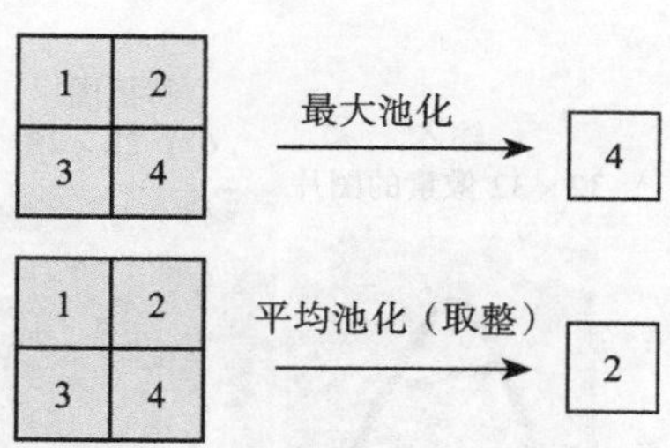

图 6-9　常见的池化操作

人在观察一幅图像时，先要发现某个物体，确定它的具体位置。“卷积”可以实现这个功能。然后还要辨认出这个物体，观察的过程通常是先全局后局部，即先看整体的轮廓，再看具体的细节。计算机视觉的实现原理也是如此，它使用“池化”技术对图像进行模糊处理。

“卷积”加“池化”会让图像识别具有“平移不变性”。也就是说，即使图像被平移，卷积保证仍然能检测到它的特征，池化则尽可能地保证表达一致。假设图片上有一只鸟，无论这只鸟是在左上方，还是将它平移到右下角，无论它是大鸟还是小鸟，卷积神经网络都能将它识别出来。这种操作类似我们的视觉皮层，它能通过局部图块对整个视野中的某个对象做出响应。

3）**全连接层**。它和普通神经网络中的隐藏层的功能相似，主要是对提取的特征进行非线性组合以得到输出。它的主要功能就是实现对原始输入对象的最后把关，完成数据的分类预测。

对于一个卷积神经网络，它的网络结构是由多种类型的网络层组成的，常见的连接方式是：输入层后接多个卷积层和池化层，其中卷积层、池化层交替连接，随后接全连接层，最后接输出层。这些年来，随着网络结构越来越复杂，网络的层数也越来越多。因此，它需要训练和学习非常多的参数。

举例来说，1998 年，Yann Lecun 等人提出的用于手写数字识别的卷积神经网络 LeNet-5（见图 6-10）已经拥有超过 6 万个参数。2012 年，以辛顿（Hinton）的学生 Alex Krizhevsky 命名的 AlexNet 网络拥有超过 65 万个神经元、6000 万个参数[一]。而到了 2014 年，牛津大学计算机视觉组（Visual Geometry Group）提出的 VGG 网络已经拥有超过 1 亿个参数[二]。可以想象它们是多么复杂的模型。

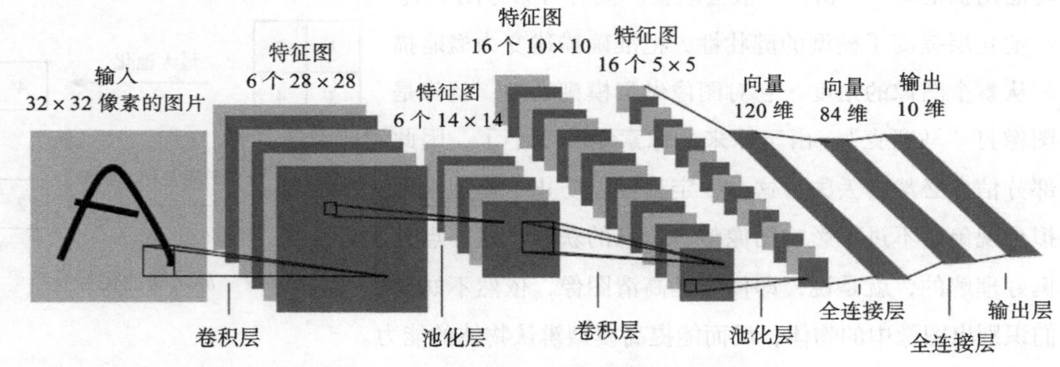

图 6-10 卷积神经网络 LeNet-5 网络结构[三]示意图

其实在 20 世纪 90 年代，Yann Lecun 等人就已经提出了卷积神经网络模型的基本架构，但是直到 30 年后，这项技术才进入人们的视野。究其原因，是在 30 年前，卷积神经网络的性能表现受限于当时的大环境：一方面，没有大量的训练数据；另一方面，也没有强大的计算能力支持。如今，卷积神经网络模型已经越来越接近我们所了解的视觉皮层的体系结构。相比于一般的人工神经网络，卷积神经网络能够较好地适应图像结构，减少训练参

[一] 数据引自 Alex Krizhevsky 等人于 2012 年发表的论文“ImageNet Classification with Deep Convolutional Neural Networks”。

[二] 数据引自 Karen Simonyan 等人于 2014 年发表的论文“Very Deep Convolutional Networks for Large-Scale Image Recognition”。

[三] 图片引自 Yann LeCun 等人于 1998 年发表的论文“Gradient-Based Learning Applied to Document Recognition”。

数和资源占用，而且特征提取和分类同时进行，简化了预处理过程。

6.3.3　循环神经网络：如何模拟记忆功能

无论是传统的人工神经网络模型，还是卷积神经网络模型，它们都只会处理当下输入的数据。从模型结构来看，它们都是基于空间的网络结构模型，并没有把时间维度纳入考虑范围。

但有些问题可能和时间有关，先发生的一些事情和后发生的事情具有某种关联。比如要预测句子的下一个单词，就要用到前面已经出现的单词。由于句子中字符的前后次序是有意义的，因此即使是完全相同的字符，不同的排列组合也会有完全不同的含义。不仅如此，传统模型要求输入样本和输出数据的长度固定，但我们知道，像文本、音频、视频这样的数据，它们的输出长度通常是可变的。比如，要把一段英语翻译成中文，原始的英语文本有 10 个单词，翻译过来可能是 20 个中文字，也有可能是 4 字成语，它的输出长度是不固定的。对于上述情况，传统的神经网络模型很难处理。

1. 循环神经网络

人们自然而然想到：是否也可以设计出一种算法模型，像人类一样具有“记忆”功能，能把前后看到的内容联系起来做判断，而且可以处理长度不固定的输入和输出数据？

从技术的角度看，让人工神经网络具有记忆力是困难的。对于原来设计的网络结构，其一旦接收到新的信号输入，网络就会随之做出反馈，更新神经元之间的关系状态。而要让人工神经网络具有记忆力，就必须保留旧的关联特性。计算的频率越高，要被保留下来的信息就越多，业内把这一难题称作“灾难性忘却”。科学家们针对“记忆”问题做过很多研究，循环神经网络就是为此设计的。

循环神经网络的最大特点是，网络的输出结果不仅和当前的输入有关，还和过往的输出有关。在模型结构上，它是一类允许节点连接为有向环的人工神经网络，在传统的前馈神经网络中增加了反馈连接。简单来说，循环神经网络有“循环”计算的结构，它把历史结果通过环路传递给当下的任务，作为部分输入再次计算。这与人类大脑的工作机制非常类似，人在阅读时每次看一个词，逐渐在大脑中积累信息。人在学习时也需要反复强化记忆，不断将过去的经验和当下学到的知识放在一起记忆，直到把它们记住。

如图 6-11 所示，循环神经网络的各个时刻共享同一个参数矩阵（即权重 $\boldsymbol{W}$），它在 T+1 时刻的状态 Y，取决于 T 时刻的状态 Y 和 T+1 时刻的输入 X。具体来说，T+1 时刻的状态 $\boldsymbol{Y}$，

是由参数矩阵 ***W*** 先乘以 *T* 时刻的状态 *Y* 与 *T*+1 时刻的输入 *X* 的联合向量，再经过一个提前定义好的激活函数，最终得到的向量结果。

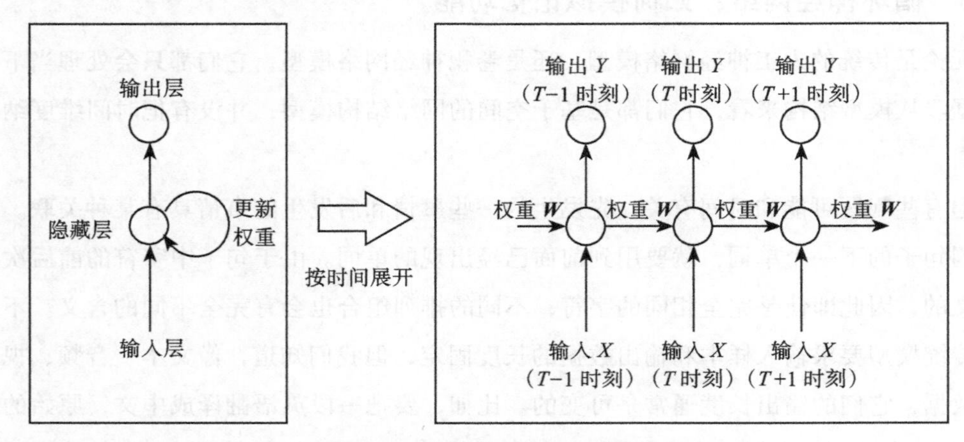

图 6-11　循环神经网络示意图

循环神经网络擅长处理时间序列数据，也可以建立不同时段数据之间的依赖关系。它有一些重要的特性，比如，每一层网络前后的数据之间是相互依赖的，当前阶段的输出结果受过去决策的影响，当前节点的输出也会影响后面的决策。它可以保留序列的“记忆”信息，将当前时刻的信息记录为“记忆”。因此，循环神经网络常用于自然语言处理（见图 6-12）。

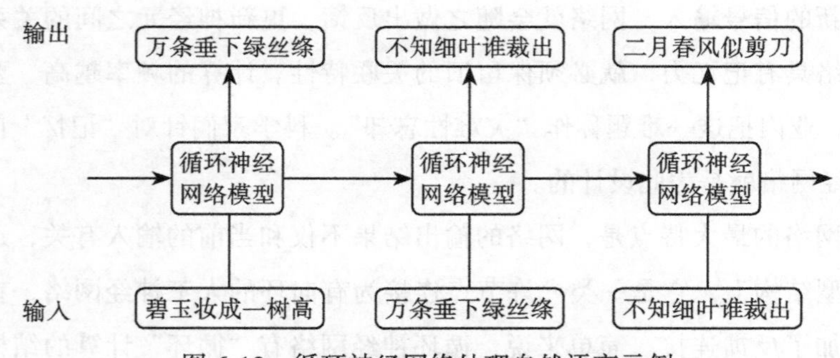

图 6-12　循环神经网络处理自然语言示例

循环神经网络是一种基于时间递归的神经网络。它有多种不同的结构类型，比如 Elman 网络、Jordan 网络。不同类型的网络最主要的差别体现在神经网络模型隐藏层的设计上。随着研究的深入，人们还发明了很多网络结构的变种。比如，有的网络模型存在双向循环模式，它表现出来的特点是某一时刻的状态既和过去时刻的状态有关，又和未来时刻的状态有关。

根据循环神经网络的结构，我们可以看到它比较擅长处理与历史信息相关的问题。由于循环神经网络会把看到的历史信息都记忆为一个输出状态，因此它在某个时刻的输出状态和过去所有的输入信息都有依赖关系。可是，由于模型在数学上的一些限制，循环神经网络通常只能记忆比较近的历史信息，并不能很好地处理更早出现的信息。也就是说，循环神经网络就像金鱼一样，只能做短暂记忆。为了解决这一问题，人们提出了一些其他的网络结构，其中最令人瞩目也最常使用的是长短时记忆（Long Short-Term Memory，LSTM）网络。

2. 长短时记忆网络

长短时记忆网络最早于 1997 年被霍克莱特（Hochreiter）和施米德胡勃（Schmidhuber）提出。相较于传统的循环神经网络，它有效地解决了梯度消失问题。循环神经网络需要依靠反向传播的相关算法来修正权重，但如果网络的层数很多，或者关联事件发生的时间间隔很长，修正的效果就可能变得无限小（梯度消失）或无限大（梯度爆炸）。尤其是梯度消失问题会导致模型变得失效。比如要处理一篇长文，循环神经网络很可能无法一直记忆文章开头提到的内容。文章的长度越长，这些有用的信息越难保留下来。那么，如何解决这个问题呢？长短时记忆网络的做法是，在原来的神经元上增加一套控制机制。它可以让网络选择性地长期保存某些状态。

从生物学角度来看，记忆是一种需要消耗能量的生物运算。平日里我们不会记忆所有事情，大脑会选择性地进行记忆和遗忘。选择遗忘可以让生物减少能量的消耗。从某种程度上来说，它是一种生物的自我保护机制。

长短时记忆网络就是在模拟这种大脑机制。相较于循环神经网络，长短时记忆网络的结构要复杂得多。循环神经网络只有 1 个参数矩阵，而长短时记忆网络有 4 个，多出的 3 个参数矩阵就是长短时记忆网络用于控制的 3 个“门”。

长短时记忆网络用一些称为记忆块的子网络来替代循环神经网络中的隐藏节点。记忆块的网络结构中有一个基本单元。它相当于记忆细胞，可以存储一个时刻的状态。相较于循环神经网络，长短时记忆网络多了一条“传送带”。它可以让过去的信息很容易地传送到下一时刻，这样就能有更长的记忆。信息写入和读取时会受到不同“门”的控制。

这里的“门”是一种形象的比喻，在算法中实际上是一个全连接的网络层。它的输入是一个矩阵向量，输出是一个介于 0 和 1 之间的实数向量。简单来说，“门”可以有选择地让信息通过。有了“门”，模型就具有了更好的记忆功能。

如图 6-13 所示，长短时记忆网络拥有输入门、遗忘门和输出门。

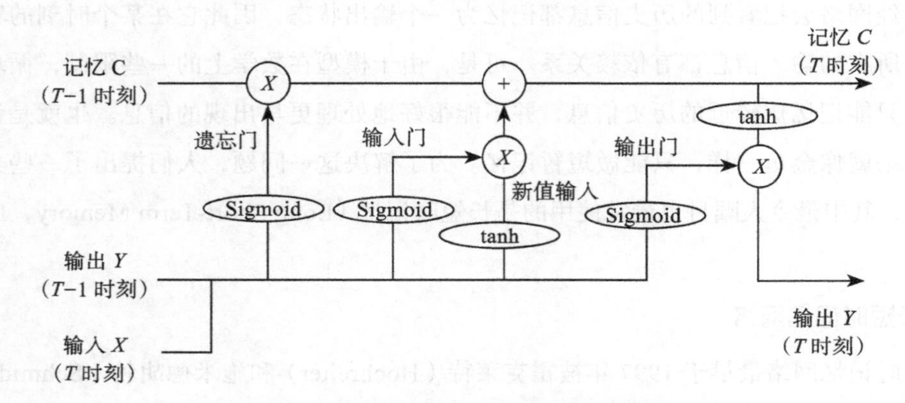

图 6-13　长短时记忆网络结构示意图

输入门的作用是设定一个阈值来控制输入。输入门是上一个状态输出和当前状态输入的函数，它决定了前一个长期记忆多大程度被保留在当前记忆中。

遗忘门的作用是让网络能够记忆和忘记一些数据，它控制当前时刻状态，并确认它是否可以存入长期记忆。遗忘门是上一个状态输出和当前状态输入的函数。如果它的某个维度的值是 0，说明输入向量中对应元素不能通过，输出就是 0；如果某个维度的值是 1，表明对应的输入元素能通过，输出就是原始数值。

需要说明的是，虽然它被称为“遗忘”门，但实际控制的是模型是否要“保留”记忆，继承之前的记忆信息。之所以针对是否遗忘要专门设计一个控制开关，是因为“选择遗忘”这件事本身就十分复杂。如果你正在背单词，那么你当然希望能把看过的单词都记住。但如果你经历了非常伤心的事，那么你或许希望把这件事永远忘记。

有了输入门和遗忘门，我们就可以得到当前记忆的状态。首先在过去的记忆中，有一部分信息需要被“遗忘”，同时它又要增加新的信息，也就是对当前状态输入进行处理后得到的信息。

输出门的作用是设定一个阈值来控制输出。它决定了当前记忆状态是否可以成为一个长期记忆，作为模型的输出。

如图 6-14 所示，长短时记忆网络通过 3 个可以开关的“门”处理网络中的记忆和遗忘问题。简单来说，这三个门控制了在过去、现在、将来的状态中有多少信息需要被“记忆”，有多少信息可以被“遗忘”。

至此，让我们看看深度学习主要解决了哪些问题。首先，人工神经网络模拟了人类大脑神经元的认知过程，它能通过海量数据发现复杂的关联关系，有着强大的学习和表现能力。在此基础上，卷积神经网络针对图像识别遇到的实际情况，增加了卷积、池化等操作，进一步增强了有关视觉识别方面的表现。而循环神经网络和长短时记忆网络致力于解决“记忆”问题，考虑的是如何让过往的某些数据影响当下的决策。这些模型在自然语言处理领域有着很好的应用。

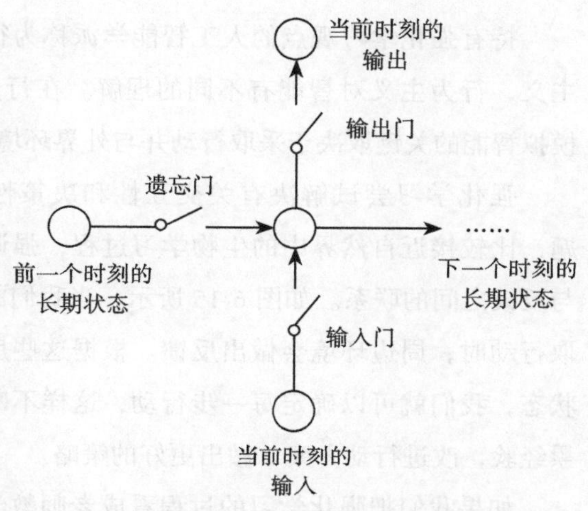

图 6-14　长短时记忆网络的 3 个开关“门”

以上几种网络模型都是基于人工神经网络模型的改进，因此它们需要大量数据进行学习。但是，要准备好训练数据并不简单。如果有办法解决数据问题，整个人工智能领域将发生一次巨大的变革。于是，很多研究者投身于无监督学习算法研究，致力于解决一类特定的问题，即强化学习问题。如果计算机可以很好地用博弈方式自我学习，很多数据问题也就迎刃而解了。

6.3.4　强化学习：黑森林蛋糕的秘密

强化学习也称**增强学习**。1959 年，科学家塞缪尔编写了一个会玩国际跳棋的计算机程序，当时他是 IBM 公司的一位工程师，他把这个程序运行在 IBM 的第一款真空管商用计算机 IBM701 上。与其他计算机程序不同的是，塞缪尔的程序能够通过自我对弈学会下棋。该程序可以对棋盘的局势进行评估，并计算出某个特定棋局一方的胜率。这个跳棋程序不仅展现了计算机的处理能力，还证明了计算机在无须定义明确规则的情况下具备学习能力。塞缪尔也因此创造了“机器学习”这个术语。后来，他的下棋程序还击败了当时在美国排名比较靠前的跳棋选手。

在今天看来，这个下棋程序就是强化学习思想的雏形。下棋这种游戏的规则是有明确定义的。它的决策虽然有挑战性，但也不是特别复杂。强化学习算法就很适合这样的场景。

1. 强化学习

持有强化学习观点的人工智能学派称为**行为主义**。有别于前面介绍的符号主义和连接主义，行为主义对智能有不同的理解。在行为主义看来，智能不需要知识、表示和推理。模拟智能的关键取决于采取行动并与外界环境交互。

强化学习尝试解决有关交互性和决策性的数学问题，比较接近自然界中的生物学习过程，强调的是行动与反馈之间的联系。如图 6-15 所示，当我们的智能体采取行动时，周边环境会做出反馈。根据这些反馈和当前状态，我们就可以确定每一步行动，这样不断尝试和积累经验，改进行动方案，做出更好的策略。

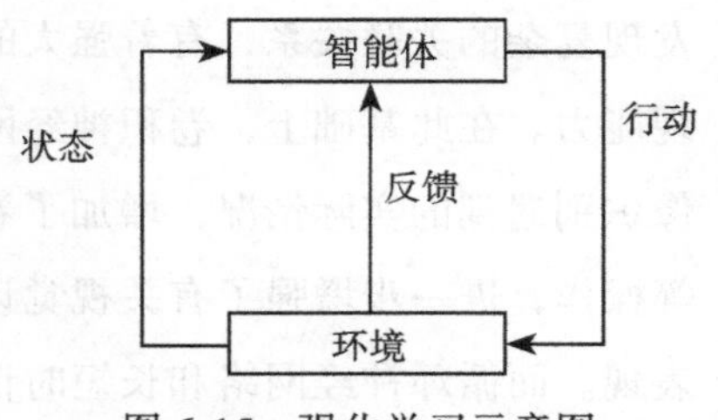

图 6-15　强化学习示意图

如果我们把强化学习的过程看成老师教学生，那么这位老师不会教学生某件事情到底应该如何做，他只对学生行动后的结果打分。对于学生来说，他要做的就是从一系列的分数中学会高分行为，避免低分行为，做出最佳的决定。

这里的难点在于，通常情况下反馈都是有延时的。比如，下棋时只有比赛结束，才能知道是输还是赢。那么，胜利应该归功于之前若干步棋的哪些步骤呢？输了又该如何反思呢？强化学习擅长解决这些问题，它给出了一种解决贡献度权重分配问题的计算方法。

2. 强化学习的控制论

强化学习的设计思想有一部分源于控制论。早在 20 世纪三四十年代，在受到当时心理学重大成果的启发下，维纳、奥多布莱扎等科学家建立了控制论。这一理论与香农的信息论、贝塔朗菲的系统论并称为 20 世纪科学技术发展的“三论”。人工智能技术的发展很大程度上受到了这些基础理论的影响。

控制论是关于动物和机器中控制和通信的科学。它是研究不确定环境的系统控制理论。其核心思想是，想要构建一个控制系统，就要获得每次输入后的反馈，并通过一种反馈回路或机制来不断修正这个控制系统。也就是说，想要维持一个系统的稳定，需要将它对刺激的反应反馈回系统，让系统产生一个自我调节的机制。

强化学习构建的也是一个闭环的控制系统，如图 6-16 所示。它通过不断地与环境交互产生动态数据，并通过偏差修正和反馈回路，最终让模型找到最佳策略。

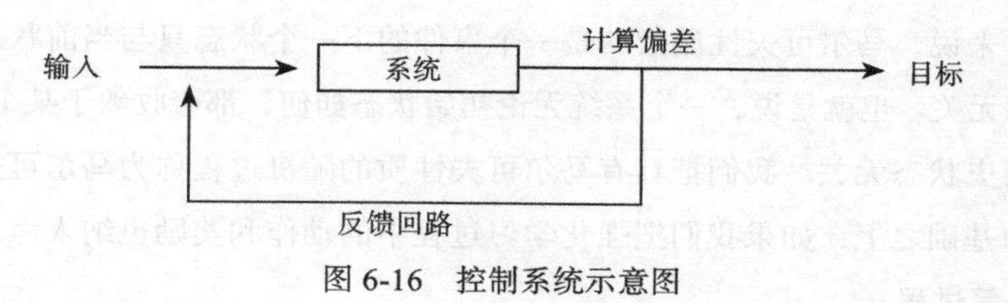

图 6-16　控制系统示意图

3. 强化学习的反馈机制

强化学习的一个关键策略是通过行动不断与环境交互，并获得奖惩反馈。比如，让计算机学习走出迷宫的策略，或者解决机器人在斜坡稳定行走的问题，当计算机行动后，就会获得与外界交互的反馈数据。与监督学习、无监督学习不同的是，反馈回来的数据是通过交互不断产生的，而且是动态的。在经过无数次迭代后，计算机积累了大量的行动和状态数据，这些数据最终让计算机获得执行某项任务的最佳策略。

对于强化学习来说，反馈是重要的学习机制。反馈包括正向反馈（奖励）和负向反馈（惩罚）。通常来说，正确的决定早晚会带来奖励，错误的决定迟早会受到惩罚。例如，我们想让一辆智能汽车通过强化学习的方式自己学会停车至指定车位，那就可以设置这样的反馈机制：当汽车靠近目标车位时，获得奖励（加分）。发生碰撞时，得到惩罚（扣分）。也就是说，通过得分情况来改进停车策略。这样通过大量学习和训练，汽车就会在避开障碍物的情况下接近目标车位，完成停车动作。在这个过程中，反馈让汽车找到了最佳行动策略。

在强化学习中，只有在奖励之前发生的状态才被认为与奖励有关（惩罚也是同样的道理）。越早的状态对当前回报的影响越小。同时，当前时刻的回报不能只在当前时刻做出判断，因为在很多情况下，当前时刻的某个状态或动作会影响很长一段时间以后的结果。比如下棋时，当下采取的某个行动只能在比赛结束后，才能判断其是否是最佳策略。因此，当前时刻的回报要能体现出对未来最终结果的影响。反映到数学上，即当前时刻的回报由未来各个时刻的累积反馈值得到，并且这些反馈值都会乘以一个随时间变化的衰减系数。也就是说，当前时刻的回报是未来各个时刻反馈的加权求和。

4. 马尔可夫决策过程

大多数强化学习都会用到马尔可夫决策过程。它是强化学习的理论基石，也是一个通用框架。那么，什么是马尔可夫决策过程？

让我们先了解一下**马尔可夫性质**。它是由俄罗斯物理学家兼数学家安德烈·马尔可夫提出的。简单来说，马尔可夫性质指的是一个事件的下一个状态只与当前状态有关，与过去的所有状态无关。也就是说，一个系统无论初始状态如何，都会收敛于某个特定的状态，且该状态与历史状态无关。我们把具有马尔可夫性质的随机过程称为**马尔可夫过程**。在马尔可夫过程的基础之上，如果我们把强化学习过程中的动作和奖励也纳入考虑，就得到一个**马尔可夫决策过程**。

在马尔可夫决策过程中，需要定义一些变量。

1）一个有限状态集。它是智能体所有状态的集合。

2）一个有限行动集。它是智能体可以采取哪些行动的集合。

3）状态转移矩阵。它表示前后两个状态有多大概率会发生转移。注意，当智能体在某个状态下执行了某个行动以后，它的状态更新受到两部分因素的影响：一是某个行动，它通常由基于概率分布的行动策略决定；二是外部环境的随机变化。这里的状态转移考虑的是环境的随机性。

4）反馈函数。它定义了采取行动后会得到多大的奖励或惩罚。反馈函数定义的好坏影响了强化学习的结果，比如计算机玩马里奥游戏时，让马里奥吃金币和通关都能得到反馈分值，但是为了让马里奥快速通关，而不是只顾着吃金币，就要把通关奖励得分设得高些，比如通关奖励是 10 000 分，每吃一个金币的奖励是 1 分。

5）折扣因子。即计算回报要用到的衰减系数。因为未来具有不确定性，我们对未来的奖励要打折扣，即离现在越远，价值就越小。

强化学习的目的是根据给定的马尔可夫决策过程，让行动的回报价值最大，也就是寻找最优策略。在数学上，该策略是一个关于状态和行动的映射矩阵。矩阵中存储的都是概率值。也就是说，策略给出了当前状态下具体执行各项行动的概率，比如执行行动 A 的概率是 90%，执行行动 B 的概率是 10%。当然，至于最终执行哪个行动，由智能体根据概率来决定。

之所以用概率来表示，是因为策略执行需要把不确定性纳入考量，这样智能体能在采取行动时做出一些尝试性的探索，也能增强模型的健壮性和抗干扰能力。尤其是与人博弈时，确定性的策略可能会被对手发现规律，采用具有一定不确定性的策略更能增加我们的胜率。

假设现在要让机器人学会走迷宫。如图 6-17 所示，有 9 个房间，其中 3 号房间和 4 号房间是陷阱区域，9 号房间是迷宫的出口。随机选择一个房间作为机器人所在的初始房间，机器人在进行探索时，一旦中了陷阱或者找到出口，则探索结束。

现在让我们来完成这个决策过程。状态集是{1，2，3，4，5，6，7，8，9}，代表房间的 9 个状态。行动集是 { 向上走，向下走，向左走，向右走 }，每次机器人都可以从 4 个行动中选择一个行动。状态转移矩阵包含迷宫中环境变化的概率，比如当机器人走到 3 号房间时，它有一定的概率会中陷阱，这就是房间 3 的状态转移概率。至于反馈函数，我们可以设置为：找到迷宫出口的反馈是 100，进入陷阱区域并中陷阱的反馈是 -100，其他状态之间相互转换的反馈是 0。

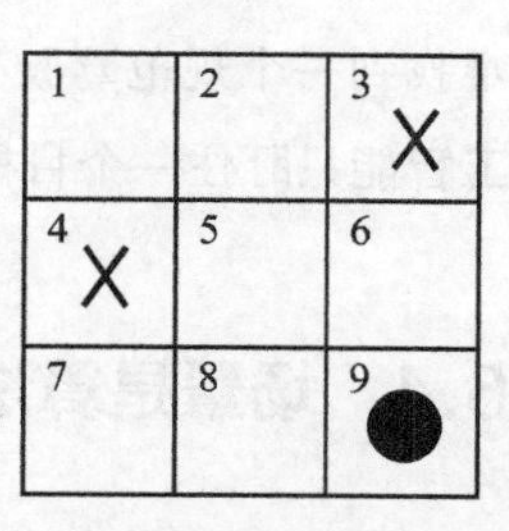

图 6-17　机器人走迷宫

有了马尔可夫决策过程的思想，我们就能较为方便地完成强化学习的建模工作，随后便可以使用一系列数学方法来求解这个强化学习问题。强化学习可以有不同的学习方法，比如可以直接寻找基于概率的行动策略（如策略网络），也可以想办法用函数来评价当前状态下每个行动的价值和收益（如深度 Q 网络）。这里我们不再展开讨论。

5. 强化学习的重要地位

强化学习是机器学习算法中的一个重要分支，也是 AlphaGo 的核心技术之一。强化学习研究的是关于策略优化的问题。生活中的很多问题都可以用它来解决，比如下棋、博弈、打游戏、汽车驾驶、机器人动作模仿等。严格来说，强化学习并不等同于深度学习，一些强化学习算法与值函数逼近、策略搜索算法有关，它们不一定都是深度学习算法。

强化学习被人们认为是最有可能实现通用人工智能的方法。AlphaGo 项目的主要负责人大卫・西尔弗（David Silver）认为：强化学习 + 深度学习 = 人工智能。这足以证明强化学习对于人工智能发展的重要影响。

Yann Lecun 曾通过一个“黑森林蛋糕”的比喻来形容他所理解的监督学习、无监督学习与强化学习之间的关系：如果将机器学习视作一个黑森林蛋糕，那么纯粹的强化学习是蛋糕上不可缺少的樱桃，只需要几比特样本量；监督学习是蛋糕外层的糖衣，需要 10 到 10 000 比特的样本量；无监督学习则是蛋糕的主体，需要数百万比特的样本量。但他也强调，樱桃是必须出现的配料，它是不可或缺的。

不过，强化学习在实际运用中还存在一定的局限性。例如，算法是通过最大化最终奖励来达到训练的目的的，但并不是所有的激励函数都可以被精确定义。换句话说，现实中激励函数是很难构建的。比如汽车驾驶，你可以找到诸如破坏车辆等的负向奖励，但是很难找到一个规范驾驶行为的正向奖励，更不用说找到衡量驾驶方式最优的方法。如果让人工智能只盯住一个目标，不择手段地去实现，则可能会发生有悖于设计初衷的事情。

6.4 场景是算法的综合应用

我们已经介绍了一些人工神经网络及其变种，但知道了算法不等同于能把它们应用到某个场景中。**很多复杂场景涉及大量算法的综合应用**。要解决一个复杂的场景问题，就要把这些场景拆成一个个小场景，这些场景要能定义成数学问题并有数学解法。举个例子，如果要让计算机规划一条最佳的行车路线，它就必须知道怎么衡量“最佳”，是时间最短，还是路径最短？否则，它无法给出答案。人类可以接受一定程度的模糊，比如这条路是近还是远，计算机却不行，它必须知道多近才是近，多远才叫远，因为数学是一种抽象的精确性表达。这是计算机和人类做事方式本质的不同。

很多人以为，只要有了大数据，把它们直接输入人工神经网络，就可以很好地解决某个场景问题。实际并非如此简单。无论是图像识别还是语言翻译，它们都需拆解成更小的功能模块。一个大型的人工智能，这样的功能模块可以有几十个，涉及的算法可能有上百种。每种算法用于解决特定场景下的具体问题。另外，使用这些算法时我们还要考虑很多工程上的落地问题。有时，这些问题比算法本身的研究更加复杂。

在算法组合过程中，有些场景是按功能分工将各种算法组合起来，有些则是按步骤分段将算法串接起来。当然，如何组合和串接算法需要一些“技巧”，我们会在后面讲这方面内容。下面我们结合典型的应用场景，来看看这些算法是如何组合在一起的。

6.4.1 计算机如何下围棋

早在 1913 年，德国数学家恩斯特·策梅洛就提出一个策梅洛定理。数学证明，任何只要双方交替下棋、能在有限步下完的游戏，必有一方有确保不败的策略。换句话说，无论是国际象棋、中国象棋，还是围棋，总有一方能立于不败之地。既然如此，人们只要用计算机得到获胜下法不就行了吗？为何还要研究算法来解决围棋问题呢？

之所以很难找到下围棋的不败策略，是因为所有走子组合的运算量大。人们不断改进算法，并不是因为不知道计算机获胜的方法，而是在想办法提高算法执行的效率。

在 19×19 的棋盘上，围棋的下法有 2.08×10^{170} 种。假设一台计算机（3GHz 主频 CPU）每秒运算 3×10^{9} 次，使用 1 万台计算机要花 2.3×10^{86} 年才能算出所有下法的胜率。而现有的计算机是无法使用穷举法处理围棋问题的。

围棋高手之所以厉害，是因为他们拥有丰富的实战经验，记忆力好，善于计算，可以凭直觉找到获胜概率高的落子点。那么，打败人类的 AlphaGo 是如何模仿这种直觉的呢？

简单来说，其就是运用各种深度学习算法的改良和组合。AlphaGo 运用的算法包括卷积神经网络算法、强化学习算法、蒙特卡洛树搜索，等等。这些算法模拟了围棋选手观察、学习、思考的能力。

首先是**观察能力**。围棋棋盘上有 19×19 个落子点，每个位置上可以放黑子、白子或者什么都不放，理论上要用 $19\times19\times2$ 个特征来表示棋盘状态（每个特征用 0 或 1 表示）。当然，无论是 AlphaGo 还是 AlphaGo Zero，它们实际都用了更多的特征作为输入，比如把历史好几步棋作为神经网络的输入。卷积神经网络算法能让 AlphaGo 识别棋局图像，掌握整体局势。采用卷积神经网络算法的好处是能实现局部感知。比如当 AlphaGo 学会了某个局部棋局的下法时，无论下次这个局部出现在棋盘的左下角还是右上角，它都能应对自如。不过，严格来说，卷积神经网络算法的作用并不只是观察局面。它的目的是训练一个策略网络，供后续强化学习使用。这个网络会根据棋面局势，预测人类玩家会在哪里落子。本质上，这个网络的功能等同于图像分类，只是图像分类要分辨的是图像中的物体类别，而策略网络要预测的是棋盘图像中的下一步落子点（它是 361 种不同下法中的一种）。

其次是**学习能力**。强化学习算法能让 AlphaGo 不断通过自我训练变得越来越强大。既然我们已经有了一个策略网络，假如某个棋局的局面出现在了训练数据的棋谱里，那么策略网络就会模仿人类棋手，下出比较好的棋法。但是还有很多棋局是策略网络没有见过的，此时就需要通过强化学习进一步提升 AlphaGo 的棋力。强化学习会探索更多的状态，通过奖励来指导某种状态下应该做什么样的动作。具体而言，AlphaGo 会模拟两个棋手（即两个策略网络）的相互博弈，其中一个棋手在每次下完棋后，通过强化学习来更新下棋策略，另一个则是“陪练”。当这个棋手变强后，再把它复制成新的“陪练”，不断重复学习。

最后是**思考能力**。AlphaGo 下棋时的思考过程可分为几个子功能：走子预测功能、快速落子功能、局势判断功能、落子决策功能。具体来说，走子预测功能负责根据当前的局面预测或采样下一步走棋；快速落子功能适当地牺牲了走棋的质量，在一定时间内快速确定落子方案；局势判断功能根据当前局面估计双方胜率；落子决策功能通过蒙特卡洛树搜索完成。

蒙特卡洛树搜索基于蒙特卡洛方法（本书第 1 章介绍过），并在此基础上增加了树状搜索结构。如果要在棋局上判断哪个备选落子点的胜率更高，通常要计算和比较落在备选落子点的胜率。但这对计算资源的需求较大。AlphaGo 的思路是放弃选择最佳下法，只计算随机或者快速落子后的胜率。它基于一个备选的落子点，快速生成几千个棋局，如果其中一半以上能够获胜，则说明这步棋可能是好棋。这就是蒙特卡洛树搜索的基本原理。AlphaGo 使用蒙特卡洛树搜索模拟了下棋时最佳落子点的检索过程，能有效规避搜索计算量大的问题。

让我们再来稍微比较一下 AlphaGo 和它的升级版 AlphaGo Zero。相较老版本，AlphaGo Zero 在很多算法细节上都做了改进，有兴趣的读者可以去阅读相关论文[⊖]。它们最大的区别是，AlphaGo Zero 不再使用人类对弈棋谱数据进行学习。神奇的是，这一改变反而让 AlphaGo Zero 变得更强。难道人类的知识对 AlphaGo 来说是有害的吗？关于这点，人们似乎还给不出确切的答案。

现在让我们来总结一下，AlphaGo 用到的很多算法早就存在，只是它把这些算法整合到了一起。

6.4.2 计算机如何打游戏

下棋是在双方信息对称的情况下进行的，敌我双方都能掌握全部的环境信息，并在此基础上进行博弈。对于这样的游戏，人工智能已经能够做得很好了，甚至能够超过人类水平。在现实中，还有很多游戏，游戏双方得到的信息是不对称的，比如星际争霸、魔兽争霸、王者荣耀。对于这类游戏，计算机又会如何应对呢？

2019 年，腾讯 AI Lab 研发出一款会玩王者荣耀游戏的人工智能软件——“绝悟”，这引起了人们广泛的关注。王者荣耀这款游戏玩法众多，最常见的是 5 对 5 的对战模式。玩家要从上百个英雄中选择一个角色进行游戏，每个英雄都有自己独特的技能。开局后，玩家可以从上、中、下三条道路中选择一条向对方展开进攻，并在杀死敌人和野怪后获得经验。玩家之间需要相互配合，摧毁对方大本营中的水晶，从而取得游戏胜利。

这样一款复杂的游戏，如果让计算机来玩，会有哪些难点呢？首先，游戏没有唯一最佳的战略方案，玩家需要根据对手行动不断调整对战策略，平衡好短期目标和长期战略。

⊖ 参见 AlphaGo 论文“Mastering the game of Go with deep neural networks and tree search”，以及 AlphaGo Zero 论文“Mastering the game of Go without human knowledge”。

其次，在游戏过程中，玩家有很多种行动方案，比如可以单打独斗，也可以选择与队友配合。与下围棋不同的是，玩家无法掌握全部地图信息，必须在实战中进行探索。另外，玩家必须根据战局快速做出动作反应，对操作的响应及时性要求高。

那么，"绝悟"是如何做的呢？简单来说，它由一个超大规模的神经网络组成[1]。它把打游戏时的所有信息都输入这个网络结构。

首先是地图空间，也就是游戏的主视野，包括地形空间、各个英雄之间的相对位置、小兵位置。这个部分使用卷积神经网络来处理。它能对一个个小区域提取图片特征，并把信息关联起来。

其次是游戏的基本信息。第一类数据是单元体的状态特征。单元体就是各个英雄、友军、敌军、野怪等角色信息。除了单元体，还有一些辅助的特征信息，比如英雄的金币、装备、血量等。第二类数据是游戏内的状态特征，比如小地图、游戏开始时间等。虽然上述两部分特征信息种类多，但从数据处理的角度来看，数据格式都比较规整，只要做一些简单的数学变换，就能把它们输入全连接的人工神经网络。

由于游戏中的战局会随时间变化而变化，因此网络需要记忆历史的战局。为了把前后时间的信息关联起来，"绝悟"在上述卷积神经网络、全连接网络后再接入一个长短时记忆网络。这个网络的作用是通过接受多个时间数据来学习这些时间数据之间的关联关系，这样游戏角色就能根据历史游戏情况做出当下最合适的行动决策。

另外，游戏中还有一些"看不见"的敌人信息，比如敌人可能所在的位置、敌人当前可能的血量等。这些信息也会影响"绝悟"的行动决策。"绝悟"的做法是，把这些信息交由另一个单独的神经网络进行处理，然后将它的输出结果与长短时记忆网络的输出结果进行合并。

至此，"绝悟"模型的输入数据范围就基本确定了。下一个问题是，如何训练这个模型？

答案是强化学习。强化学习会让模型学会决策。比如敌人残血时要不要追，追多远；应该去打眼前的野怪，还是和友军一起进攻敌人的大本营。强化学习会根据每局比赛的结果，判断比赛时执行某个动作是否合理，并更新这些动作的回报数值。如果下次遇到类似的局面，模型会计算行动的价值和回报，决策当下该执行哪种行动。执行的动作包括三部分：一是执行什么动作，比如移动、攻击、回城等；二是如何执行，比如向左走还是向右走；

---

[1] 可参考论文"Towards Playing Full MOBA Games with Deep Reinforcement Learning"。

三是对谁执行。

为了更好地提高模型能力，实际的训练过程是让许多组这样的模型（相当于老师）同时训练，再把这些老师模型的参数迁移到学生网络。“绝悟”大部分时间都是和最优的自己进行对战，直到得到一个最佳的学生网络。

以上就是关于“绝悟”模型结构的简单介绍。当然，我们这里只是把一些主要用到的算法做了介绍，实际的算法过程更加复杂。总的来说，有一点是可以确定的，即“绝悟”的实现由大量算法组合而成。

6.4.3 计算机如何与人对话

除了下围棋和打游戏，我们再来讨论一个应用场景——计算机与人对话。可以想象，无论是卷积神经网络还是循环神经网络，单靠一类网络是无法实现这个复杂场景的。要实现人机对话，我们可以把它切分成很多个子步骤，每个步骤用不同的算法实现，再把它们串接起来。例如，可以先让计算机识别出说话人的语音，从语音中提取文字内容并分析语义，再去检索内容的答案，最终把要回复的文字合成语音答复对方。在这个过程中，每个步骤对应一个子功能，前一个步骤的输出是后一个步骤的输入，整体可以看成是一系列子步骤的组合。下面我们来讨论计算机实现人机对话到底会用到哪些算法，以及它们是如何协作的。

1. 识别语音

语言是人们生活中重要的沟通方式。人说话时先要吸入空气，然后通过口型变化和声带震颤，发出不同频率和强度的声音。相较而言，计算机是通过一种合成技术或提前准备好的语音数据库来实现语音的处理和转换。

语音处理有多个子模块。比如先检测到人说话的声音，或者识别出唤醒词，知道什么人在什么时候开始或结束说话，还要能区分说话人的声音和背景声音。而且不同地域的人有不同的口音，还有很多特有的说话习惯和语气词，这些都对计算机识别语音提出了更高的要求。

语音识别需要经历特征提取、模型自适应、声学模型、语音模型、动态解码等多个过程。当计算机接收到一段语音后，先要处理原始的语音信息，过滤背景噪声，使用算法提取这段语音信息的特征，然后结合声学模型和语言模型，将它们转换成文本。

采集声音本质上是对信息的处理，相关研究从计算机刚被发明出来就开始了，很多技术在今天看来已经相当成熟。不过，这些并不是语音处理的难点，真正的难点在于知道这些声音要表达什么内容。一个完整的语音处理系统，包括对语音信息的处理和对语音 / 语义的识别。在这个过程中，算法要实现“接受信息”和“识别内容”。也就是说，在人机对话场景中，我们用一部分算法在解决语音识别问题，用另外一部分算法解决内容识别问题。

2. 语言处理的难题

早在 2011 年，IBM 公司推出了一款名为“沃森”的问答计算机系统，并让它参加了美国广受欢迎的智力问答节目《危险边缘》。在节目中，“沃森”战胜了最高奖金得主和连胜纪录保持者两位人类冠军。

“沃森”是一个典型的问答计算机系统。它可以处理自然语言，能根据问题构建回答方式，尝试通过检索信息找出最佳答案。

人类语言具有很大的灵活性，有限的字符能组合成很多句子。每句话除了字面含义，在不同语境下还能表达出不同的内涵。同一个语义有多种表达方式，同一种表达方式又有不同的含义。这种灵活性人类能轻松驾驭，但对计算机来说是巨大的挑战。

自然语言处理涉及很多环节，比如如何获取知识并建立知识库，如何理解语言，如何生成语言等。相应地，诸如知识图谱、人机对话、机器翻译等特定应用场景下的研究方向出现。目前，主流的实现技术有：循环神经网络、词向量、大规模预训练模型、文本的编码和反编码技术等。

自然语言处理要解决的一个核心问题是，如何在一个文字和含义的多对多映射中找到最符合当下语境的映射关系。其中的技术难点包括以下几方面。

首先要解决歧义问题。一些常用词语是存在歧义的，举例来说，“潜水”可以指一种水下运动，也可以指不在论坛发言的行为；“IP”可以指互联网通信协议，也可以表示知识产权；“云”可以指天气现象，也可以指云计算技术。短语也会有歧义，比如“进口彩电”可以指进口的彩电，也可以指一个具体动作；“北京大学”可以指“北大”这所全国重点大学，也可以指北京的大学。还有，句子也会产生歧义，比如“做手术的是小张”可以指小张在接受手术，也可以指小张是做手术的医生。人类语言博大精深，这也给自然语言处理带来不小的挑战。

其次解决上下文关联问题。比如要能理解“你、我、他”这样的人称代词，“小张欺负了小王，所以我批评了他”，这句话既有小张又有小王，需要根据上下文才能知道被批评的是小张。其他还包括恢复一些省略的内容，例如“老王的儿子学习不错，比老张的好”，后半句其实是指“比老张的儿子的学习好”。有些语句需要根据上下文来判断含义，比如“我最喜欢的天气是晴天”和“我最喜欢听的歌是《晴天》”，两句话中的“晴天”就是完全不同的含义。

此外，需要判断说话人的意图和情感。这就需要计算机具备像人一样的常识和经验。比如“续航时间长”是褒义的，而“等待时间长”是贬义的。当听到“我最近老是失眠”“今天怎么又下雨了”这样的话时，暗示着说话人可能心情低落。另外，一些语言会带有反讽、反问的含义，表达的含义与实际情感可能是相反的。又或者句子中用了一些俚语和典故来隐喻、一语双关。还有一些网络流行词，比如“内卷”“躺平”“割韭菜”等，我们很难直接从字面意思理解要表达的含义。还有一些专业术语，我们需要相关行业知识才能较好地理解，比如在 IT 运维领域，事件、问题、变更、配置这些都是专用词，都有着特定的含义。以上这些都会给自然语言处理带来很大的难度。

3. 用向量表示单词

以前，学术界对让计算机处理自然语言的普遍认知是，要让机器完成文字翻译或者人机对话这样的任务，就必须先让计算机理解语言，因为人类自己是这么做的。一个能把英语翻译成汉语的人，必定能很好地理解这两种语言。

时至今日，科学家们已经不再坚持这一点。对于机器翻译和人机对话这样的自然语言处理任务，计算机要做的不是理解语言，而是学会对单词的表达。比如要处理一段文本，计算机首先要将每个单词映射到一个向量空间，形成单词字典。

那么，如何得到单词字典？可以统计单词出现的频率，然后按照单词出现频率从高到低进行排序，保留常用词，去掉低频词，这样就得到了单词字典。去掉低频词是因为这些单词通常对整个自然语言处理模型的影响不大，去掉它们可以降低单词处理的计算量，避免模型出现过拟合现象。

统计词频的工作看似简单，其实也有很多要考虑的情况，比如，如何识别和处理专有名词，如何纠正一些明显的错别字。如果实际去统计一篇文章的词频，我们会发现出现次数最多的词通常是“的”“是”“在”这样的词语。这类词语出现频率高，但多为功能词，没有实际含义。在自然语言处理时，这些词被称为**停用词**，可以被过滤掉。

有了单词字典，我们就可以对单词进行转换。比如单词“猫”排在字典中的第 1 位，就将它表示为 [1,0,0,0,⋯,0,0,0]，即只有“猫”对应的位置用 1 表示，其余都用 0 表示。这种表示是处理数据特征时经常用到的方法，即 one-hot 编码（也叫独热编码）。

用 one-hot 编码来表达语义其实并不精确。首先，它的维度非常高。通常一篇文章或一个语料库中所包含的单词就可能超过 10 万个。换句话说，在一个 10 万维的向量中只有一个维度是 1，其余是 0，显然会造成维度灾难，后续的计算难度极大。其次，这种编码方式无法刻画词与词之间的相似性，因为任何两个单词所对应的向量相乘都是 0，它们没有“距离”上的差别，也就无法进一步表征它们之间的关系。

于是，人们使用了一种叫作**词向量**的方式来表征单词，也就是将词汇向量化。在词向量中，每一维的取值不再仅仅是 0 和 1，而是 –1 到 1 之间的实数。因此，词向量的维度要远远小于 one-hot 编码的维度。通常，词向量的维度只有 100 到 200 维。还是以“猫”为例，它的词向量可能是 [0.2,0.8,–0.1,⋯,0.6,–0.7]。将单词表达为词向量后，很多自然语言处理的工作也就能够顺利开展。

如何得到词向量呢？首先，我们需要准备一定量的文本语料库，然后定义一种语言模型。它的功能可以是根据给定的上下文单词预测中间目标词，也可以是根据给定的一个词语来预测它的上下文，总之定义好这个模型的输入和输出。随后，我们可以使用人工神经网络算法训练这个模型。训练的目的不是得到预测结果单词，或对某个单词做出分类，而是要得到神经网络隐藏层的权重。有了权重矩阵，我们就可以把不带任何词义信息的高维特征（比如 one-hot 编码），转换成带有词义信息的低维特征（比如词向量）[⊖]。

词向量关心的是单词之间的关系。它可以把文本内容简化为对单词的向量运算。向量空间上的相似度也就可以表示为文本语义上的相似度。词向量有很多用途，比如它可以用于寻找同义词和近义词，也可以直接作为一些模型的特征输入，还可以作为神经网络的初始值，以便模型更有可能收敛到局部最优。

有了词向量，我们会看到很多有趣的例子。如图 6-18 所示，向量“爸爸”到“妈妈”的距离和“男人”与“女人”的距离类似，它们具有某种联系。

我们可以对这些单词做算数操作：爸爸 – 男人 + 女人 = 妈妈。

我们还可以发现，“猫”“狗”“鱼”这些表示动物的单词向量会聚拢在一起。而“汽车”

⊖ 该转换过程涉及矩阵运算。简单来说，词向量（$d\times 1$ 维）可以通过一个特定维度的矩阵（$d\times v$ 维）乘上单词 one-hot 编码的向量（$v\times 1$ 维）变换得到。

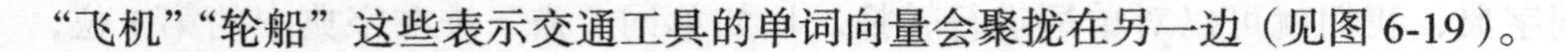

“飞机”“轮船”这些表示交通工具的单词向量会聚拢在另一边（见图 6-19）。

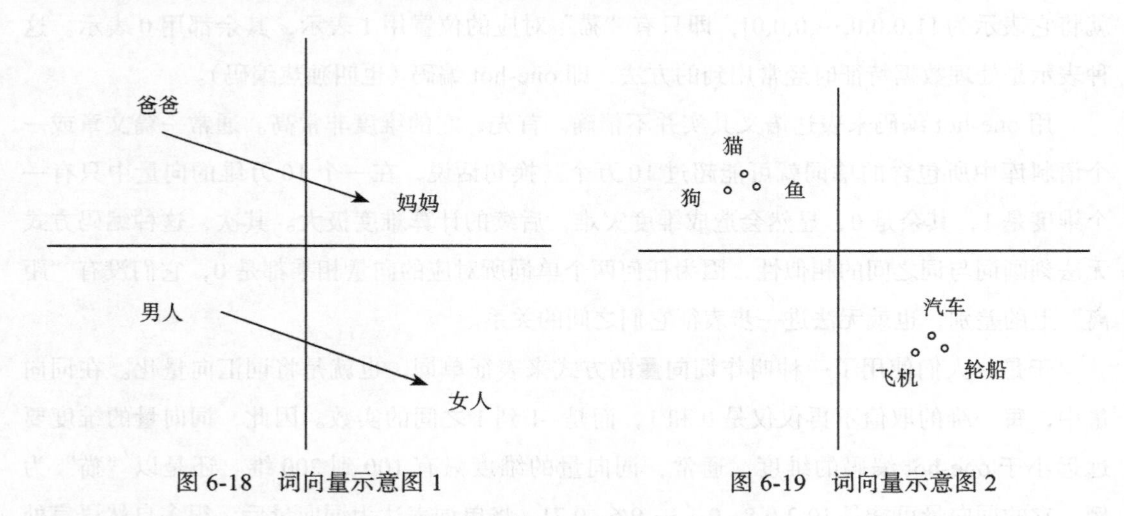

图 6-18　词向量示意图 1　　图 6-19　词向量示意图 2

将单词转变为向量，是一种将文字转换成数学运算的方法。有了向量形式的表达，词与词之间的关系就可以用向量之间的距离来表达。越相似的单词，或联系越紧密的单词，它们的距离越近。

有了这些关于自然语言的分析方法，我们就可以实现很多应用场景，比如小语种翻译、古文字破译等。

4. 隐马尔可夫模型

现在，我们知道了如何采集语音，如何用数学的方式处理词语。那么，人机对话功能能否顺利实现呢？不见得。我们前面提过，要把各种算法组合和串接起来，这其中还涉及一些技巧。

假设我们要完成一件事情，很多人的想法是把这件事分成几个阶段，只要这几个阶段的任务分别完成，整件事就完成了。但有时，总体并不等于部分的总和。简单来说，用不同算法分别解决不同的子问题时，必须考虑总体效果。其实，用算法分工和分段处理都会出现这样的问题。当我们把整体划分成局部时，这些局部之间“隐秘的关联性”就消失了。还记得 AlphaGo 在决策落子点时是如何处理这种关联性的吗？没错。使用蒙特卡洛树搜索，它把走子预测、快速落子、局势判断这些功能整合起来。在人机对话场景中，我们同样需要使用类似的处理“技巧”。

虽然声音处理和语言处理是两类不同的问题，需要用到不同的算法，但它们不应该被完全独立对待。文字中虽然有很多同音字，具有很大的模糊性，但是当把它们放到具体的语境中时，很多词句含义的确定性就大大增加了。

换句话说，当我们真正要解决计算机与人类对话问题时，我们不仅要分段处理声音问题和语言问题，还要把声音和语言联系起来作为一个整体来处理。如果计算机能够理解一段音频里包含的信息含义，它就能够更好地提升语音识别的准确率，也就能够更好地处理与人类对话的问题。

语言中有许多含糊词，人们理解起来也很困难。中国汉字的发音大概有 1000 多种，要对这些汉字进行语音识别，如果只是采集音频信息进行识别，难度就相当于是 1000 选 1。但是，如果我们同时进行语义识别，从读音中按照上下文判断某个汉字出现的可能性，识别的难度就会大幅下降，准确率也会大幅提高。

那么，如何识别语音中的文字信息呢？

我们可以使用**隐马尔可夫模型**。它将语音识别的准确率提升到一个新的高度。隐马尔可夫模型（Hidden Markov Model，HMM）是一个统计模型，在 20 世纪 70 年代发展起来，在语音识别、自然语言处理等领域有很广泛的应用。

一个离散状态的马尔可夫过程叫作**马尔可夫链**。假设天气是一个马尔可夫链，那么明天的天气只与今天的天气有关，不用考虑过去天气的所有情况。隐马尔可夫模型是一个含有隐藏的马尔可夫链的统计模型。首先，它有一个隐藏的、不可观测的状态序列；其次，它还有一个能够被观测到的观测序列，所以它是一个双重随机过程。

这么说可能有点抽象，让我们来举一个例子。

假设袋子中放了 10 个骰子，其中 3 个是四面体骰子，2 个是六面体骰子，5 个是八面体骰子。我们每次随机从袋子中选择一个骰子，然后掷这个骰子，并把数字记录下来，再把骰子放回去重复这样的动作。假设掷了 10 次得到一串数字：4、1、3、7、2、4、8、4、5、3，这串数字叫作可见状态链。当然，它还有一串隐藏状态链，就是选出骰子的序列。

三种骰子被选出的概率是不相同的，我们有 1/2 的概率选中八面体骰子，但只有 3/10 的概率选中四面体骰子。如果我们知道了当前骰子的状态，就可以计算出下一次拿到各个骰子的概率。也就是说，我们可以得到每个骰子之间的状态转换概率（见图 6-20）。

当然，这个转换概率可以有附加规则，比如你可以规定骰子不能和前一次选中的骰子是相同面数的，或者规定四面体骰子后面不能接六面体骰子等。总之，我们有了骰子各点数出现的概率、骰子的状态转换概率、第一次选中这些骰子的概率（初始状态），就能构建一个隐马尔可夫模型。

在这个例子中，我们真正想要推断的对象并不能直接观测（比如到底从袋子里选出了哪些骰子），只能根据另一种可见的、有关联的对象进行推测（比如这些骰子掷了几点）。在这种情况下，我们就可以用隐马尔可夫模型来表示。

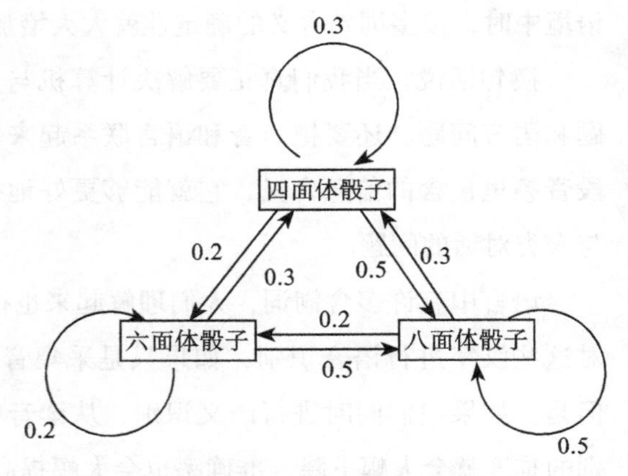

图 6-20　骰子状态转移概率

对于隐马尔可夫模型来说，我们要解决的问题是，如何从已知的部分信息中推测出其他信息。比如有时我们只知道骰子有几种、有几个，但不知道掷出来的骰子的序列；有时我们只知道掷骰子的结果，但不知道有哪些骰子。因此，如何做出合理的估计是一个重要问题。这中间运用到很多数学方法，但总的来说，就是想办法计算出概率最大的某种状态。比如我们想从一段语音中识别出一个单词，本质上就是计算哪个单词最有可能出现在这段语音中，这就可以使用隐马尔可夫模型求解。我们平时使用打字软件时，软件会自动将输入拼音转换为正确的文字，甚至对词语进行补充和联想，这也用到类似的原理。

当然，隐马尔可夫模型还有一些扩展，比如我们可以在考虑观测序列中的某个观察值时，不只考虑隐藏状态序列中产生它的某个值，还把它的前后状态也考虑进去，这样的模型就是一个条件随机场。这里就不再展开讨论了。

5. 语言模型介绍

今天的人工智能已经能够很好地处理常用对话了。它们可以根据说话者的需要来播放歌曲、播报新闻、检索资讯，还能讲笑话、对话和问答。在某些领域，它们已经可以达到以假乱真的效果。比如在美国佐治亚理工大学，人工智能助教 Jill Watson 于 2016 年上岗，它和其他助教一样参与了学生的助教工作。学生们发现，这个助教回答问题速度很快，而且不知疲倦。三个月后，它不仅没有被学生发现，还被学生推荐为优秀助教。

2020 年，OpenAI 公开了 GPT-3。该模型是一个史无前例的庞大语言模型，几乎能胜任任何可以用文字表达的工作。它可以回答问题、写文章、写诗歌，甚至写代码。该模型拥有 1750 亿个参数，使用 45TB 数据进行训练，一次训练费用高达 460 万美元。一经问世，其立刻引发全球轰动，甚至有媒体称它是“继比特币之后又一个轰动全球的现象级新技术”。由于担心模型过于强大，OpenAI 最终决定以 API（应用程序接口）的方式提供给普通用户使用，并没有完全开源代码。

不过，GPT-3 还有不足，比如你问“猫有几只眼睛?”，它会准确地回答“2 只眼睛”。但是，如果你问“我的脚有几只眼睛?”，它会回答“2 只眼睛”，这显然是错的。对于 GPT-3 来说，它也许知道脚和眼睛有联系，但它没有常识，不知道脚上是不会有眼睛的。

从表 6-2 可以看到，语言模型的参数数量呈大幅增长趋势。就在 2021 年年初，谷歌又发布了拥有 1.6 万亿个参数的语言模型。未来，语言模型的复杂度还会变得更高，性能表现也会更好。

表 6-2　语言模型参数数量

时间	模型	总参数量
2018 年 6 月	GPT	1.25 亿
2019 年 2 月	GPT-2	15 亿
2020 年 6 月	GPT-3	1750 亿

诸如 GPT-3 这样的语言模型或许有着惊人的表现。但我们必须知道，计算机本质上并不能很好地理解语义，只是学会了一种语言交流的规则，或者说，从人类的语言中，总结出了自己才能理解的数据关系。

6.5　结语

在本章中，我们详细地介绍了以人工神经网络为代表的各种深度学习算法，也介绍了如何将这些算法组合应用到实际场景。人工智能算法解决了文本、图像这类非结构化数据的处理问题，也让计算机能够从数据中不断自我学习，提升能力。这让人工智能的表现越来越像人类。

想要实现人工智能，除了数据和算法，其实还有一个不可或缺的要素——计算能力。它让计算机处理大数据和深度学习算法变得可能。有关这个话题，我们将在下一章中展开讨论。

第 7 章

海量运算背后的技术

很多人喜欢把 AlphaGo 的胜利归功于深度学习算法，这当然是原因之一。可如果只有算法，我们可以断言 AlphaGo 不会成功。其实早在 2016 年，DeepMind 就公开了 AlphaGo 的算法细节。可直到今天，我们并没有看到第二个与 AlphaGo 旗鼓相当的围棋人工智能出现。是这篇论文写得不够清楚吗？显然不是。那么，还有什么原因能让 AlphaGo 获得胜利呢？

数据、算法和算力，被视为驱动人工智能发展的“三驾马车”。三者缺一不可。很多人只看到算法，是因为其他问题要么难以解决，要么早已解决。表面上看，能改进的地方只剩算法。可实际上，AlphaGo 的胜利有很大一部分要归功于谷歌后台庞大的 IT 基础设施建设。

相比于 20 世纪 60 年代，如今计算机的计算能力至少提升了数百万倍。这不仅要归功于计算机硬件技术的进步，也有分布式、云计算等技术架构改进的功劳。

7.1 不断提升的计算能力

计算是数学的基础。早期的计算主要依靠人工，后来人们通过一些机械装置来辅助计算。现代信息技术的发展源于人们对电的发现和利用。随着电子计算机的发明，在不到 100 年的时间里，人类已经能够开展很多大型的计算任务，比如天体运动轨迹模拟、汽车行驶影像分析、天气预报、密码破解、比特币挖矿、数学猜想验证等。

7.1.1 计算的演进

从古至今，人类都在努力发明和制造各种计算工具，让计算变得越来越快。让我们不妨回顾一下计算工具演进的历史。

1. 计数系统

人类想要完成计算，必须要建立一套完整的计数系统。这似乎再自然不过，但对古人来说，它可是一件颠覆认知的事。

距今约 7000 年前，人类还没有发明计数系统。原始部族里物资本来就很匮乏，没有大量计数的需要。如果原始人打死了三只野兽，他会告诉同伴打死了很多只，因为没有比 3 大的数词。这种以“三”为“多”的认知也体现在中国的古诗词中，比如李白描述庐山“飞流直下三千尺”，“三千尺”形容的是山很高，不是指实际精确的高度。

后来，人类祖先学会了在兽骨上用一道道的刻痕进行计数，这种计数方式甚至早于文字的出现。除了兽骨，古人还会借助木头、象牙等物品进行计数。随着畜牧业的发展，羊群的主人必须找到一种对羊计数的方法。于是，有人发明了用于计数的符号，替代了原来使用木头等实物对羊计数的方法。从这一刻起，数字这种抽象的虚拟符号便从现实世界中剥离出来，并用来描述现实世界。

根据史书记载和考古证据，中国在春秋战国时期就已经有了比较完备的计数方法。这个计数方法叫作算筹。它由一根根大小相同的棍子（竹子或兽骨）制成。算筹可以横摆或竖摆。不同的摆法代表不同的数字。按照算筹的记数规则，个位用纵式，十位用横式，百位用纵式，千位用横式，这样纵横相间的摆法能表示出任意大的自然数。算筹还能进行加减乘除四则运算，这可以称得上是一项了不起的发明。

后来，随着人类文明不断发展，计数系统也得到了不断完善。不同地区的人发明并开始使用不同的计数系统。中国人、罗马人都发明了不同的数字计量方式。今天，全球通用的计数方式是由古印度人发明、经阿拉伯人传入欧洲并盛传开的阿拉伯数字。它使用的是十进制计数法，包含 0、1、2、3、4、5、6、7、8、9 共 10 个数字。

今天如果要表示一个很大的数字，人们会用科学记数法，或定义一个表示大数的单位。这种符号创新对计数系统的发展起到了重要作用。比如，光在真空中的速度约为 3.0×10^8 m/s。古人并不知道这种简化的表示方法，如果让他们来表示光速，他们能想到的最好办法，就是在 3 的后面反复写上 8 个 0。再比如，科学家计算得出整个可观测宇宙的直径大小约为

930 亿光年，即便如此，我们也可以只用几个词就把它表达清楚。这些我们习以为常的数学表示方法，是在距今不到 2000 年的时间里被发明出来的。

2. 计算工具

当人类学会计数后，计算的需求也随之而来，比如测量土地、研究图形、预测天象等。随着各项科学研究工作的开展，人们发展出了数学、物理、化学、天文等一系列需要大量计算的学科，并且会在计算过程中运用大量符号和公式。面对越来越复杂的计算任务，人们开始尝试借助计算工具，来辅助计算任务的完成。

关于辅助计算的工具，其实很早以前就有了，比如中国的算盘。早在距今约 1800 年前的东汉，数学家徐岳在其撰写的《数术纪遗》中就有关于算盘的记载。到了北宋年间，我国就已普遍使用算盘。打算盘是一种技能，就和打字一样，靠的是精确无误的拨珠操作。从这个角度来看，算盘其实就是一个手动计算器。

1642 年，法国科学家布莱斯·帕斯卡利用齿轮传动原理，制造出世界上第一台机械计算机。它实现了简单的加减运算。1671 年，德国数学家莱布尼兹改进了帕斯卡计算机的运作原理，增加了一个步进轮装置，制成了第一台能够进行加减乘除四则运算的机械式计算机。这个机器被叫作“乘法器”。

到了 19 世纪，英国科学家巴贝奇（Charles Babbage）提出了制造自动化计算机的设想。他先是设计了一台差分机，希望用它计算多项式函数的值，但最终这台机器并没有如愿完成。后来，他提出了新的改良设计方案，希望制造一台更加通用、可以计算各种数学函数的机器。他在这台机器引入了程序控制的概念，称其为分析机。尽管受到技术和工艺的限制，机器未能达到巴贝奇梦想中功能更强大的样子，但它的设计思想正是现代计算机的雏形，只是当时是蒸汽动力，现在是电力驱动。当时，英国女数学家阿达·洛芙莱斯（Ada Lovelace）是巴贝奇的合作伙伴。她为该分析机设计了程序和算法，这是世界上第一个计算机程序。阿达也被誉为世界上第一位程序员。在 20 世纪 70 年代，美国国防部开发出一种军用系统程序语言，就是用她的名字来命名的。Ada 语言最早的设计面向嵌入式系统和实时计算，至今仍在一些特定领域使用。

到了 1938 年，德国力学工程师康拉德·楚泽（Konrad Zuse）研制出了第一台可编程的电动机械计算机 Z-1。这是世界上第一台依靠程序自动控制的计算机。而在接下来的几年里，楚泽用继电器取代机械实现了开关电路，研制出第二台计算机 Z-2。Z-2 的计算速度是 Z-1 的 5 倍，每秒可以计算 5 次。1941 年，楚泽使用 2000 个继电器，研制出了 Z-3。这是世界上第一台功能等同于图灵机的计算机，每秒可以进行 5 ～ 10 次运算。随后，楚泽不断改良计算机，一直做到了 Z-22。不过，最初楚泽在研制计算机的时候，并不知道图灵的理论。

3. 第一台电子计算机

无论是机械驱动的计算工具，还是电力驱动的计算机，都在提高计算的速度。但是这些工具一开始并没有被广泛应用。

1946 年，莫奇利和埃克特带领团队研制出了世界上第一台通用电子计算机 ENIAC[⊖]（见图 7-1）。这台设备诞生在美国宾夕法尼亚大学。与现代计算机不同的是，ENIAC 是一台十进制机器。

图 7-1　电子计算机 ENIAC 照片

ENIAC 是一个庞然大物，占地 160 多平方米，重约 30 吨。它用了 1.8 万个真空管，工作时功率达到 150 千瓦。ENIAC 每秒能执行 5000 次加法，比当时每秒只能做 5 次加减的机械计算机要快得多。不过，它的造价昂贵，存储量小，而且电子管使用起来不仅耗电，零件寿命还很短。另外，ENIAC 必须通过改变电路才能完成新题的计算。但由于 ENIAC 内部连线非常复杂和混乱，更改电路是一项极为烦琐的工作。

虽然 ENIAC 使用起来有着种种不便，但不可否认的是，它是人类文明进步的重要里程碑，标志着人类从此迈入计算机时代。

4. 科学家的贡献

在计算机发展过程中，很多科学家付出了毕生的时间和精力。在这些人中，布尔、香

⊖ ENIAC，全称 Electronic Numerical Integrator And Calculator，即电子数字积分器和计算器。

农、冯·诺依曼、图灵无疑是他们的缩影和代表。

现代计算机使用的是二进制数，对应两种电路状态——通路和断路。这种计算方法称为逻辑代数，也叫布尔代数，由英国数学家布尔在 1847 年发表的《思维规律研究》中首次提出。布尔发现，各种逻辑命题都能用数学符号表示。他用两种逻辑值“真”“假”和三种逻辑关系“与”“或”“非”建立了整个逻辑代数的理论基础。

香农不仅是信息论的创始人，也是计算机和数字电路理论的创始人。他在 21 岁读硕士时，就提出用二进制系统表达布尔代数中的逻辑关系。任何信息都可以用 0 和 1 两种符号表示，处理这些信息本质上是一种逻辑运算。在香农以前，人们已经理解了逻辑电路，也知道什么是布尔代数，但香农是第一个提出把布尔代数与计算机二进制联系起来的人。他为现代计算机的发展奠定了重要的理论基础，今天所有的数字集成电路设计都在使用这套理论。

在 20 世纪 40 年代前的英语词典中，“计算机”的定义是“执行计算任务的人”。而“执行计算任务的机器”被称为计算器。冯·诺依曼是首次将“计算机”作为专业术语提出的人。他在 1945 年以“关于 EDVAC[⊖]的报告草案”为题，写了一份长达 100 多页的报告。该报告首次提出了“自动计算系统”，定义了计算机部件，阐述了有关计算机的设计思想。如今，无论是电脑、手机、iPad，它们的工作原理仍然使用了冯·诺依曼提出的计算机架构——运算指令全部采用二进制，有控制器、运算器、存储器、输入设备、输出设备 5 个部分（见图 7-2）。人们也把电脑称作冯·诺依曼机。

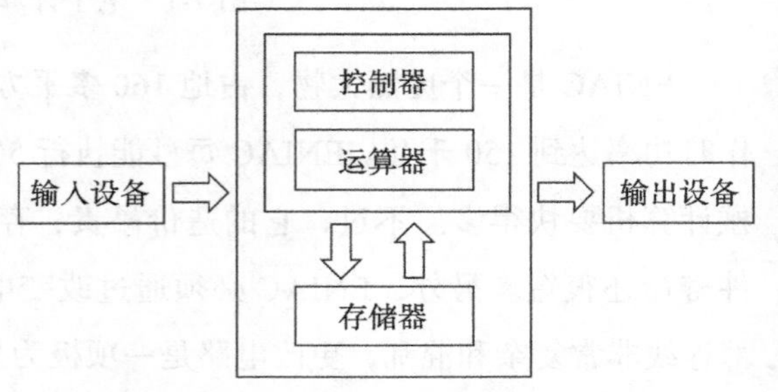

图 7-2 冯·诺依曼计算机体系结构

图灵（Alan Turing）是另一位伟大的计算机科学家。1936 年，他在论文《论可计算数及其在判定问题上的应用》中提出了一种抽象的计算模型，并且从理论上证明了它的可行性。后人将这个模型命名为**图灵机**。

图灵机是一个想象中的虚拟装置（见图 7-3），由三部分组成：一条无穷长的纸带，上面有无限个格子；一个可以移动的读写头，能向当前格子写入 0 或 1；一个有限状态机，相当于控制程序，可以根据自身状态和纸带格

⊖ EDVAC，即 Electronic Discrete Variable Automatic Computer 的首字母缩写，中文名称为离散变量自动电子计算机。

子的内容，按照提前定义好的规则，指示读写头向左 / 向右移动，或者向当前格子写入数据。

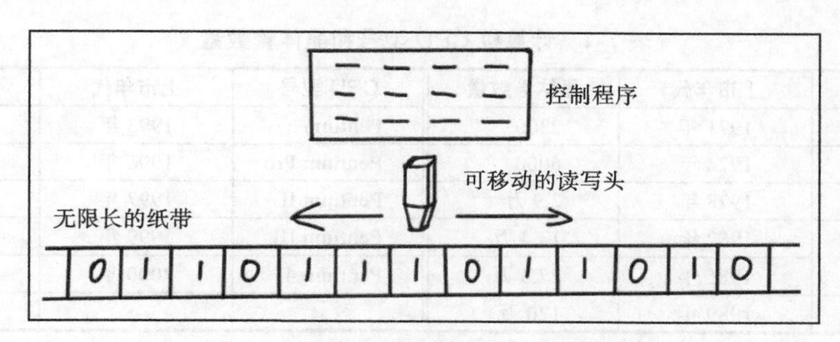

图 7-3　想象中的虚拟装置——图灵机

图灵机可以根据需要，不断移动纸带读写数据。我们今天所使用的现代计算机无论是电脑还是手机，无论它运算多快，外观设计多么不同，它的计算模型本质上都是图灵机。如果一个程序可以完全实现图灵机的等效功能，我们就说它是**图灵完备**的。这些计算设备（比如电脑）读入数据流，按照特定的算法运算处理，然后在另一端（比如显示器）输出结果。

图灵机就是这样一个简单的装置，恰恰因为简单，奠定了计算机的理论模型。直到今天，无论电子计算机的外观如何变化，都没有跳出这个理想模型的范畴。

如果说图灵机是关于计算的一种抽象描述，那么冯 · 诺依曼系统则设计了实现这种描述的具体计算机架构。图灵奠定了计算机的基本软件原理，而冯 · 诺依曼奠定了计算机的基本硬件体系。为纪念这两位科学家，人们把“计算机之父”的称号给了冯 · 诺依曼，把计算机领域的最高奖项命名为“图灵奖”。

7.1.2　今非昔比的算力

电子计算机发展至今还不到 100 年。我们看到的是，随着集成工艺的提升，集成电路可以安装更多的晶体管。Intel 创始人戈登 · 摩尔在 19 世纪提出了“摩尔定律”。他指出：当价格不变时，集成电路上可容纳的晶体管数目每隔 18 到 24 个月增加一倍，性能提升一倍。这一定律精准预测了芯片行业未来 30 年的发展，揭示了信息技术发展初期呈现出来的指数级增长规律。在芯片尺度达到它的物理极限前，摩尔定律会持续生效。1958 年，第一代集成电路仅仅包含两个晶体管。但是在 1997 年，奔腾 II 处理器的晶体管数扩大到 750 万（见表 7-1）。如今，我们可以在一根头发丝大小的空间集成上万个晶体管。《奇点临近》的作者雷 · 库兹韦尔（Ray Kurzweil）将这种科技发展增长规律称作加速回报法则。他还大胆预测，人类在 21 世纪的进步可能是 20 世纪的 1000 倍。

表 7-1 计算机 CPU 型号和晶体管数量

CPU 型号	上市年代	晶体管数量	CPU 型号	上市年代	晶体管数量
4004	1971 年	2300	Pentium	1993 年	310 万
8080	1974 年	6000	Pentium Pro	1996 年	550 万
8080	1978 年	2.9 万	Pentium II	1997 年	750 万
80286	1982 年	13.4 万	Pentium III	1999 年	950 万
80386	1985 年	27.5 万	Pentium 4	2000 年	4200 万
80486	1989 年	120 万			

计算机刚被发明出来时，主要服务于军事科研领域。如今，它们已走入千家万户。过去，一个 5MB 硬盘的体积相当于两个冰箱大小，必须用飞机运送。如今，TB 容量的固态硬盘只有手掌大小，可以随身携带。

20 世纪 80 年代，计算机每秒只能执行 100 万次操作。如今，计算机每秒能执行超过 10 亿次操作。一台超级计算机每秒的计算速度甚至可以轻松突破亿亿次。这种超强计算能力可以用于解决很多专业工程问题，比如天气预报、宇宙探索等。我国在设计天宫一号飞行器时就使用了自主研发的超级计算机——神威·太湖之光。它是世界上首台每秒运算超过 10 亿亿次的超级计算机，峰值运算性能达到每秒 12.54 亿亿次。

7.1.3 计算机芯片

计算机用于计算的核心组件是芯片。计算机芯片的底层逻辑是逻辑运算，即便是最简单的 1+1 求和，人们也需要设计相应的逻辑电路，通过电路开关进行一系列的电路控制。这些逻辑运算的背后是莱布尼兹关于二进制数的理论、布尔的布尔代数以及香农的信息理论。简单来说，任何具有开和关两种状态的元器件经过组合后可以表达任意逻辑关系。这是芯片制造的理论基础。

计算机最早用**继电器**来控制电路逻辑。它的原理是电磁感应，利用电磁铁在通断电时会产生或消失磁力的现象来控制电路开关。继电器虽然能对电能和磁能相互转化，但它是一种物理开关，使用起来效率不高。

后来人们发明了**电子管**。电子管的外形有点像白炽灯泡，它的内部是真空的，加热灯丝以后，加压正 / 负两极就会产生电流。虽然电子管相较继电器做了很多改进，但它的使用寿命依然很短，而且造价昂贵，体积大，使用起来还是不方便。

随后，人们开始使用硅这样的半导体材料研制**晶体管**。早期的晶体管依然使用了玻璃外壳的真空封装，不像现在采用塑料或陶瓷封装。相比电子管，晶体管的能耗和体积只有原来的 1%，价格至少为原来的 1/10。晶体管和电子管都是控制电路的开关。不过，靠晶体管搭建起来的计算机依然十分昂贵，而且元器件数量太多，很容易出现故障。

如今，人们将各种功能的电路集成在一块芯片上，这就是**集成电路**。它把电路中所需的各种晶体管、电阻、电容等元器件及布线都集中在一块很小的硅片上，并且封装在金属壳内。这样，我们就可以完整地控制和处理电路信息。

1. 如何制造芯片

集成电路的出现，使得电子产品被迅速普及。按照如今的工艺，集成电路中晶体管的尺寸已达纳米级（一纳米等于百万分之一毫米）。它相当于一根头发丝直径的十万分之一，比一个细菌还小。这样的工艺可以让一个集成电路封装几十亿甚至上百亿个晶体管，从而实现复杂的电路逻辑。

在芯片制作过程中，人们要把二氧化硅转化成高纯度的多晶硅，其纯度达到 11 个 9，即 99.999999999%，可以说比纯金（纯度达到 99.6% 以上的黄金）还要纯。随后，要把这些多晶硅提炼成圆柱形的单晶硅，形成硅晶圆片（也叫晶圆）。之后就是在这些晶圆上制造各种元器件。

如何操纵只有几纳米距离的元器件呢？答案是光刻技术。你可以把它想象成类似照片冲印的技术，也就是光的投影。在这个过程中，需要在硅片表面均匀涂好光刻胶，然后将覆盖在掩膜版上的集成电路微型图形转印到光刻胶上。光刻技术用的光对波长有特定要求。光的波长越短，能控制的尺寸就越小，可以光刻的电路就越复杂。

目前，业界使用最为主流的短波光是 DUV（Deep Ultraviolet，深紫外光)，它的波长只有 193 纳米，比可见光中紫光的波长的一半还要小。比它波长更短的光是 EUV（Extreme Ultraviolet，极紫外光)，它的波长只有 13.5 纳米。直到 2020 年，世界上只有荷兰 ASML（阿斯麦）公司掌握了操控极紫外光的核心技术。阿斯麦公司设计了非常精细的工艺流程：使用深紫外光的光脉冲，先后两次照射到真空中的液态金属锡上，第一次先将它击碎，第二次从中激发出极紫外光。当然，激发出光源只是生产光刻机的第一步。实际制造起来，它还需要完整的解决方案，包括如何产生稳定的光源、能耗要求、质量控制，甚至对环境也有很高的要求。更何况，纳米级别的控制哪怕出现一点点错误，都会让整个生产批次报废。

当然，EUV 光刻机并不是靠阿斯麦一家公司就能生产的。如今，技术已经变得非常复杂，很多技术很难由一家公司完全掌握。EUV 光刻机的零部件超过 3 万个，全球供应商超过 5000 家，比如美国的光源 Cymer、德国的镜片蔡司、丹麦的机械手 ABB 等。目前，它是全世界最顶尖技术的大集成，可以说代表了人类技术的最高水平。

2. 复杂指令集和精简指令集

在图灵机模型的指导下，当今计算机拥有三大核心部件——CPU（中央处理器）、内存和硬盘。其中，CPU 是计算机的“大脑”，负责调度和运算。它的性能很大程度上决定了计算机整体的处理能力。内存负责暂时存放一些运算数据，硬盘负责把数据永久地存储下来。

CPU 使用的指令集架构通常分为两种。一种是复杂指令集（CISC），它尝试用尽量少的机器语言指令来完成复杂的计算任务。其实，最早并没有“复杂”指令集的概念，只是后来出现了新的处理器设计思想。相较而言，其指令数量更为精简，所以才把原先的指令集叫作复杂指令集。它的典型架构是 Intel、AMD 公司推出的 x86 架构，我们日常使用的笔记本电脑、台式机都用的是 CISC 处理器。

虽然 CISC 拥有大量的指令集和复杂的寻址方式，但只有 20% 的指令被经常用到，大部分指令用到的机会不多，但这却让 CPU 的设计变得复杂。于是，人们提出了另一种处理器指令集的设计思想——RISC（精简指令集）。RISC 的指令集合更小，执行速度更快，常用于手机、嵌入式系统、小型机服务器。其实，Intel 也尝试做过 RISC 处理器，但是由于不兼容很多已经运行的软件，因此没有得到市场的认可，导致 x86 作为一种 CISC 架构一直被保留至今。

我们可以来做个类比。假设现在要让机器人行走，在 RISC 处理器中只有一条“行走”的指令，只要使用这个指令，机器人就能走路。而对于 CISC 处理器，你会看到“抬左脚”“迈左脚”“抬右脚”“迈右脚”等一系列的指令，每条指令能够控制的操作很简单，但要通过更多的指令编译才能让机器人走路。

3. 并行计算的 GPU

普通的家用电脑和服务器是很难直接用于深度学习和模型训练的，因为要计算的数据量大，同时深度学习对并行计算有很高的要求。如果要开发深度学习算法，就一定要使用能够进行并行计算的硬件技术，比如搭载 GPU（图形处理器）。

随着游戏、3D 设计等应用对图像渲染的要求越来越高，GPU 被设计出来，专门负责处理这类运算。GPU 原本是用于优化图像的专用处理芯片。我们可以把它看成擅长图像处理的 CPU。图像处理需要计算各像素点的位置和颜色，实现图像渲染。这个过程在数学上表现为对多维向量和矩阵的运算。可没想到的是，原本只是一些游戏发烧友才会追求的高性能 GPU，却阴差阳错地成为深度学习和并行计算的专用芯片。

CPU 和 GPU 各有千秋，虽然它们都有控制、缓存和运算单元，但是占比不同。CPU 擅长处理指令控制和复杂调度，能进行通用计算，综合能力强。GPU 的芯片中缓存部分占比小，但计算部分的占比很大，所以它更擅长执行简单但要大量重复的计算任务，比如浮点数计算、矩阵运算或其他需要并行计算的场景。GPU 的这些特点使得它非常擅长处理可以并行计算的操作，比如深度学习中的大型矩阵运算、神经网络模型训练等。在相同的计算精度下，GPU 相较 CPU 拥有更快的处理速度、更少的服务器投入和更低的能耗。举例来说，如果用深度学习算法训练一个图像识别模型，那么使用 CPU 可能需要 1 小时，而 GPU 芯片只需要花几分钟。

如今，芯片已经成为计算机的重要根基，芯片技术的竞争早已不再是科技的竞争，它还直接影响着各个国家在政治、经济、安全等领域的话语权。今天的人工智能、物联网、超级计算及其相关应用都对计算提出了很高的性能要求，世界各国也十分看重芯片技术的发展。如果芯片未来可以在架构、材料、集成、工艺等方面得到进一步突破，相信人工智能也会有更好的表现。

7.2　如何完成协作计算

计算机是一个物理装置，它能做什么、不能做什么，必须遵循物理法则。由于突破不了物理极限，很多大型计算任务无法只靠单台计算机来完成。这种情况下，我们就要想办法对目标进行拆解，把计算任务分摊到多台计算机上并行处理，然后再合并结果。此过程体现了一种分布式计算的思想。

7.2.1　举足轻重的三篇论文

简单来说，把数据分散到不同的服务器上进行处理的技术，叫作**分布式技术**。它的发展很大程度上归功于谷歌发表的三篇论文：2003 年的 GFS（一种分布式文件存储系统）、2004 年的 MapReduce（一种分布式数据计算技术）以及 2006 年的 BigTable（一种分布式数据存储技术）。虽然今天谷歌使用的相关技术早已更新换代，但不妨碍这三篇论文在分布式技术发展过程中起到的重要作用。这三篇论文分别阐述了当时人们很难处理的三个核心技术问题，并给出了解决方案。

第一个问题是如何存储海量文件数据。谷歌给出的答案是分布式文件系统（GFS），其核心思想是实现存储介质和数据的冗余。比如将一份数据分割成很多块存储在多台服务器上，而且存多个副本。这样，任何一台服务器发生故障都不会导致数据丢失，同时解决了传统文件系统无法存储超过硬盘容量的问题。

第二个技术难点是如何实现海量数据计算。一台计算机的计算能力是有上限的。普通服务器每秒能处理的交易量在 1 万笔左右。无论怎么优化，性能也会达到瓶颈。那么，为何很多互联网电商能轻松处理每秒上亿笔交易呢？答案是分治，就是把用户和系统都分成多份，每个子系统为不同的用户服务，这样有多少个子系统，总的计算能力就可以扩展多少倍。

要实现分布式计算，关键是如果将计算任务分解，再合并得到结果，简单来说，就是先映射（Map），再归集（Reduce）的过程，这个过程称为 MapReduce（见图 7-4）。比如我们之前介绍过，当搜索网站要定位某个网页时，它把网页之间的关系转换成数学上的矩阵运算。但实际上网页总量是非常庞大的，单台计算机不可能用一个完整矩阵完成计算。此时，MapReduce 就派上用场了。它能把一个大矩阵拆分成若干个足够小的矩阵。只要计算这些小矩阵，我们就能得到最终结果。

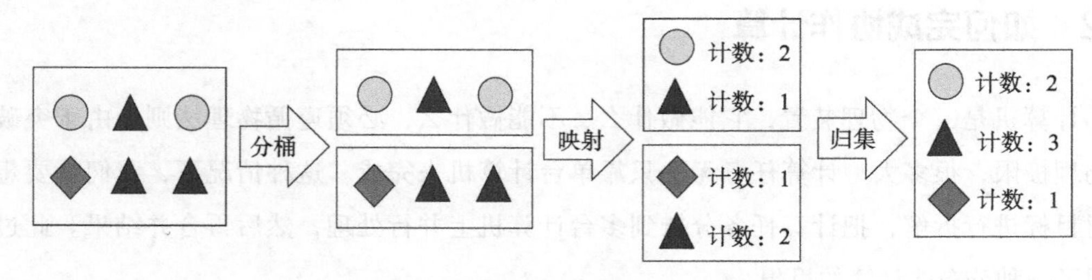

图 7-4 MapReduce 的工作机制

第三个问题是如何存储大表数据。BigTable 是处理很大的表的技术。这张大表是一张逻辑上的表，表里的数据会分别存储在不同服务器上。BigTable 的基本思想是把所有数据都存入这张虚拟表。这张表非常宽，支持根据需要增减字段。它的数据模型虽然定义为结构化数据，但它不像传统数据库表有各种各样的约束。BigTable 必须将数据存储在分布式文件系统上，因此它有很好的扩展性，可以支持海量数据的存储和查询。

谷歌发布三篇论文时，并没有公开全部的技术细节。后来，美国人卡廷（Doug Cutting）发起一个开源项目 Hadoop。他参照谷歌发表的论文，实现了一个大规模的分布式计算系统。Hadoop 这个单词是卡廷的孩子给大象取的名字（Hadoop 的标志旁就有一只欢快的大象）。因为其拼写简单，叫起来朗朗上口，所以被卡廷当作了项目名。由于 Hadoop 是开源项目，任何人都可以下载和安装，它也流行了起来。

7.2.2　不可兼得的 CAP 定理

人类文明的基石建立在大规模合作之上。从飞机制造到城市建设，从来不是靠一个人能完成的，靠的是分工和协作。计算机系统也是如此。要完成庞大的计算任务，计算机之间就要相互合作。无论是互联网还是云计算，本质上它们都是一种大规模分布式处理系统。

分布式系统是一种在物理上分散、逻辑上集中的系统，它将分散在计算机网络中的多个节点连接起来，共同对外提供服务。既然是分散，就要考虑任意一处出现单点故障的情况。因此在分布式系统中，一份数据都会存储多个副本，所有节点可以做到在线扩缩容，以匹配业务负载。

无论是软件还是硬件，没有单一系统或组件可以保证不发生异常。也就是说，出现故障是常态。分布式系统要解决的是，即使部分节点发生故障，也可以确保整个系统的高可用，从而保证对外服务。

在分布式系统中，有一个重要的定理——**CAP 定理**。CAP 定理也称布鲁尔定理，最初是由埃里克 · 布鲁尔在 1998 年提出的猜想。2002 年，赛斯 · 吉尔伯特（Seth Gilbert）和南希 · 林奇（Nancy Lynch）证明了这个定理[⊖]。

CAP 定理指的是**在一个分布式系统中，不能同时兼顾一致性、可用性、分区容错性，**最多只能实现其中的两个。

CAP 由三个单词的首字母组成：C 表示“一致性”（Consistency），即一旦某个操作完成，所有节点在同一时间的数据就是保持完全一致的。A 表示“可用性”（Availability），即这个分布式系统提供的服务是一直可用的，对于请求都是正常响应的。P 表示“分区容错性”（partition tolerance），即在某个节点或分区发生故障的情况下，仍然能够对外提供满足一致

⊖ 原文名为“Brewer's conjecture and the feasibility of consistent, available, partition-tolerant web services”。

性和可用性的服务。

CAP 理论的重要意义在于，它是设计和实现分布式系统时必须遵守的理论基础，从一开始就否定了满足所有特性的可能性。这就好比当人们了解了热力学第一定律和第二定律后，就从源头上打消了制造永动机的念头。

在一致性、可用性、分区容错性三者中，可用性是一项重要指标，只要系统对外服务，就必须关注到系统的可用性。

接下来的问题是，在确保可用性的情况下，分布式系统应该优先考虑一致性还是选择分区容错性？

对于传统的单节点系统，一致性是需要重视的指标。打个比方，如果售票处要出售一条线路上的火车票，那么怎么才能保证不会出现超售（将同一个座位卖给两人）的情况呢？这看上去似乎不难。只要设置一个售票处，就能保证售出的票和后台数据保持同步。可这么做的问题是，售票处的扩展能力有限，无法支撑海量用户同时购票。

那如何提高并发能力呢？可以设置多个售票处。但这又引发了一致性问题。如果要让各个售票处的售票数据保持同步，就需要投入很大的成本。通常的做法是，每个售票处按照一定的分工和规则进行售票，尽量保证彼此不冲突。比如，售票处可以在出售任意一张票前，先打电话给其他售票处，确认一下这张票是否已经售卖，但这么做会降低售票的效率。或者这些售票处提前约好售票时间，让不同的售票处在不同的时间段售票。这些方案背后的思想是，将可能引发一致性问题的并行操作串行化，这实际上也是分布式系统的基础思路。

分布式系统通过多台计算机组合而成的集群能力，解决了单台计算机无法处理的计算问题。这种架构最主要要解决的问题是，当系统某个分区故障时，它仍然可以对外提供服务。就是说，分布式系统更看重分区容错性，并适当放弃一致性。

理想情况下，如果各个服务节点严格遵循相同的处理协议，可以像螺丝钉一样标准化地运行，出故障后可以随时替换，那关于一致性的困扰也就不复存在。但这毕竟是理想情况，现实情况是，虽然计算机系统看似强大而健壮，但它很脆弱，比如网络不可靠，消息会丢失、延迟或打乱。硬件是会坏的，无法保证每个运行节点都是可用的，随时可能发生宕机。要做到一致性，就意味着系统不能发生任何故障，所有节点之间的通信无延时，整个系统等同于一台计算机。越强的一致性要求往往造成越弱的处理性能，以及越差的可扩展性。技术上的投入也极大。

举例来说，如何保证通信无延时？它往往需要绝对准确的计时设备，比如原子震荡时钟。谷歌在其分布式数据库中采用基于原子时钟和 GPS 的时间同步方案，实现将不同数据中心的时间偏差控制在 10 毫秒以内。该方法简单直接，不过实现成本很高，不是一般的企业所能承受的。

分布式系统的建设需要根据实际情况，适当放宽对一致性的要求，例如在一定约束下，允许系统在一段时间后（而不是立刻）达到一致的状态。目前，大部分互联网应用都是这种实现方式。比如用户在浏览购物网站，后台可能会让 A 地区用户先看到某些信息，让 B 地区用户晚一点看到。当然，也不是说这种选择适用于所有的业务场景。比如对于银行来说，交易数据和账户数据是最关键的，绝对不能出现不一致的情况，所以银行系统在设计分布式架构时，宁可放弃一些分区容错性要求，也要优先保证账务数据一致。

7.2.3 故障是不可避免的

由于故障不可避免，人们设计了各种冗余和备份的信息系统架构，来保证单点故障不会影响整体的运行情况。在分布式系统中，我们会遇到各种各样的故障。下面我们讨论几种常见的故障类型。

1. 软硬件故障

软硬件故障包括网络通信故障、服务器宕机等。对于这些故障，我们其实已经有一套成熟的解决方案，简单来说，就是启用备份、隔离故障。如果网络通信 A → B 不行，就断开 A → B，启用 A → C → B 绕行。如果服务器节点 A 故障，就启用服务器节点 B，接管 A 的对外服务。在分布式系统中，所有的组件都是有备份的。也就是说，局部的不稳定性不会影响整体的稳定性。

还有一点也很关键，分布式系统是如何发现有节点出现故障的呢？通常来说，分布式系统通过对各个服务器节点进行网络或磁盘间的通信检测（也称**心跳**检测），再利用**投票**机制来保证容错。这类容错方法往往性能比较好，可以容忍不超过一半的故障节点。

分布式系统中有一个重要的机制，即节点间要能够达成**共识**。共识算法解决的是节点间如何就某个提案达成一致意见。如果分布式系统中各个节点都能保证以十分“理想”的性能（瞬间响应、超高吞吐）无故障运行，节点之间通信瞬时送达，那么各个节点的投票和应答都可以在瞬间完成。

只可惜现实中，这种“理想”系统并不存在。由于计算机通信受限于网络传输介质（光缆、电缆、电磁波等）的传播速度，因此不同节点之间的通信存在延迟（光速物理限制、通信处理延迟）。并且任意环节都可能存在故障（系统规模越大，发生故障可能性越高），比如通信网络会发生中断、节点会发生故障，甚至存在恶意节点故意伪造消息，破坏系统的正常工作流程。

那么，共识问题的最坏情况是怎样的？很不幸，在推广到任意情形时，分布式系统的共识问题没有通用解。也就是说，当多个节点之间的通信网络不可靠时，共识无法确保实现（例如，所有涉及共识的消息都在网络上丢失）。不仅如此，即便在网络通信可靠的情况下，我们还是无法保证可扩展的分布式系统中各个节点能够达成共识，因为它已经被证明是无解的。这个结论称为“**FLP 不可能原理**”。该定理是 1985 年由 Fischer、Lynch 和 Patterson 三位作者在论文中提出的。它可以看成是分布式领域里的“测不准原理”。

2. 节点伪造等逻辑故障

除了软硬件故障，还有一种逻辑故障，比如有节点伪造信息恶意响应，我们把这种情况称为“拜占庭错误”。

分布式系统是一个去中心化网络。换句话说，它不需要一个中心节点作为大脑来控制整个系统的运作。为了保证这一点，分布式系统必须考虑一致性机制。再进一步，这个系统必须允许存在少数节点是不可信的，比如这些节点传输的消息是伪造的。

拜占庭算法讨论的就是这类最坏情况下的保障机制。它是在 1982 年莱斯利 · 兰波特（Leslie Lamport）等人提出的一个思想实验。

拜占庭是古代东罗马帝国的首都，由于地域宽广，因此守卫边境的将军只能通过信使传递消息。为了赢得战争的胜利，各地将军必须同时发起进攻。但问题是，将军中可能存在叛徒，他们会传达错误的消息，因此，需要找到一种可行的方法，确保将军们所得信息一致。类比于分布式系统，忠心的将军可以被视作正常的节点，叛徒就是那些系统中出错的恶意节点，信使则是节点之间的网络通信。拜占庭问题要解决的是：如何保证系统在不受恶意节点干扰的情况下正常运行。这个问题之所以难解，是因为恶意节点的攻击和伪造方式千变万化，任何时候系统中都可能存在多个“提案”，节点之间的确认过程很容易受到干扰。

拜占庭问题描述的是如何在存在叛徒的情况下保证同时进攻，由此引申到计算领域，发展成了一种容错理论。首个共识算法的实现方案随着比特币的出现而得到应用。

容忍拜占庭错误的算法一般有以 PBFT（Practical Byzantine Fault Tolerance）为代表的确定性算法，以 PoW（Proof of Work）为代表的概率算法等。前者一旦达成对某个结果的共识就不可逆转，即共识是最终结果；而后者给出的共识结果是临时的，随着时间推移或者某些条件的强化，共识结果被推翻的概率越来越小，最终成为事实上的结果。

分布式系统的“逻辑”故障并不是系统自身用的软硬件平台能够保证的。它是一种业务或应用级的故障，与上层应用紧密相关。

7.3　无处不在的计算资源

AlphaGo 算法的论文虽然早已发表，但从商业角度来看，复制并制造第二个 AlphaGo 绝对是一桩亏钱的买卖，因为它要有大量服务器和数据中心来支撑算法的实现。

如今，对于大多数人工智能应用，只要它能联网，理论上就能使用接近无限的计算资源。简单来说，就是把实体资源（比如服务器设备、计算节点、存储节点、网络节点等）变成虚拟的资源集合，这些资源可以按需使用。在这个过程中，技术发展其实经历了两个阶段。第一个阶段是数据大集中，也就是建设大量的数据中心基础设施，把数据集中起来使用。第二个阶段是资源云化，就是把计算和存储等资源也集中起来，变成虚拟资源对外提供服务。

7.3.1　第一阶段：数据大集中

为了能够承载大量计算机设备的运行，人们开始大规模建设与之配套的 IT 基础设施。2000 年以前，IT 基础设施建设刚起步。这是一个从无到有、从小到大的阶段。在此阶段，IT 设备经历了从大到小、从简单到复杂、从孤立到联网、从实验室到千家万户的过程。在这个过程中，很多企业都提出了数据大集中的概念。“数据中心”一词也是在这个时期被提出的。

数据中心即 Data Center，有时被简写成 DC，比如，提供网站发布、虚拟主机和电子商务等互联网服务的数据中心就叫作 IDC（Internet Data Center），提供云计算服务的数据中心被称为 CDC(Cloud Data Center)，其他还有企业数据中心（EDC）、政府数据中心（GDC）等。

在数据中心国际标准[⊖]中，数据中心被定义为容纳一个计算机房和它的支持区域的一个

⊖ 即《数据中心电信基础设施标准》(ANSI/TIA-942-A-2012)。

建筑物或建筑物的部分。维基百科的定义是，数据中心是一整套复杂的设施，不仅包括计算机系统和其他与之配套的设备（例如通信和存储系统），还包含冗余的数据通信连接、环境控制设备、监控设备以及各种安全装置。可见，尽管“数据中心”一词被广泛使用，但它并没有统一的定义。

实际上，“数据中心”被赋予了多种含义。

一般来说，广义的数据中心包含三层意思。首先，数据中心是一种物理空间，是企业信息化建设的重要基础设施，为信息系统运行提供了必要的物理场所和配套环境。其次，数据中心是一种逻辑架构，是企业进行数据大集中后形成的 IT 应用环境，是提供数据计算、处理、存储等 IT 服务的枢纽。此外，数据中心是一种组织机构，即通过集中的运行、监控、管理等手段，负责信息系统运行和维护的一个组织或团队（它们负责保证系统稳定性和业务连续性）。

1. 数据中心里有什么

要构建一个数据中心，首先要有稳定的电力保障。机房里会配备多路供电系统、应急备用电源、备用发电机等，以保证即使外部无法供电，机房设备仍能正常运行。其次，温度控制也很重要。计算机设备在运行过程中会释放大量热量，为了避免计算机过热而停机，机房里的温度必须是恒定的。此外，机房里的湿度也需要保持在恒定范围，以避免因空气中的灰尘产生静电而击穿设备元件。

一般来说，数据中心物理建筑的使用寿命为 50 ～ 60 年，机房使用年限在 10 ～ 15 年，机电设备等数据中心基础设施的使用年限为 15～20 年，IT 设备升级换代的时间在 4～5 年。

2. 数据中心的建设考量

数据中心在建设时要考虑很多因素，比如功能定位、建设成本、运营成本等，还要整体考虑机房等级和冗余设计。由于数据中心建设需要大量的资金投入，建设周期较长，因此，前期的规划和设计必须满足长期运营的需要。大部分机房模块在设计完成后，很难做大规模的调整。

数据中心在建设时一个重要的考虑指标是能耗，因为一旦能够控制能耗，就能直接降低数据中心的运营成本。在不同的国家和地区，能源价格、土地税收、运营成本是不同的。以苹果公司在内华达州的数据中心为例，它的数据中心建在地下，可以更好地利用当地的地下水资源。谷歌、脸书等公司会把数据中心建在地广人稀同时气温较低的严寒地带，这样能较好地解决降温和占地问题。

早期只有大企业和电信运营商才会建设数据中心。近年来，很多企业对网络、计算、存储等资源的需求越来越强烈，都希望建设自己的数据中心。但数据中心是巨大的能源消耗体。根据国际能源机构估计，当前数据中心行业已经达到并超过全球能源消耗的 1%。到 2030 年，这个数字可能达到两位数。仅在美国，每年数据中心的耗电量是整个纽约城市居民用电量的 2 倍。如此巨大的耗电量，自然引起了国家机构和地方政府的重视，并纷纷出台有关数据中心建设的政策和标准。

比如，我国很多省市地区已经对数据中心的建设提出了严格的限制条件，PUE[一]值不符合要求且非国家重点项目很难获批在人群密集的市中心建设。尤其是我国在“十四五”期间提出要逐步实现碳达峰、碳中和目标。于是，数据中心的建设既要支持业务发展，又要确保生态环境可持续，实现低碳绿色节能的目标。目前，数据中心的绿色节能建设方案也被提上议事日程。

3. 借助大自然的能源

节能是数据中心建设规划的重点。常见的节约能耗的办法是，将水能、风能、太阳能等大自然的能源供给数据中心。

让我们来看几个例子。

第一个例子利用的是大自然的水能。阿里巴巴位于杭州淳安县千岛湖的数据中心，因地制宜地采用了湖水制冷技术。由于当地年平均气温 17 度，因此这种气温条件下的自然湖水可以被数据中心充分利用，转换为节能环保的制冷能源。谷歌在建设数据中心时，也在考虑从附近的工业运河中抽水制冷，或者利用海水来散热。

第二个例子利用的是大自然的风能。尽管风能确实是清洁环保的可再生能源，但使用风能的难度也更大。其中一个原因在于，风在可预测性上显然比不上煤炭等能源，有时候风力会特别大，有时则会比较小。Meta（公司原名为 Facebook）在爱尔兰克洛尼、美国得克萨斯州沃斯堡建设数据中心时，考虑能源供应全部为风能。对于一些风力资源丰富的地方来说，数据中心使用室外空气代替空调进行冷却，也是一种可行的节能方案。

第三个例子利用的是大自然的太阳能。艾默生在密苏里州圣路易斯市的企业校园数据

[一] PUE= 数据中心总能耗 /IT 设备能耗，其中数据中心总能耗包括 IT 设备能耗和制冷、配电等系统的能耗。其数值大于 1，且越接近 1，就表明非 IT 设备的能耗越少，也代表能效水平越好。

中心的屋顶安装了超过 500 块太阳能电池板，组成一个 100 千瓦的太阳能电池板阵列，用于太阳能发电。这是密苏里州最大的太阳能电池阵列。它的峰值输出将满足超过 15% 的数据中心电力需求。

除了上述大自然的能源，很多公司还会研究“黑科技”，希望能够进一步降低能耗。比如 2018 年，阿里巴巴在北京冬奥云数据中心完成了全球互联网行业首个浸没式液冷数据中心的规模部署，可以把服务器泡在液体里冷却，利用绝缘冷却液代替风冷。如此一来，数据中心不需要用到任何风扇或者空调等冷却设备，也节省了不少空间。该数据中心对外公布的 PUE 是 1.0，也就是说散热的能耗几乎为 0，整体节能超过 70%。不过，这种浸没式液冷的方案尚处于探索阶段，大规模应用还需要一整套完整的体系及标准作为支撑。

很多大型互联网公司的成功，很大原因在于它们拥有无比强大的基础设施和全球系统架构，在世界各地建设的庞大数据中心。它们是公司得以不断推出新产品的技术保障。

7.3.2 第二阶段：资源云化

计算是人工智能的重要技术支撑。无论是对大数据的实时处理，还是用这些数据训练模型，都需要用到大量计算资源。如今，云计算正逐渐成为人们生活中离不开的一类数字基础设施。有了它，人工智能的运算速度可得到大幅提升。

“云计算”这个词虽然火热，但它的概念让人有点云里雾里，业界并没有统一的定义。之所以称它为“云”，是因为它和天上的云很像，虽然看着就在那里，但很难定义实体。“按需并能自由使用计算机”的想法早在 20 世纪 60 年代就被提出，只是这些想法在当时看来过于超前，受市场和技术的限制逐渐不了了之。到了 21 世纪初，当网络通信、磁盘存储、分布式计算、虚拟化等技术开始逐渐走向成熟，人们又开始关注是否可以按需使用技术资源。于是，云计算技术也就产生和发展了起来。

2006 年，时任谷歌首席执行官的埃里克·施密特在美国加州圣何塞举办的搜索引擎大会上首次提出“云计算”的概念。谷歌认为，手机、电脑这些电子设备对于互联网来说，只是一个附属的设备终端，未来所有的程序和数据都可以存放到网络上，人们不用管理软件升级和安全补丁，也不用担心文件、图片、音乐、视频等数据资料会丢失。如今看来，这些想法已经部分变成现实。

美国国家标准与技术研究院（NIST）将“云计算”定义为一种可以随时随地、方便、按需配置计算共享资源（包括网络、服务器、存储、应用软件和服务）的网络服务模式。只需投入少量管理工作或与服务供应商交互，资源就能快速供给并发布。

如今，人们口中提到的云通常指两个方面。一是服务，即互联网上提供的云端服务，这些服务不仅指计算，还包括云存储、云安全等。二是技术，即提供云服务的技术平台，这个平台要解决大数据、虚拟化、分布式等问题，本质上是一个超大规模的分布式系统，将海量计算和存储的任务交由位于不同物理地点的大量计算机节点共同解决。

云能提供数据库、操作系统、容器或其他的应用服务。从这个角度来看，云是一种规模化提供服务的技术资源。如今，“智能”也正在变成一种云服务。

“云计算”意味着用户可以随时随地享受资源服务，不用关心这些资源背后到底是实体还是虚拟的。对于用户来说，这种资源可以无限扩展、随时获取、按量付费。做个类比，电是一种基础资源，配套的基础设施早就建好了，如果有人要用电，则没有必要自己去建个发电站，只需按需使用和付费就行。“云计算”也是一样，它变成了一种基础资源。任何人需要使用计算、存储等服务，可以直接租用，不用从零开始建设数据中心。

对于云来说，其一旦实现规模化的部署和运维，就能提供更好的服务、投入更低的维护成本。通常来说，企业要构建一个完备的数据中心，除了需要机房场地，还要建设配套的机房环境，投入大量人力、物力。对于中小型企业来说，与其耗巨资建设数据中心，不如先从租用云上资源开始，这样更加经济。

另外，企业在使用服务器时，还要考虑为业务峰值留出余量、做好容灾备份等工作，因此很多服务器的资源平均利用率并不高。这也导致中小型企业在基础设施方面的运营成本要比大公司（比如谷歌、阿里巴巴等）高出许多。如果这些企业选择租用云上资源，平均运营成本就会降低。当然，每家企业的实际情况不同，是否选择上云不能只考虑运营成本，还要结合实际的业务场景、监管政策、安全可控等因素综合考虑。

1. 一切都是服务

几乎所有技术的发展路线都不是一帆风顺的。很多技术前期存在炒作，后期逐步趋于成熟。Gartner 将这些技术的发展规律总结为 5 个阶段。如图 7-5 所示，技术发展往往遵循一个可预期的模式，先是萌芽期，这个阶段是创意萌发的阶段。紧接着是炒作期，这个阶段是人们对技术有过高期望的阶段。然后是幻灭期，也就是幻想破灭的阶段。再后来才是技术成熟后的稳步爬升（复苏期）和广泛应用（成熟期）。也就是说，最早接受新技术并使用它们的永远只是一小部分人，随着越来越多的人开始接受，新技术的市场份额才会越来越高。

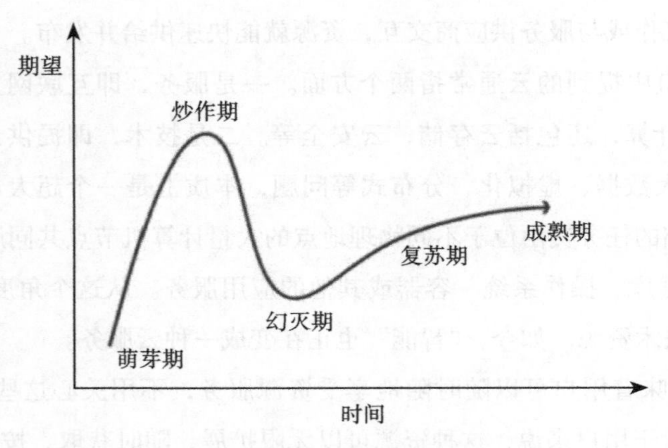

图 7-5 技术发展曲线

云计算的发展也符合这个规律。在云计算刚刚产生的时候，很多人认为它是卖硬件的新模式，只是一个商业概念的炒作，并不是技术创新。当云计算的概念被普及起来，人们开始憧憬云计算的未来。随后，越来越多的应用开始使用云服务，相关的产品逐渐被人们接受。

目前，“云”的主要分类方式有两种。

第一种是按照部署的方式，比如私有云、公有云、混合云，另外还有社群云、行业云等。对于大多数人来说，纯粹的“云”指的就是公有云。

私有云一般是企业自己建设的、供内部使用的云，集中在一些重要服务行业，比如金融、医疗、政务等领域。它的特点是安全性高、定制化程度高。公有云是由云服务商建设和维护的，通过互联网为企业和个人提供服务，在游戏、视频行业用得较多。它的特点是成本低、无须维护、可无限伸缩，具有高可靠性。混合云是将企业内部的基础架构、私有云与公有云相互结合的云。它兼具公有云和私有云的优点，但也因此导致架构复杂、维护难度大等。

第二种是按照服务的内容进行分类。现在常说的服务分类由美国国家标准和技术研究院(NIST)定义并提出，包括软件即服务（SaaS）、平台即服务（PaaS）、基础设施即服务（IaaS）。

IaaS 提供的是硬件设备服务，比如包括服务器、计算、存储、网络和配套管理工具的虚拟数据中心，通常面向的是企业基础设施运维人员。PaaS 提供的是平台服务，比如业务软件、中间件、数据库等，面向的是应用程序开发人员。它屏蔽了系统底层复杂的管理操作，使得开发人员可以快速开发出高性能、可扩展的程序或服务。SaaS 提供的是现成的软件服务，如在线邮件系统、在线存储、在线 Office 等，面向的是普通用户。

2. 虚拟化技术

从技术角度来看，云的底层用到的是一种虚拟化技术。

我们先来说说传统意义上的虚拟化技术。这种技术可以在隔离环境中同时执行一个或多个操作系统。也就是说，一台物理设备或服务器上可以运行完全不同的多个操作系统。由于一台小型机或服务器的价格昂贵，因此在一台机器上划分出多个虚拟机，彼此独立和隔离运行，这在很多企业得到了大规模应用。早期，当没有虚拟化技术的时候，数据中心里买了多少台物理服务器，就是多少台服务器，但如今利用虚拟化技术，一台服务器可以虚拟化成十几台虚拟机，你甚至可以按照业务需求定制计算、网络、存储的配置，而且可以做到全球化部署。这么做就十分灵活了。所有的资源就像是水池里的水，虽然水的总体积不变，但可以按需分割，每个人要多少就可以盛多少。

虚拟化技术一开始主要运用在计算、存储、网络等资源上。后来，人们使用比操作系统更小的虚拟化容器来提供服务。容器相当于是操作系统里运行的软件和组件的虚拟化。比起虚拟化整个操作系统，它提供的服务粒度更精细，比如它可以提供一套应用程序或一套数据库软件。它的每个组件都可以单独定制和独立出来。虚拟化技术可以让计算机硬件的可用性大幅提升。很多人工智能和云服务中都会运用到虚拟化技术。

虚拟化带来的好处是，能动态调配资源，也就是可以在线弹性地对资源进行调整，让 IT 资源更好地匹配业务需求。比如很多网络游戏刚上线时，我们很难准确估算要多少台服务器来支撑，此时就可以根据游戏上线后的玩家人数情况，动态调整服务器数量；又比如阿里巴巴会提前增加大量的线上服务器，来保证“双十一”数以亿计的消费者在线购物；微博会通过快速的在线扩容，来支撑一些意料之外的热门话题导致的激增用户量和活跃度等。

3. 边缘计算的普及

另一种与人工智能结合起来使用的计算技术叫作边缘计算。近年来，随着 5G 等网络通信技术的普及，人们要监测的设备数和要处理的数据量都在大幅增长。于是，传感器、可穿戴设备、专属芯片等硬件开始普及。它们甚至能被植入动物、植物、人体中。通过这些硬件，很多计算任务在本地就能完成，这种计算模式称为边缘计算。

与云计算的模式不同，边缘计算并不需要将数据集中上传到云端处理，而是通过本地设备或附近的基础设施完成部分计算任务。这样能为用户提供更好、更快的服务，降低数据处理和传输的成本。例如无人驾驶汽车在行驶过程中，会优先在本地完成对传感器和摄像头数据的计算任务，只有这样才能保证汽车实时感知路况，应对各种突发情况。

边缘计算的节点可以在本地筛选数据，只把有价值的数据上传到云端，这么做不仅可以在网络中断的情况下持续提供本地业务服务，也能规避数据隐私泄露风险。比如针对小区和道路摄像头拍摄的视频数据，通常会先在本地完成监测和分析，再将关键视频片段上传至云端，这样既能很好地保护用户隐私，又能大幅降低网络带宽的使用成本。

7.4　软件代码共享的好处

在讨论人工智能的话题时，大部分人会聊到数据、算法或那些提供计算和存储资源的基础设施。它们是可见的、技术上的“明线”。但如果只有这些“明线”，人工智能不见得能像今天这样发展起来。实际上，任何技术的兴起还有很多“暗线”，它们不容易被看见，但同样影响着结果。这些“暗线”之所以容易被忽视，是因为人们在评论技术发展时，通常只会关注技术发展本身，而很少看到这些技术发展背后的原因。

在人工智能技术发展之路上，有一条“暗线”——开源功不可没。它让大规模的技术协作成为可能。

7.4.1　网络协议该不该公开

让我们先来讲个故事。

早期的互联网技术虽然可以很好地将不同计算机互联起来，但要从网上获取特定的信息，只能依靠专业人士编写复杂的程序来实现。互联网的普及要归功于一位英国计算机科学家，他的名字叫作蒂姆·伯纳斯·李（Tim Berners-Lee）。1989 年，他成功开发出世界上第一个网络服务器和网络客户机，并且通过一个所见即所得的超文本浏览器，实现了网上信息的访问和查询。这就是“万维网”（World Wide Web）。我们输入网址时经常会用到它的简写 www。

毫无疑问，李的发明对互联网有巨大贡献。当时，他曾考虑申请专利，来销售他的浏览器软件，这样可以获得大笔财富。但他很快就放弃了这个想法，因为一旦开始售卖浏览器，势必会引发新一轮的浏览器协议大战，各家厂商会推出自己的产品，网络协议的标准很难统一。而他最初的目的是让网络信息访问更方便，这样的结果有悖于他的初衷。于是，他做出了一个重要决定，向全世界无偿开放他的成果。后来，这个网络协议被使用至今，李也成为“万维网之父”。在今天看来，他的这个举动是一个开源行为。

当某种新技术突然流行起来时，它可能有很多原因，比如解决了某些痛点问题、有大公司的推广和技术支持、拥有完整的技术文档、有一个开放的讨论社区等。很多技术不一定是最好的，但是最适合的。当一项技术被开发者无偿公开时，只要好用，它就会在同行之间迅速流行起来，被人使用、复制、优化、推广。开源构建了这样一个生态，让技术人员可以轻松地与别人协作。

开源和共享带来的好处是，让大规模协作成为可能。在人工智能发展过程中，自然有一批天才和专家，他们有着过人的智慧，给出了一些解决方案。但是，工程上有很多问题是需要人们花足够的时间和精力去实践和打磨的。就好像一个故事，即使创意再好，作家也必须逐字逐句花时间把它写下来。人工智能算法设计再巧妙，仍然需要程序员一行一行把代码写出来。而一个现实问题是，很多大型项目根本无法靠一人完成。

今天，全世界最大的项目不是那些花费巨资的项目，也不在谷歌、微软、华为、阿里巴巴这些大公司，而是开源社区。开源创造了新的协作模式，是互联网时代的产物。

软件功能具有易模仿性。一个程序员实现了的软件功能，很容易被另一个程序员复现。与其让这两个程序员把同样的功能都实现一遍，不如让他们合作，打磨出一个更好的产品。

在开源项目中，每个人都能看到所有代码、算法的实现步骤和细节，技术人员不仅能够帮助别人，也能提升自己的技术能力。

另外，当开源软件中被发现存在缺陷或漏洞时，全世界的志愿者都会聚拢而来，提交修复版本。开源软件靠众人实现，并为众人服务。无论是贡献者还是使用者，人们都能从中受益。

7.4.2　如何进行大规模协作

说到开源，就不得不提全球最大的编程社区和代码托管网站——GitHub。GitHub 在 2008 年成立于美国旧金山，它创建了一种全新的开发协作方式，人们可以在网站上获得海量免费的代码资源。很多好的人工智能算法和项目都可以在这个网站上找到，比如谷歌的 TensorFlow、微软的 CNTK（Cognitive Toolkit）、Meta 的 Torch，此外还有 Caffe、Theano 等各种开源的深度学习框架。

它的核心是使用了 Git 技术。以前的版本控制系统都是运行在集中的版本控制服务器上，而Git创新地把它变成了分布式。通过GitHub网站，人们只需要从任何公开的代码仓库中克隆代码到自己的账号下，就可以进行开发和编辑。人们可以将修改的代码给原作者发送一个推送请求，原作者如果觉得代码改动没有问题，就可以直接把修改的代码合并到自己的原代码中，这样就实现了集体编程。这种编程方式不仅可以让任何人将自己写的代码分享给全世界，也可以让技术人员通过学习他人的代码来提升自己的编程能力。代码的分享和修改都能被跟踪，使得人们协作起来更加井然有序。

截至2021年7月，GitHub上拥有超过6500万开发者，托管了超过2亿个项目。越来越多的人开始使用这些开源网站来分享和托管自己的代码。而对于企业来说，开发的软件同样面临是选择闭源还是选择开源的问题。闭源模式能为企业赢得商业利润，软件研发的进度更可控，但是市场推广较慢。开源模式下，企业可以迅速在市场上进行软件推广和试错，但是开源就等于把技术公开给全世界。到底如何取舍，是企业要抉择的问题。

开源主导了技术生态。例如，很多人喜欢使用Python来研究人工智能算法，这是因为有很多实用的深度学习框架和机器学习软件都能基于Python运行，像TensorFlow、Scikit-learn、Keras、Theano、Caffe等，这些开源软件提供了很好的学习环境。

不过，开源也带来了一些副作用。比方说，很多程序员喜欢拿来主义，编程不再从零开始，而是从网上整段地复制代码。软件公司开始靠对源码的封装或微调，对外宣传自主研发。

7.4.3 开源就是免费吗

今天我们能够享受很多快速、廉价，甚至免费的互联网产品和服务，是因为互联网精神的基石是免费和开源。开源意味着更大范围的合作，让我们可以站在巨人的肩膀上，不再重复造轮子。不过，开源并不等于没有费用，不代表比成熟的商用软件用起来更便宜。开源并不等于无限授权。

很多企业对使用开源软件是有顾虑的。开源软件无法保证高可用性和安全性，如果要把这些开源软件用于商业，则会伴随着很大的风险。今天很多人工智能框架依赖大量的第三方开源软件包，而这些开源软件包一旦存在漏洞，就会直接影响人工智能程序本身的安全。

虽然总体成本是管理者决策时必须考虑的一个关键问题，但是很多企业在计算时都会错误地将它等同于产品购买成本。例如，有些企业直接使用开源数据库，将软件运行暴露在没有维护服务的风险中。而实际上，企业运营必须考虑综合成本，包括购买成本、服务成本、管理维护成本、开发成本等。所以，就算开源产品可以免费使用，也不见得是企业的最佳选择。

另外，人工智能有别于其他普通程序，并非只要有了软件代码就能很好地运行，还需要依靠海量数据、高性能算力以及很多轮的模型训练。因此，一些比较成熟的人工智能不见得会走开源之路。比如以自然语言处理模型 GPT 为例，GPT-2 发布时，OpenAI 没有选择公开全部代码，只公开了一部分。OpenAI 认为 GPT-2 的功能过于强大，完全的开源存在安全隐患。后来，GPT-3 模型发布时，OpenAI 选择了以 API 接口的形式邀请测试，也没有直接公开代码，目的是防范人们对这一技术的滥用。模型一旦开源，有人在此基础上开发带有危险性的应用程序，官方就很难制止。

7.5　结语

技术发展或许就是这样，一旦某项技术取得关键突破，或者被广泛运用，就会催生新的需求，带来新的问题。它们通常无法依靠现有技术解决，于是便成为新的技术难题。技术的发展和进步，其实就是一个不断实现需求和解决问题的过程。

对于人工智能发展来说，人们一直希望提升计算机的计算能力。为了解决算力问题，人类开始发明越来越快的计算机，运用分布式技术实现并行计算，通过数据中心建设和虚拟化技术将计算资源整合起来。还有，通过开源实现软件编程的大规模协作和技术共享。这些都是为了更好地应对海量数据处理和人工智能技术发展的挑战。

如今，计算机每秒已经能够执行数十亿次运算，但它仍然无法很好地满足人类计算的需要。我们虽然可以模拟超过千亿级的模型参数，但这个数量相较人类大脑中的神经元，可能连万分之一都不到。换句话说，直到今天，我们还远没有具备达到通用人工智能水平的计算能力。鉴于现有的人工智能模型和人类思考方式显著不同，在没有找到更好的解决方法以前，追求更高性能的计算能力，仍然是当下人们需要努力的方向。

第 8 章

人工智能下的隐私与安全

安全是人类除了生理需求以外最基本的需求。任何技术都不能在失控的情况下发展。人工智能的应用已经深入到我们生活的方方面面，相关的安全问题也成为大家关注的焦点。

如今，商家收集大量用户数据，提供更好的服务。这些数据虽然能够很好地训练人工智能模型，但也同样成为部分商家分析用户的基础。大数据分析会涉及隐私保护。以前，隐私大多被认为与物理场所有关。如今，隐私更多被认为存在于虚拟世界。有关隐私的概念不断在发生着改变。随着隐私计算技术的发展，如何在保护隐私的情况下更好地运用数据训练模型，成为热门的研究方向。

另一方面，安全问题始终伴随着人工智能行业的发展。当一辆自动驾驶汽车行驶在路上时，我们担忧它会撞上迎面驶来的车辆，或者被人远程遥控成为马路“杀手”。我们平常看到的视频、听到的语音，是否是别人模拟合成出来的？人工智能是否足够安全？人类是否能放心地把重要任务交给它们？当黑客找到人工智能的漏洞时，我们应该如何防御？

在本章中，我们将主要关注大数据隐私和人工智能安全的话题。

8.1 大数据与隐私计算

如今人们的日常行为被逐渐数字化。从好的方面来说，数据可以为人们提供更好的服务，比如推荐附近的饭店、规划行程路线、监测身体健康状况等。可是，当商家收集大量用户数据并分析每个人的性格、喜好、行为时，我们看到了大数据使用的另一面——大数据“杀熟”。

8.1.1 大数据“杀熟”是怎么回事

今天几乎所有的互联网公司都在收集用户信息。很多手机 App 出现过度收集数据的现象，在下载时会询问用户是否可以授予某些系统权限，如获取定位、访问个人通信录、访问电子相册等。商家宣称掌握这些数据是为了改进机器学习算法，为客户提供更好的服务。但是，大数据“杀熟”的现象也在不断上演。

曾经有网友发现，他在某旅游网站上预订酒店的价格和别人不同。同样的酒店，不同的人却看到了不同的价格。不仅是酒店服务，很多平台同样被人发现有“杀熟”现象。比如，打车软件存在不同手机优惠金额不等、不同用户显示不同等待时间的情况。网购平台上，同一件商品会根据用户的消费习惯、兴趣喜好甚至身份信息而显示不同的价格。当系统判断消费者对价格不敏感，或者消费者急需某种商品时，系统就会想办法为商品加价。讽刺的是，用户用某个软件越多，它就越有可能给用户涨价。

很多人误以为大数据“杀熟”是人工智能算法的问题。但其实，算法本身并不知道什么是“杀熟”。之所以有“杀熟”现象，是因为商家觉得这么做，能够带来更大的利益。

算法就是用数学和代码实现的一组运算逻辑。无论是算法设计、模型选择、数据使用，都是设计者和开发者的主观选择，会不可避免地植入人的偏见。用户看见的内容，都是商家希望用户看到的。举例来说，2011 年 4 月，有人发现某网站上一本研究遗传学的旧书 *The Making of a Fly* 售价居然高达 2400 万美元。如此天价，难道是书中藏有什么惊天秘密？事实并非如此。真正的幕后推手是商家的比价算法。原来，商家设定了这样的算法：如果同行调整价格，自己也会跟着调整书价。但意想不到的是，有两家书商使用了相似的算法，导致双方互相抬高价格。在这个例子中，商家希望用算法来提高商品定价，没想到算法却走到了错误的极端，这是算法的问题吗？显然不是。这是商家制定的竞价策略问题。

无论是网站购物、机票预订，还是旅游推荐，人工智能都可以针对用户需求给出定制化的推荐方案。但如果商家愿意，这个方案也包括个性化的消费价格。一个对价格不敏感的消费者，人工智能会认为他下次消费也不会还价，于是对商品设置更高的价格。不过，这一点不能归咎于人工智能或者其他的机器学习算法，而是要看给商品定价的算法依据怎样的目标。

任何机器学习算法在运行前都要确定该如何学习才能达到最优，也就是设定一个具体的评价函数。这个函数告诉算法要实现怎样的目标。本质上，人工智能只是基于输入数据进行处理，并不知道这么做到底合不合理、公不公平。如果算法唯一的衡量标准是利润最大化，它就会想尽办法提高利润，甚至不顾其他风险和隐患。有时，即便人们在算法上做了很多努力，选择了一个相对公平的评价函数，仍会发生许多意想不到的情况。更何况，人类的很多道德理念和伦理观点，几乎不可能直接转换成能让计算机自己去权衡的数据。只要算法盯住的是单一目标，它就很难兼顾与这个目标产生冲突的其他影响因素，也无法找到全局最优的解决方案。

除了给算法设定错误目标，“杀熟”还有可能与数据本身有关。我们知道，神经网络模型的准确率高度依赖训练样本。在训练过程中，如果样本数据存在失真和失衡，那么将不可避免地让整个模型结果存在偏差。例如，要训练一个犯罪分子识别系统，我们手头有较多的男性犯罪数据和较少的女性犯罪数据，那么训练后的模型会更擅长判断男性犯罪情况，更有可能错误地预测女性犯罪情况。再比如，如果不具有充分代表性的少数群体去申请住房抵押贷款，那么模型很有可能拒绝这项申请。由于数据样本是倾斜的，因此对于模型来说，拥有数据越少，识别准确率就越低。但这容易让人产生误解，认为模型对那些少数样本产生了“歧视”。但这是数据本身选择的问题，并不是模型的“歧视”。

以前，所有的广告、程序对用户都是一视同仁的。现在，不同的人会看到页面上不同的信息，算法很有可能以此来诱导人们的行为。例如当有人打算购买机票时，算法会根据他的画像做出判断：如果他是一位商务人士就推荐商务舱机票，如果他是一名在校大学生就推荐打折机票。即使是同一个航班，不同时间购买，买不同的座位，价格也会不同。由于机票价格经常变动，商家可以很好地利用这一点为自己打掩护，让每个用户看到不同的价格。那么，这到底是商家的问题还是算法本身的问题?

总而言之，算法本质上只是一种工具，没有好坏，背后体现着设计者的思想。算法和每个人并没有任何恩怨，不会歧视任何人，真正的歧视来源于设计和运用算法的人。

8.1.2 大数据下的隐私计算

除了大数据“杀熟”，围绕大数据安全的另一个话题是用户隐私。

平时你是否遇到过这种情况：在购物平台搜索一件商品的相关信息，过段时间手机就会向你推送同类型的商品；宝宝刚出生，就有推销儿童摄影、儿童课程的商家来找你；你刚在网上浏览房屋信息，一转眼房产中介就给你打来电话；接到陌生人电话，对方却很清楚你的名字和信息。

如果你遇到过上面的情况，就说明你的数据已经在不知不觉中被泄露了。

一旦这些数据被整合到一起，被别有用心的人掌握和使用，就可能造成严重的损失。而很多数据和个人隐私密切相关，如果无法掌握这些数据的行踪，那么不仅提高了数据管理和数据监管的难度，也让大数据的使用存在隐患。

在可预见的未来，随着物联网的普及，更多的事物将能通过技术手段感知。各种传感器会记录下人类的每一个动作、每一句话。无论是公共场合还是私人住所，更多的智能设备将时刻记录人们的生活，汽车、冰箱、手表都是数据的生产者和消费者。想象一下，家里的智能音箱可能正在监听全家人的对话，小区和商场里的摄像掌握了每个人的行踪，智能驾驶汽车正在收集交通状况和周边环境信息。个人数据很难像以前那样成为秘密，这些数据甚至关乎国家安全。

或许到那时，什么是隐私将被重新定义。

1. 什么是隐私

自古以来，人类都是群居动物。后来有了村庄、部落、城镇、城市，越来越多的人聚集到一起，开始与其他陌生人相处、合作。渐渐地，人们希望有自己的生活空间，居住在自己的房屋中，满足自身需要。

技术发展让人类在几千年的时间里实现了超大规模的合作共生，但人类并没有因此做好充分准备。早期的人们很少关注隐私问题，直到 17 世纪，随着城市发展和社会文明水平提高，人们才开始意识到隐私的重要性。起初，人们连隐私的定义也不明确。直至 1890 年，沃伦（Samuel D. Warren）和布兰迪斯（Louis D. Brandeis）发表了一篇影响深远的论文“The Right to Privacy”，首次提出了隐私权的概念。沃伦等人认为，隐私是公民应该具有的基本权利。20 世纪中期，很多国家开始意识到隐私的重要性，纷纷将隐私权写入国家法律。

过去，人们讨论起隐私，大多与物理场所有关，和法律上产权的概念联系紧密。比如有人私闯民宅，或躲在外面偷窥屋内的动静，这些都被认为侵犯了个人隐私。到了数字时代，隐私的内涵发生了变化。每个人拥有的虚拟物品也属于隐私。例如网络笔记、通话记录、聊天内容、电子相簿，无论它们是否有实体，只要当事人不愿意公开，这些数据就都是秘密。再比如，人脸识别技术开始普及，很多人将人脸数据与手机开屏、银行卡转账关联起来。根据现有的法律规定，这些数据也属于隐私的范畴。

保护隐私并不等同于把数据做匿名化处理。20 世纪 90 年代，美国马萨诸塞州的地方政府发布了匿名化的员工医疗数据。他们的本意是为了医学研究，但数据被发布后，有人将这些数据和外部数据进行了关联，结果找到了当时州长的医疗记录。这说明，匿名化之后的数据仍然保留了很多可能泄露隐私的信息。

关于隐私保护，有人认为，只要把数据藏起来就安全了。这种理解并不正确。事实上，任何数据只有用起来才有价值。那么，隐私数据是否能被使用呢？

2. 隐私真的不能泄露吗

保护隐私并不是说只要当事人不愿意，个人数据就完全不能被别人使用了。试想一下，是否在某些特定的情况下，我们应该主动交出自己的数据？

患者的医疗信息到底是属于个人，还是由医院和医生拥有呢？人们在某个购物平台上的消费记录，应该属于个人还是属于企业？个人的聊天记录，应该属于个人，还是能够提供给警方用于找电信诈骗者？

上述这些问题，其实是在讨论隐私权应该归谁的问题。很多人对隐私权非常敏感，认为隐私权一点都不能出让。尤其是个人信息、聊天记录、行程安排，这些数据非常私密，不应该让别人知道，因为这是每个人的个人隐私。

可是，有些数据对大众来说更加重要。比如患者的病情信息，将它提供给医院和医生去研究，可能就会攻克一项新的疑难杂症，拯救更多的病人。犯罪分子的数据，它对普通公民虽然也有用，但远没有公安机关拿到后产生的作用大。

这里的关键是要找到一个平衡点。一方面，政府和商家不能随意使用和侵犯个人隐私；另一方面，个人信息也不能仅属于个人而不公开。

目前任何一家大公司能够获取的数据总是具有局限性，只在自身比较擅长的领域拥有比较多的数据。而要解决大数据带来的隐私问题，最终还要依赖国家立法。现有的隐私保护仍有许多地方有待完善。哪些数据可以开放，应该开放到什么程度，这涉及个人隐私、企业利益，甚至国家安全。

那么，有没有可能在不泄露隐私的情况下，既把数据用好，又能保证数据安全呢？

3. 隐私计算技术

先来思考一个问题：两个富翁在没有可信第三方的情况下，如何既不让对方知道自己的真实财产，又能知道谁更有钱？1982 年，“图灵奖”得主、中国科学院院士姚期智先生提出了“百万富翁”问题。这个问题讨论的是，我们能否通过技术手段，将数据的使用权和所有权分离，让参与方在不泄露隐私数据的前提下安全地进行协同计算。

我们知道，数据的质量和数量是影响人工智能模型效果的最重要因素。如果希望模型的精度更高，就需要使用更多、更丰富的数据。但是，数据很可能涉及商业机密、公众隐私、敏感信息，因此并不是所有的数据都适合公开和共享。

这里的矛盾在于，一方面，商家希望拿到用户数据，用来训练人工智能模型。如果很多个商家都把自己的数据贡献出来，数据多了自然机器学习模型就训练得更好。但另一方面，将数据共享可能违反公司的规定。而且，用户为了保护个人隐私，不希望提供很多敏感数据。不仅如此，在金融、医疗等行业，很多数据涉及用户隐私，这些数据受到法律法规的保护。这就限制了整个数据行业的发展。

于是，由多方参与、保护各方数据隐私的解决方案被人们提出，它被称为**隐私计算**，有时也被称为**隐私 AI 技术**。隐私计算是一种让数据“可用但不可见”的技术。

当前，业界主流的解决数据共享问题的技术路线有两种：第一种是基于硬件技术的可信计算方案，第二种是基于密码学的**安全多方计算**方案。

可信计算方案借助硬件 CPU 芯片实现，将数据集中到一个由硬件创建的可信任执行环境中运行，保证了数据的机密性与完整性。其优点是基于硬件和密码学原理实现，相比于纯软件解决方案具有较高的通用性、易用性和较优的性能。不过，这项安全技术的使用需要信任芯片厂商，而且要抵御针对硬件漏洞的攻击。

安全多方计算方案基于密码学，也就是用加密计算来解决数据共享问题。我们前面提到的“百万富翁”问题，解决方案就是采用了安全多方计算。这里给出这个问题的一个简单解释：假设有 A、B 两个富翁很清楚自己有多少财产，要比较他们两个人谁更富有，该怎么做呢？有如下几个步骤。

第一步，准备 10 个箱子，箱子上用 1 ～ 10 的序号代表不同的财富值。比如 1 号箱子代表 1000 万，2 号箱子代表 2000 万，依此类推。A 根据自己实际的财富情况，对 10 个箱子进行标记。如果自己的财富大于箱子序号，就标记“大于”；如果财富小于箱子序号，就标记“小于”；如果财富等于箱子序号，标记“等于”。

第二步，B 选择与自己财富相同的箱子序号，把这个箱子交给 A，并销毁其他所有的箱子。

第三步，A、B 查看这个箱子，确认其中的财富情况。

在这个过程中，我们假设 A、B 是可信任的，虽然他们彼此并不知道对方到底有多少财富，但完成了财富之间的比较。

安全多方计算是一种在参与方不共享各自数据，同时也没有可信第三方的前提下，实现安全计算的技术。它强调的是，数据在使用过程中要保护数据主体的隐私不受侵害。它的优点是参与方不会把自己的明文数据提供给其他方，由于所有计算都使用了安全算法和协议，因此保证了各方数据的安全。但在目前看来，它需要消耗大量的计算和通信资源，只能用于小规模数据和简单的机器学习模型。相关技术（比如差分隐私技术）在学术界比较火，但是在工业界还无法大规模广泛应用。

无论是硬件可信计算还是安全多方计算，它们都是为了在不泄露原始数据的前提下完成数据计算，只输出计算结果，达到数据可用不可见的效果。

4. 联邦学习

还有一种分布式机器学习解决方案——**联邦学习**。它最早由谷歌科学家麦克马汉（H. Brendan McMahan）在 2016 年提出，原本是用于解决安卓手机本地模型的更新和训练问题，后来人们发现这种“数据不出本地”的联合建模技术可以在一定程度上解决数据安全、隐私保护等问题。之所以称为“联邦学习”，是因为拥有大数据的多为企业、银行、医院等，它们就像很多“城邦”，可以联合起来进行数据学习。而且，“城邦”是“自治”的，不由统一节点负责管理。

不过到目前为止，学术界对于联邦学习的安全性还是有争议的，并没有定论，因为在联邦学习模型训练过程中，虽然原始数据还留在本地，但是基于原始数据的一些数学变换（比如梯度）还是间接泄露出去了。在联邦学习过程中，每个节点都能得到模型训练时的信息，这些信息可以用来反向推测用户的隐私信息或数据性质。这就导致联邦学习的原始数据、计算过程和计算结果面临着可验证性的问题。研究者们尝试了很多隐私保护的方法，不过到目前为止，还不能保证模型更新过程中零信息泄露。

举个例子，假设有两个不同的企业 A 和 B，A 企业有很多用户数据，B 企业有很多产品数据。出于数据安全的考虑，这两个企业都不希望把自己的数据提供给对方。此时，无论是企业 A 还是企业 B，都无法拥有完整、充分的数据，也就无法基于数据建立一个效果较好的消费模型。

在联邦学习过程中，各方数据是各自保留的，这样大家不用担心泄露隐私，同时多个参与者联合建立一个虚拟的公共模型，这个模型负责数据的训练和建模。各个企业的数据可以通过加密机制进行参数交换。

这里可能涉及两种模式。第一种是两个数据集的交叉样本比较多，但是交叉特征比较少的情况，比如银行有金融数据，互联网有用户喜好、购物信息等。这种学习模式好比盲人摸象，每个人只能摸到大象的一部分，只有一起摸才能知道是什么动物。第二种是两个数据集的交叉特征比较多，但是样本比较少的情况。这种学习模式是为了获得更大的样本数量。比如银行 A 有一些反洗钱的数据样本，银行 B 也有一些，但它们各自利用自有的样本建立的模型效果不够理想，此时就可以结合多家银行的反洗钱样本，提升模型的效果。

随着人工智能需要的数据越来越多，数据安全问题也逐渐浮出水面，从数据过度采集到大数据“杀熟”，从隐私计算到联邦学习，很多问题已经得到人们的重视和关注，但很多安全技术尚处于起步阶段。

总的来说，解决人工智能相关的数据安全问题任重而道远。

8.2 人工智能与算法安全

除了数据本身带来的风险，随着人工智能技术的发展，其他安全问题也开始引起人们的关注：一是人工智能本身暴露的安全风险，诸如对抗样本攻击、算法后门攻击、模型窃取攻击等针对人工智能技术的攻击手段；二是人工智能应用场景中产生的安全隐患，比如深度伪造、物联设备攻击等；三是人工智能技术也被应用到传统网络安全领域，对传统的防御体系造成冲击。

8.2.1 对抗样本的博弈

先介绍一种基于对抗的攻击方法——对抗样本攻击。它的大致思路是：人为构造一些对抗样本，直接攻击模型缺陷，导致人工智能系统做出错误决策。为了更好地说明这种攻击手段，我们需要了解一种全新的网络模型——**生成对抗网络**。

1. 生成对抗网络

2014 年，伊恩·古德菲勒（Ian Goodfellow）等人提出了“生成对抗网络”（Generative Adversarial Network，GAN）的概念。作为一种无监督学习，其灵感来源于博弈论中的零和博弈。它给自己找一个对手，通过双方相互对抗以达到学习的目的。要理解生成对抗网络是如何生成与对抗的，我们需要先理解两个相互博弈的模型——**生成网络和判别网络**。

生成网络从训练集中随机选取真实数据和干扰数据（噪声），通过人工神经网络将服从某种分布（如高斯分布、均值分布）的原始输入数据转化为用于欺骗判别网络的对抗样本数据。同时，判别网络通过另一个人工神经网络，判断输入样本的真实类别。

简单来说，生成网络用于以假乱真，判别网络用于辨认真假。生成对抗网络就是基于这两个模型相互博弈训练得到的。

通过相互博弈，两个网络交替进行参数训练，不断提高自身模型的能力，共同提升性能。如图 8-1 所示，在每一轮训练过程中，首先固定生成网络的参数，得到一批生成数据，同时从原始数据中选取一部分样本，将它们组成真假参半的数据集，用于训练判别网络。训练的目的是让判别网络能够分辨出真实数据与生成数据的不同。随后，固定训练好的判别网络参数，利用判别网络来训练生成网络参数，目的是让生成网络生成的数据能够尽可能骗过判别网络，这样生成网络就逐渐学习到了数据的真实分布。最终，如果生成网络能够完全骗过判别网络，模拟出接近真实的数据分布，对抗网络的训练过程就达到收敛。数学上，我们要实现上述博弈过程，可以把生成网络和判别网络连接在一起，组合成一个更大的神经网络。数据训练的目的是让模型的输出值越来越大（因为模型输出的是判断真伪的结果，0 代表假，1 代表真，所以模型的输出值越大，代表判别网络给出的判断结果越接近真）。我们可以使用梯度上升法来完成模型的训练。重复上述训练过程，直到把两个网络的参数训练得越来越好。

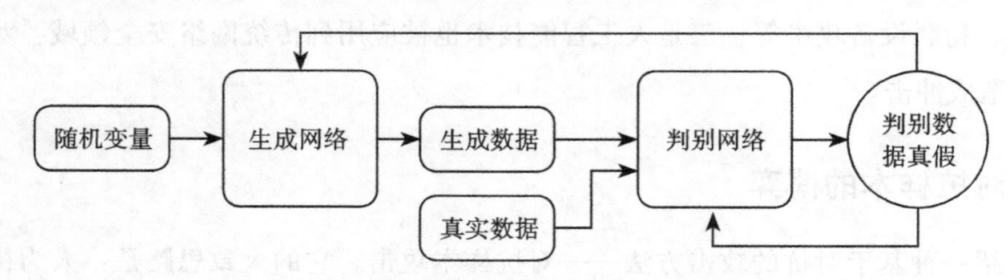

图 8-1　生成对抗网络的博弈过程

生成对抗网络提出了一种全新的无监督训练网络的方法。其网络结构能根据实际情况进行调整，比如可以使用类似卷积神经网络的结构来构建生成网络和判别网络，这样模型会更适合处理图像。再如，如果要实现图像风格转换，就要想办法为生成网络和判别网络加上一定的约束条件，让它按照特定的图像分布，这涉及如何构建约束条件的问题。

直到今天，生成对抗网络仍然是最热门的人工智能研究方向之一。这些年来，相关的论文数量急速上升。利用生成对抗网络，人们可以实现需要模仿或“脑补”的任务。比如将低分辨率的图像还原成高分辨率的图像，或者还原一幅图中的某个空白区域。

生成对抗网络模型还可以改变一幅图像中人物的外貌和体型，它能把你变胖、变瘦，让你看看自己老了以后的样子，还可以改变图片中人脸的性别、年龄、笑容、颜值、发型等。比如图 8-2 的这些人脸肖像，它们都是生成对抗网络随机生成的。

图 8-2　随机生成的人脸肖像

从 2014 年至今，生成对抗网络的应用场景越来越多，被广泛应用在机器视觉、智能驾驶、目标识别、图像比对等领域。它给人工智能领域带来了诸多可能性。

2. 对抗样本攻击

科学研究发现，一些深度学习模型很容易受到外界干扰，得出完全错误的结论。比如在一幅图像中人为加入肉眼识别不出的噪点，就能让一些常用的图像识别算法失效。这一技术叫作对抗攻击。那些生成的干扰图案，就是对抗样本。这是一种非常隐蔽的攻击手段。它通过限制扰动的大小，让样本看起来和原始样本没有区别。

举个例子，麻省理工学院（MIT）的研究团队做过一个实验。他们训练了一个可以识别图像的神经网络模型，然后对输入图像进行特殊处理，在图像中加入了人眼几乎看不出差异的扰动。于是，原本能够正确分类的模型输出了错误分类。

让我们来看看图 8-3，普通人从左右两幅图像上看到的应该都是狗，它们没有什么明显的特征差别。但是人工智能模型给出的结果大跌眼镜，将左边的图片认定为“狗”，而将右边的图片认定为“鸵鸟”。

由于这些图片被修正的是像素颗粒度的特征，因此很难被肉眼察觉。但是对于计算机来说，图像像素的差异会直接造成人工智能的错误判断。归根结底，是因为人和机器在做图像识别时判断方式完全不同。计算机有自己的判断方法，它判断的是数据之间的联系，不仅仅是整个图像的轮廓。这种判断和推理机制受制于模型内部本身的缺陷。模型一旦被训练好，就很难被干预。

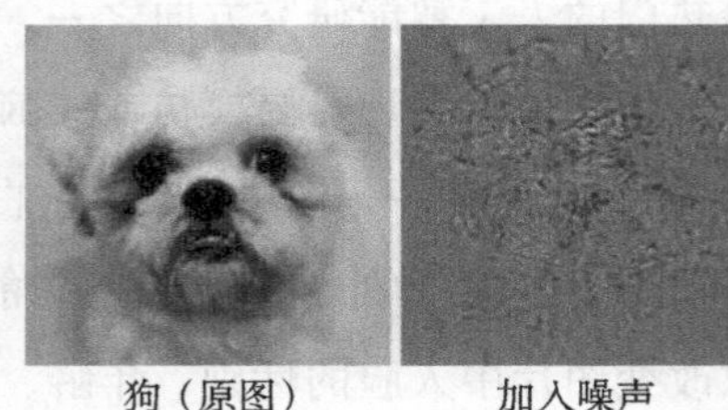

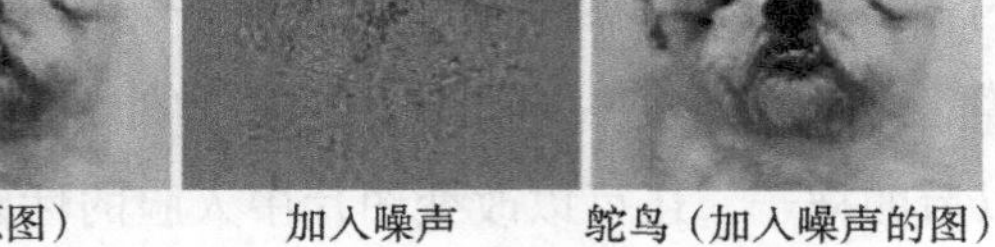

图 8-3 加入扰动的图像识别

以上所述的攻击方法是一种基于对抗样本的白盒攻击。攻击者已经掌握了模型的网络结构或者具体参数，可以直接修改输入模型的原始数据，在原始数据上增加只有机器学习模型才能接受、且人类难以辨别的扰动，使得模型做出错误的判断。还有一些攻击采用的是黑盒攻击方法。它把模型当成一个黑盒来处理，在不掌握模型内部结构的情况下尝试攻击模型，让模型做出错误决策。

当然在实际场景中，攻击者的攻击类型更为多样。举例来说，攻击者可以攻击摄像头、麦克风这类物理设备；也可以直接在交通标志上贴上自制的海报，干扰模型对目标检测，从而干扰自动驾驶汽车的正常行驶；还有，如果把某个人的照片，尤其是眼睛部位打印出来，贴在我们平时戴的眼镜上，就能成功欺骗人脸识别系统。

以上这些都揭示了人工神经网络在安全方面的重大缺陷。它提醒我们，应该谨慎地运用人工智能技术。想象一下，如果黑客使用这些方法来干扰自动驾驶汽车和人脸识别系统，后果将不堪设想。

防御这样的对抗攻击大致有几种方法，比如在输入数据中增加一些随机性、优化模型对抗的方法、优化内部网络结构，或者使用其他的防御网络来联合抵抗对抗攻击。我们可以将生成对抗网络直接作为防御策略。在模型训练过程中，由于生成网络负责产生对抗样本，判别网络负责辨认它们，如果生成网络所生成的样本都能被判别网络识破，这个判别网络其实就是一个很好的防御模型。

对抗样本攻击的技术还能用在其他安全领域。比如，它可以用于生成加密算法。2016年，谷歌研究团队提出了使用对抗技术来生成加密算法模型。该模型使用三个神经网络分别完成加密、解密、攻击任务。对抗样本技术也可以用于数字水印，比如将特定的信息（例如版权信息）嵌入视频、音频、图片等数字信号。这些水印几乎是不可见的，但它们可以作为版权信息的证明，避免未经授权的复制。

8.2.2　数据投毒和模型安全

对于一个人工智能模型，它的“弱点”通常包括数据、模型以及实现它的框架。

针对数据攻击是最常见的人工智能攻击方法。我们知道，数据是人工智能的基础，如果数据出现偏差、丢失、变形、不均衡等情况，人工智能对结果的判断就可能受到影响。有一种攻击叫作数据投毒，它针对的就是训练数据。数据投毒可以在改变少量样本数据的情况下，使得人工神经网络模型失效。比如篡改样本数据或构造特殊样本，对训练数据增加扰动信息，使得这些样本变成数据“毒药”。

举例，如今很多数据标注采用众包方式，如果攻击者有意对其中部分样本数据进行修改和污染，那么用这些数据训练出来的模型很有可能会出现错误。还有，我们前面介绍过联邦学习，它是一个分布式学习系统，因此会遇到拜占庭问题，也就是说，如果有节点故意修改了自己拥有的数据标签和内容，再把它们传给服务器，这些信息就很可能让最终得到的模型失效。

总的来说，数据投毒就是用精心构造的异常数据让模型变差、变慢，或者留下后门。早期的数据投毒通常在实验室中进行。如今，很多模型有在线学习的场景，黑客可以利用这一机会接触到训练数据，实现数据投毒。

模型攻击是另一类人工智能攻击方法。人工智能在通过大量数据训练后，最终产物是一个模型。这个模型比训练它的数据量要小很多，通常是一个几百 KB 到几百 MB 的文件。不过，如果模型的功能可以被黑客重复调用或调试，黑客就可以通过遍历算法，构建出一个和原始模型功能类似的模型。假设有人用一些未公开的隐私数据训练了一个机器学习模型，这个模型会在不经意间“记住”原始数据的特征信息。利用这一点，黑客可以通过观察模型在新数据上的表现，反推出这些数据是否可能属于原始数据，达到获取原始的隐私数据的目的。当然，黑客也可以直接窃取模型，使用一些逆向还原技术还原模型文件。

此外，还有针对人工智能框架的攻击。如今，人工智能已经参与到一些商业决策中，如果这些人工智能的漏洞被黑客攻击，那么带来的安全隐患可能远远超过某个信息系统的漏洞被攻击。比方说，今天很多人工智能框架其实依赖大量的第三方开源软件包，而这些开源软件包如果存在后门或漏洞，就会直接或间接地影响人工智能的安全。很多软件在开源之初，并没有考虑过商业用途，只是程序员和同行进行技术交流的产物。软件本身并不会进行严格的测试。从安全的角度来看，这些软件一旦商用，就隐藏着很大的风险。事实表明，这些年来被研究人员广泛使用的 TensorFlow、Caffe 等人工智能算法框架都曾爆出存在安全漏洞，涵盖诸如内存访问越界、整数溢出、空指针引用、除零错误等常见的漏洞风险，甚至，有些漏洞一旦被黑客利用，他就可以直接控制人工智能系统。

8.2.3 眼见不一定为实

伪造从古至今一直存在。过去，有人伪造身份，有人伪造货币，有人伪造文件。今天，一些 IT 高手和黑客也学会了伪造，而且发展出了各种伪造技术。

2017 年前后，基于深度伪造技术的虚假图片、音频、视频等开始在网络上泛滥。这项技术基于深度学习算法，能够合成虚假的图像和视频，而且接近真实。比如换脸技术和换声技术，如果人们恶意伪造图像、音频、视频，达到真假难辨的地步，就会让不法分子的敲诈勒索、伪造证据等行为得逞，造成社会信用危机。

以 AI 换脸为例，它的技术实现原理基于生成对抗网络模型：生成网络创造新的人脸图片，然后判别网络对其进行检验，直到人脸判别的错误率低于某个阈值。当然这只是第一步，为了能让人脸逼真，计算机会对人脸建模，识别出眼睛、鼻子、嘴巴等面部特征。随后，计算机把这些面部特征和表情数据关联起来，比如人笑的时候，眼睛和眉毛、鼻子和嘴巴的距离应该是多少，这些都有具体的表情数据。有时，为了避免人脸图像过假，还会增加一些脸部细节，比如皮肤的颜色、牙齿、皱纹等。最后，将这组数据映射到目标人脸上，这样人脸就动起来了，配上嘴唇的动作，看上去就像真人在说话一样。

伪造技术也有好的用途，比如让电子游戏中的人物形象变得更加逼真，或帮助警察对照片上的人物做出不同年龄的预测，从而找到失踪人口。不过现在来看，伪造技术更多被用于不好的一面，比如把某个女明星的脸换到其他的影片上，或让某个特定人物发表带有政治目的的演讲。过去我们常说，眼见为实，但在今天，这句话可就难说了。

8.2.4 设备互联与智能汽车

未来无论是机器人还是智能设备，如果要大规模推广使用，物联网安全就是一个值得关注的话题。

物联网是一个物物相连的互联网络，解决的是物与物、人与物之间的信息交换和通信问题。它是多种技术的综合运用，比如射频识别（RFID）技术、红外感应器、GPS 定位、激光扫描器等。

未来，像手机、手表、冰箱、马桶等物品都会接入网络，为人们提供更好的智能服务。不过，目前由于安全标准滞后，随着越来越多的联网设备被用于重要场合，为物联网安全埋下隐患。Intel 曾在 2017 年 11 月承认，在近两年出售的英特尔处理器上，发现了多个严重的安全漏洞。这种芯片级的漏洞，允许黑客加载和运行未经授权的程序，攻击处理器的“管理引擎”。可以想象，此漏洞一旦被利用，就很可能对电子设备造成大规模影响。而随着物联网技术的广泛应用，类似的安全问题将被进一步放大。

我们举一个物联网的典型应用——智能汽车。

智能汽车的概念源于 20 世纪 80 年代，之后产业界和学术界投入了越来越多的关注，陆续开发成功各种原型。它的挑战并不仅限于正常路况下的安全行驶，更多的挑战来自极端情况，比如在雨天等恶劣天气、夜晚等视线较差的环境。另外，周边路人、道路环境也可能影响汽车的安全行驶。

早在 2016 年，世界上就发生过多起智能汽车事故。大多数是物体检测算法无法准确识别各种小概率情况下的物体导致的，比如没有准确识别出强光下的白色货车，或者把前方车身的反光误当成周边的景色。其中的原因可能是训练数据不完备，也有可能是算法不成熟。由于汽车“视觉”出了问题，造成多起交通事故，也引发了人们对智能汽车前景的担忧。

当然，智能汽车不只依靠算法，还依靠雷达、传感器和地图定位等高精度设备，以及人工智能、无线网络等技术。

物联网对汽车有什么影响呢？也许在未来，车辆将会接入同一个网络，即车联网，成为智能交通的核心。汽车也将从原本的封闭系统变成开放系统。每辆汽车就是一个智能的终端设备，连接到整个汽车网络。届时，车与车之间以及车辆与路边的基础设施之间，都能进行实时数据传输和交互。车辆、路况都能被交通管理部门全面感知，比如可以检测每辆车的速度、更好地规划交通路线、优化红绿灯信号等。

不过就目前而言，汽车联网还有很多技术问题尚待解决。比如，传统的网络通信协议从建立连接到完成通信需要多次交互操作，其中还涉及身份验证、数据保密等功能，整个过程耗时较长。而在实际应用时，一旦两辆汽车在路上相遇，它们的车速很快，通信时间又很短，如何保证车辆消息能够及时交互，这就是一个技术难点。汽车联网还会带来其他安全问题。假设有辆汽车被黑客远程接管并控制，该怎么办？早在 2015 年，黑客就成功入侵并远程控制了正在路上行驶的汽车，并能让汽车制动失灵、改变速度、关闭引擎。虽然后来汽车厂商马上召回市面上已经发售的汽车，并安装了相应的安全补丁，但这仍然无法消除大家对联网汽车安全风险的担忧。

总之，智能汽车并不仅仅是汽车公司的事情，它还依赖配套的国家法规、道路规划以及相关 IT 基础设施建设。虽然目前全世界还没有大规模应用智能汽车的案例，但一些智能汽车已经在特定道路上开始测试和驾驶。也许在未来，智能汽车将进一步普及。

8.2.5　网络安全攻击

在前面的介绍中，我们更多关注的是人工智能自身快速发展带来的安全问题。下面我们看看网络安全攻击。

1. 安全特征和攻击方法

在古代，人们通过烽火、飞鸽等传递信息，这种通信方式不仅效率低，安全性和保密性也比较差。网络通信技术改变了这一现状。近几年，移动网络从 3G、4G 到 5G 跨越式发展，人们通过手机、电脑、平板可以随时随地访问互联网。在可预见的未来，网络通信将覆盖全球，基站很可能安在天上或者宇宙中，比如目前尚处于探索研究阶段的谷歌热气球网络、马斯克星链计划、我国 6G 卫星通信等。

随着互联网技术的发展，基于人工智能技术的大规模攻击和信息安全事件也不容忽视。很多安全事件会直接影响人们的工作和生活。比如黑客只要对某证券交易系统发起攻击，就可能让它被迫休市；对某个国际机场信息系统的漏洞攻击，可能造成航班延误、旅客滞留，造成直接经济损失和社会恶劣影响。

信息安全是一个广泛而抽象的概念。它关注如何保护信息的安全，确保信息不被泄露、修改、丢失、破坏，避免信息出现不可靠和不可用。在信息安全领域，安全特征如下。

1）保密性，指信息的内容不被泄漏。比如企业内部的资料文件，对外人来说是保密的。

2）完整性，指信息没有被恶意破坏和篡改。

3）可用性，指信息能被合法用户有效、及时地访问。比如网购，当人们都在整点抢购物品时，要保证大家都看到购物链接、进行交易操作。

4）不可否认性，指不可抵赖已完成的信息操作。比如两个人之间传递信息，信息发送者不能抵赖他的发送行为，接收者也不能否认已经接收到的信息。

5）可控性，指对信息传播可以监督，对信息内容可以管控。

其中，保密性、完整性、可用性是信息安全中最基本的三个特征，被称为 CIA。

对于现在的人工智能程序，黑客会挑选安全特征中一个或几个特征发起攻击。常见的信息攻击包括中断、篡改、伪造、窃取等。具体而言，网络上每个人的行为通过数据包相互传送，黑客分析这些数据包的头部标识，可以得到源 IP 地址、目标 IP 地址、网络协议等丰富的通信信息。只要使用特定的网络抓包和分析工具，这些数据就可以被攻击者截获并利用。

2. 病毒与漏洞攻击

1949 年，计算机之父冯·诺依曼在《复杂自动机组织论》中最早提出了“恶意程序”的概念。它是一种能在内存中自我复制、实施破坏的计算机程序。1960 年，贝尔实验室的三位程序员发明了一种名为“磁芯大战”的电子游戏。游戏双方各自编写程序，然后将程序部署到同一台计算机上，双方的程序不断自我复制，竭力消灭对方的程序。尽管这三位程序员明白这种程序的危害性，并没有将游戏的具体实现公开，但是它还是逐渐流传开来。这个游戏程序就是计算机病毒的雏形，具有自我复制和破坏的特性。

计算机病毒的概念源于南加州大学的弗雷德·科恩于 1983 年编写了一种破坏性程序。它可以在运行过程中自动复制这个破坏性程序，感染网络中的其他计算机。1988 年，计算机恶意代码首次造成大规模破坏，美国康奈尔大学的研究生罗伯特·莫里斯编写了一段蠕虫代码。这段代码在网络中迅速感染了 6000 多台机器，约占整个互联网主机数量的十分之一，几乎造成了整个互联网的瘫痪、数千万美元的直接经济损失。

随后，个人计算机很快成为计算机病毒制造者的攻击目标，如巴基斯坦病毒、大麻、圣诞树、黑色星期五、小球病毒、CIH 病毒、冲击波和震荡波等，都是曾经在国内外广为流传的计算机病毒。在传播过程中，恶意代码一般会将自身复制到存在漏洞的操作系统、应用软件上并执行，比如冲击破、震荡波等病毒就是利用 Windows 操作系统的 RPC（远程过程调用）服务存在缓冲区溢出漏洞进行传播的。

随着黑客攻击的规模化、自动化、多样化，很多基于传统的攻击规则检测的防御体系显得捉襟见肘。以前，很多计算机病毒和木马都是攻击者手工编写脚本实现的。但是今天，人工智能技术大幅提高了恶意软件编写和分发的效率。黑客会利用最有效的手段，攻击网络防护中最薄弱的环节，收集攻击时的各类记录（例如交易响应时长），并根据分析结果设计新的攻击方式。

过去，安全漏洞被利用一般需要几个月的时间。如今在人工智能技术的“助力”下，这个时间已经减少到了数天。还有很多攻击称为“零日漏洞”攻击，也叫零时差攻击，泛指安全漏洞被发现后，还未修复就被恶意利用。因为有些漏洞被发现后，官方需要一定时间才能研发出安全补丁。只要用户没有打补丁和升级软件，漏洞就有可能被利用，这段时间统称“零日”。通俗地讲，就是漏洞刚被曝光不久，相关恶意程序就出现了。而在今天，很多人工智能已经可以自动锁定攻击目标，自动生成攻击代码并实施攻击。它们可以自行查找系统漏洞，也可以生成大量的勒索邮件。

过去，网站使用图像验证码来防止脚本机器人频繁恶意登录，这是因为在当时，图像识别需要依赖的视觉技术实现起来还很困难。但是今天，这种验证手段基本已经失效。攻击者利用人工智能识别图片验证码的准确率超过 95%，所以现在很多网站通过提高与人交互的复杂性来实现用户登录验证，比如网站上出现一个有空缺的图像，让人手工滑动滑块以填充图像，或者让用户输入短信验证码，以此验证登录网站的用户身份。

3. 拒绝服务攻击

信息安全问题已不再是一个局部和技术性问题，而是一个跨领域、跨行业、跨部门的综合性安全问题，更是一个影响国计民生、关乎国家安全与社会稳定的现实问题。这些年，很多网络攻击呈现出明显的全球化、组织化、常态化、利益化趋势。攻击者为了追求经济利益或实现其他目的，组成固定的组织，利用全球化的攻击资源，不断开展各类攻击活动。

有一种网络攻击方式是暴力式攻击。它直接针对网络入口，对要攻击的服务器发起大量请求，导致服务器无法响应，影响正常的处理请求。这种攻击称为拒绝服务攻击。普通的拒绝服务攻击一般是利用系统、协议、服务的漏洞进行攻击，或发送的服务请求数量超过目标系统的处理能力（网络带宽、系统文件空间、连接进程数等），从而达到攻击的目的。但如果攻击者只用一台机器去攻击，则对目标构不成威胁。所以，攻击者就将攻击工具驻留在其他系统中，利用这些计算机（也叫肉鸡、傀儡机）对同一目标发送大量的请求。这种攻击称为 DDoS（Distributed Denial of Service，分布式拒绝服务）攻击。它是从拒绝服务攻击逐渐演变过来的。

简单来说，DDoS 就是利用大量计算机在同一时间对服务器发起访问。它发起通信连接，在短时间内占用大量网络带宽和系统资源，使得网站无法处理正常的服务请求。这种方式很直接，但很有效果。好比一个只能容纳 100 人的房间，突然冲进来 1000 人，这个房间自然无法很好地正常服务用户。DDoS 攻击通常都是来势汹汹，还没等对方反应过来，大流量访问就已经涌了进来，所以很难提前预知。

如今，DDoS 攻击已经变得更具规模，很多攻击脚本和工具都能在网上方便地找到，攻击者只需购买或借助公开的攻击平台就能向选定目标发起攻击，利用人工智能技术迅速发动超大规模的网络攻击。

8.3 如何构建防御体系

安全问题一直伴随着人工智能行业的发展。任何新的技术都会伴随着新的风险隐患。当我们想要建造高墙来阻挡对方时，对方就会想办法造梯子，让自己爬得更高。这个世界上没有绝对的安全，也没有完美的系统，只要有漏洞，就有被攻击的可能。

目前，围绕人工智能已经出现了很多攻击手段，但是相关防御并没有做得很好。很多人工智能的防御方法尚处于研究阶段。过去，大多数安全管理以被动防御为主。比如电脑必须定期升级安全补丁，就是为了升级病毒特征库。如果病毒特征库里没有某个病毒的特征，就无法防御对应的攻击。这是一种被动的防御思路，无法完全抵御人工智能相关攻击。

面对更加智能化和多样化的攻击手段，我们应该如何做好人工智能的安全保护呢？

8.3.1 红蓝对抗

在军事领域，国家会定期组织军事演习。在演习时，军队分成“蓝军”和“红军”，一方进攻，另一方防守。这种对抗可以提升军队的攻击和防御能力。这种攻防演习的思想也被引入安全领域。

20 世纪 90 年代，美国军方与国家安全局在信息网络和信息安全基础设施的攻防测试过程中首先采用了这种思路。他们将要进行信息安全防御能力检测的一方称为“蓝队”，将进行系统攻击的一方称为“红队”，以实战的方式来检验目标系统的安全防御能力和应急响应计划的有效性。

目前，基于红蓝对抗的安全演练被保留下来。它是检验信息安全防护水平的重要手段之一。在一些重要时期，大型企业和政府机关部门会开展这样的攻防演练，来检验和提升整体安全防护水平。

红蓝对抗的思想同样适用于人工智能的安全防护。本质上，攻防是一种相互博弈的对抗。当黑客的攻击手段变得越来越“智能”时，防御的方法必须跟着“智能”起来。只是用一些传统技术进行防御，并不能得到很好的效果。要提高人工智能程序的健壮性和适用性，就要考虑引入一些对抗的思想。比如，让一个人工智能模型像黑客那样，不断尝试各种漏洞攻击，而让另一个人工智能模型对这种攻击进行感知和防御；基于大量历史数据建立基线，使用机器学习算法捕获异常值，找出非常规的数据；设置一些“蜜罐”，故意将系统或网络的漏洞暴露给黑客，诱导对方进行攻击，从而进行反向追踪和信息收集；将人工智能技术运用到网络安全态势感知，或者在各个关键节点和安全设备上部署采集器，收集用户行为、系统日志和监控数据，并将这些数据集中起来进行实时风险监测。

8.3.2　安全是平衡问题

有人认为在安全问题上，攻与防的资源投入是对等的。其实，攻防本身并不对等。攻击者只要找到一处漏洞，集中力量攻破它，就能突破防御，而防御者要想办法堵上所有的漏洞。从编程角度来看，尝试编写恶意代码要比编写善意代码容易得多。恶意代码只针对一处弱点，而善意代码要把所有弱点都弥补上。

攻击者侧重技术，一旦发起攻击，就会尝试各种技术手段，直到攻破漏洞。防御者重视体系，即使有一处漏洞被攻破，整体的防御仍然可以保证信息系统和数据安全。我们知道，一个木桶的总容量取决于最短的那块木板，安全同样遵循“木桶原理”，即一个系统的安全水平取决于最薄弱环节的安全强度。安全防护必须建立一个多层次的安全防御体系，任何薄弱环节都将导致整个安全体系的崩溃。

安全是一个平衡问题。忽视安全，容易遭到攻击；太过强调安全，又会妨碍业务发展，难点就在于如何找到效率和安全之间的平衡。想象一下，如果你是一位企业高管，你应该把有限的资源投到哪边？如果投到研发团队，虽然研发效率提高了，但质量可能出现问题，最终造成经济损失；如果投给安全团队，虽然安全质量提高了，但开发效率会降低，业务发展受到制约。从经济学的角度看待这个问题，无论把资源投到哪边，势必都会损害另一方的利益。对于一个高管来说，考虑问题的角度不是重技术或重管理，而是做出两者的权衡，将总体成本降到最低，让总体收益达到最大。

在安全领域，攻与防永远是相互制约、相互依赖的，就好像矛与盾的关系。安全是一个相对的状态，是一个动态的过程，不是绝对的。绝对安全就意味着系统不可查、数据不可用。

最后，安全问题要随着技术发展同步考虑。试想一下，传统的基于用户名口令的认证方式，和使用人脸识别技术的认证方式，哪个更安全？或许它们各有利弊。我们不能因为人脸识别用到了深度学习算法，就认为它比传统技术更安全。技术选择应该结合实际的应用场景，综合考虑它的效率和安全。换句话说，没有最安全的技术，只有更合适的技术。

8.3.3　人是安全的一部分

虽然我们讨论了很多人工智能相关的安全技术，但从本质上讲，安全问题并不是单一的技术问题。在安全领域，有句话叫作三分技术、七分管理，意思是，安全并不能只靠技术解决，它更多是一个管理问题。比如尽管我们有很多人工智能技术可以抵御黑客的攻击，但如果数据存储在数据中心的机房里，人可以随意出入机房，那安全就无从谈起。

黑客凯文·米特尼克在《反欺骗的艺术》(*The Art of Deception*）中首先提出社会工程学。它指的是一类特殊的黑客攻击手段。与以往黑客攻击系统漏洞不同，社会工程学的主要攻击对象是人。它会利用对方的心理弱点，或人性的弱点进行欺骗，以此来获得利益。

很多被攻破的系统，并非是因为设计上出现了深层次的漏洞，问题往往出在事后看来简单而浅显的某些方面。例如，系统管理员将登录密码贴到电脑前；财务人员在电话里泄漏用户的敏感信息；公司职员随意运行来自不明邮件的附件；不明人员借推销或调查问卷的名义进入办公场所窃取信息，等等。

所有的安全问题最终都可以归于人。要防范安全风险，“人”的因素也必须考虑在内。直到今天，大部分人还是把安全问题（包括人工智能安全）看成是一个关于硬件和软件的技术问题，忽略人这个关键又薄弱的环节。当技术专家不断加强信息安全技术，黑客却以“人”为突破口发起攻击。

当请求来自权威人士时，人们有一种顺从的倾向，会毫不怀疑地执行请求。比如黑客伪装成权威人士，声称自己是公司主管，要求获取访问权限。同样，当许诺或给予一些有价值的东西时，人们很容易同意对方的其他请求。比如黑客在帮助对方恢复系统后，希望对方帮忙测试某个暗藏木马的软件程序，对方通常不会拒绝。当有人声称自己是外卖员、快递员、访客、公司某位新同事，或者某人看上去熟悉公司内部的业务流程和专业术语、认识某位领导，在未经核实前，他的身份仍然不可信任，因为他很有可能是从其他地方获得对于企业员工来说不是什么机密的信息。

在电影《我是谁：没有绝对安全的系统》中，主人公本杰明所在的黑客组织 CLAY 为了入侵德国情报局，从垃圾堆里翻出一张贺卡，并根据上面的信息向内部员工发出钓鱼邮件。然后，又装成迷路的学生潜入了刑警组织食堂。这些黑客活动，都运用了社会工程学。正如该电影里说的，“最大的安全漏洞并不是存在于什么程序或者服务器内，人类才是最大的安全漏洞”。从这个角度来看，想要欺骗人工智能，只要骗过人工智能背后的人。比如想要通过智能门禁，并不需要攻击摄像头和身份认证系统，只要买通保安人员；想要操控智能汽车，也不需要找到系统的技术漏洞，只要得到车主的授权即可。

总之，没有绝对安全的系统，或许人就是弱点。

8.4　结语

本章所讨论的所有关于人工智能的安全话题，只是技术发展过程中必然会遇到的问题。我们不能因为有安全问题而不让技术发展，也不能任由技术野蛮生长，而忽略了安全隐患。

安全是一个很大的话题，它容易被人忽视。如同阿喀琉斯之踵，往往是那些看上去微不足道的风险隐患，可能带来巨大损失。当人工智能已经深入人们的生活，风险也不断浮出水面。大数据不仅给人们带来便利，还引发了大数据“杀熟”和个人隐私问题；数据深度伪造可以生成虚假的视频和语音；只要加入微小的干扰，语音识别系统就可能出现识别错误；构造一些特定的对抗样本，就能有效攻击图像识别系统；数据投毒攻击会让训练数据受到污染，导致模型决策出现偏差；此外，模型攻击、框架攻击等大量针对人工智能的攻击手段开始出现。

对于人工智能来说，我们无法保证它们是绝对安全的，但我们能构建一个多层次的防御体系，通过攻防对抗演练来提升它的安全防护能力。无论是人工智能，还是其他技术，都不是绝对安全的，但我们总是可以想到一些方法来保证它们的相对安全。

第 9 章 未来会变成什么样子

在移动互联网、大数据、云计算、物联网、脑科学等技术的推动下，人工智能的应用日趋成熟。在某些行业和领域，人工智能表现出比人类更好的智力水平。如果说互联网改变了人与人之间的关系，那么人工智能改变了人与机器之间的关系。

一个令人向往的智能时代已经到来！

9.1 可预见的未来

古人和现代人最大的区别在于各种现代化技术的运用。如果古人穿越到现代，颠覆他们认知的将是那些科技进步带来的产物。

9.1.1 一个充满想象的未来

环顾四周，我们身边遍布各式各样的智能设备。人们足不出户就能领略世界上任何一处美景，与世界上任何地方的人交流。今天坐动车 1 小时能到达的地方，以前可能需要花几天时间。今天用聊天软件 1 秒钟能说清楚的事情，以前需要通过书信交流。人们过去脑海中的科幻，已变成我们今天看到的科技。过去人们想也想不到的事，今天我们习以为常。

当人们身边的物体都变得能感知、会学习，日常生活也会发生新的变化。比如城市里的垃圾桶、井盖、交通灯、路牌、厕所、大楼等正变得更智能，使人们的城市生活更便捷。

又比如一家酒店可以没有一位人类员工，全部由AI机器人提供服务。当客人到达酒店，机器人通过人脸识别技术验证他的身份，办理入住手续。客人能够“刷脸”进入房间，房间里的灯、窗帘、电视都是声控感应的，想吃什么东西只要直接告诉房间，就会有送餐机器人把食物送到门口。而这样的酒店在现实世界中已经存在。

再比如物流行业，仓储中心的所有物流都由机器人控制和运作，物品配送可以交给无人快递车和无人机完成。在餐饮行业，所有的点餐、送餐可以让机器人完成，厨房里不需要雇用厨师，取而代之的是全自动的炒菜/烧菜设备。再比如，很多公司用智能客服机器人替代人工客服，这么做能提高通话效率。有时，人们很难察觉正在对话的是机器人还是人工客服。还有，无论是行人还是车辆，都有可能被无处不在的摄像头定位、识别；手机、音箱等产品不仅可以识别人的声音，还会分析说话人的年龄、性格、爱好、意图，针对不同人群给出不同的应答。

人工智能的出现可能颠覆大量传统行业。仅仅观察智能汽车，它的出现就有可能对交通行业产生巨大影响。如果我们能够让汽车自动驾驶，按需把人和物安全地送达目的地，仅这一项改变，就足够为城市发展带来巨大变化。很多交通堵塞、包裹快递、外卖送餐等问题都将不复存在。当然同时，人类也会面对智能时代下的很多新问题。

一些高科技公司正在探索和研究机器人，让它们可以行走、跑动，完成很多人类不能完成的任务。脑机接口等科学研究也从未停止，在医疗康复、家庭娱乐、生活辅助等方面取得了一些应用成果。科学家们正在探索人类的大脑。一旦成功，人类就可以直接通过脑来表达想法或操纵设备，而不需要通过语言和肢体动作。基因技术、纳米技术等的科学研究工作也正在开展，人们希望通过基因改造来帮助人类延长寿命、治疗疾病，甚至用机械部件替换人体器官，通过脑机系统将人脑和电脑融合等。这些前沿的研究工作并不只是想象，或许是下一代人工智能技术的发展方向。

9.1.2 人工智能会不会抢走人类的工作

有人担心人工智能会抢走人类的工作。其实，机器替代人类并不是只有在现在会发生。早在20世纪二三十年代，机器开始接管工厂里的制造生产，学者们就曾敲响警钟，认为自动化将导致工作机会消失。这种现象被称为“技术性失业”。

那么，实际情况又如何呢？工业革命期间，纺纱机、织布机被广泛应用。当时，一名工人将1磅棉花纺织成纱线所需要的时间由500小时大幅缩减到3小时。按理说，工人的产能大幅提高，原本的工人群体应该大部分失业。但结果是，由于节省了纺纱和织布的劳动力成本，导致棉布价格下降，人们有了穿内衣的习惯，对棉布的消费需求不降反升，工人的需求量大幅增加。不仅如此，技术创新还带来了新的就业机会。蒸汽机不仅可以应用于纺织机，还能给机车提供动力，由此出现了列车司机、服务员、车站检票员、铁路维修员等一大批新兴职业。从结果来看，工业革命不仅没有让人们失业，反而产生了大量新的职业岗位和人力需求。

如今，人工智能技术开始抢占人类已有的工作岗位。“技术性失业”这个警钟再次被人们提及。站在市场经济的角度看，当制造一个机器人或者研发一个人工智能程序的成本远低于人力成本时，市场就会选择淘汰人类。毕竟人类的能力和精力都有限，雇用不眠不休的人工智能显然更划算。

必须承认，有些工作人类永远比不过计算机。这些工作就应该交给计算机完成。不仅如此，我们还应该为它们准备数据，让它们变得更加“智能”。不过，计算机能完成的工作毕竟有限，主要集中在一些重复、机械性、程序化的任务。就目前来看，人工智能还不太可能完全取代人类的工作，总有一些机器没有能力做、我们不想让它们做、让机器做不够划算的工作。

人类的优势是能从复杂事情中做出选择，人可以应对充满变化的外部环境。人工智能则可能会给出执行某个行动或方案的概率。也就是说，人工智能最多只能做到对一项决策的负责，而人却要对决策的结果负责。只有人能根据成本、收益、风险等因素做出合理的选择。比方说，一个医疗诊断的人工智能可能会告诉医生，经过大数据分析，眼前的病人有两种治疗方案，一是长期服药，但对人体的副作用较大，存活率是 95%；二是手术治疗，手术成功后病人能完全康复，但手术成功率只有 70%。对于人类医生来说，要做的是从这两个方案中选出最合适的治疗方案，而计算机是很难给出这个最终决策的。

综上所述，每一次技术进步，势必会调整和取代一部分人类的工作，但对整个社会来说总能创造出更多新的岗位。

9.1.3 人机合作是新常态

关于人工智能，大多数科学家和学者的观点是：在未来很长一段时间里，人类和机器一起合作是必然的趋势。尽管人工智能取代人类工作的威胁仍然存在，但是由于很多场景的数据不那么完整，有些人工智能难题本身尚待定义，因此人工智能发展依然处于非常初级的阶段。在这些场合，人类可以凭经验做出判断，而人工智能并不擅长。

今天几乎所有行业都在朝着智能化方向转型。可以看到的是，几乎没有无人干预的人工智能，那些被称作全自动的人工智能应用，只是用一些业务专家和技术专家替代了原来专职的操作员而已。

去看看今天的企业，你会发现，智能机器和人类都在各自擅长的岗位发挥着作用，商业模式或者业务流程正在不断发生改变，企业内部也在不断调整这种合作模式。工厂可以利用机器手臂完成诸如搬运、喷涂、焊接、组装、打磨等任务，这些机器与人类协同工作、各司其职、分工明确。人类则摆脱了那些机械性的任务，从事更加精细化的工作，可以将更多的时间和精力花在创意工作上。

所以，人和机器的关系应该是相互协作，而不是相互替代。人和机器不再是争抢同一工作岗位的竞争对手，而会变成工作上的搭档。人类应该从事那些更具人性化的工作，让机器去做机械性的重复任务。如果人类没有机器算得快，那就应该把庞大数据集和海量计算任务交给机器。如果人工智能是一个“黑盒”，无法很好地解释结论，那就应该在最终决策环节增加人类的判断。总之，许多新的工作需要人类和机器一起完成。

9.1.4 人机关系在重构

人工智能的出现意味着人类要面对新一轮的“适者生存”。当人类和机器的协作变得越来越频繁，两者在任务中的比重和边界也在不断调整。有人认为，人工智能正在“禁锢人类”或者“淘汰人类”。不可否认，智能时代出现了人工智能这一新的环境变量。为了适应新的生活方式和工作内容，人类需要做出调整和改变。这和上亿年来生物只有通过不断演化才能适应外部环境是同样的道理。那么这一次，人类真的被“禁锢”了吗？

我们来看一个典型的案例——外卖行业。为了提高配送效率，一些外卖公司研发了智能配送系统。在这些人工智能系统中，配送时间是重要的指标，一旦超时，外卖骑手会获得差评、收入降低。配送站点也要跟着受影响。在这种算法规则下，外卖骑手只有更快地将食物送到客户手上。但是骑手们骑得越快，人工智能就会给出更短的配送时间。不少骑手出现超速、闯红灯、逆行的情况。根据交警部门公布的数据，外卖骑手是违反交规的主要人群，这一职业已经成为高危职业。人工智能不会关心交通拥堵情况、天气情况、商家出餐时间、小区门卫是否放行、写字楼里的电梯是否空闲，这些随机变量永远存在，所有的不确定因素交由人来负责解决。出于平台、骑手、用户三方效率最大化的目标，人工智能的算法将所有的送餐时间压缩到极致。

虽然以上只提到外卖的案例，但可以想象在很多行业，人类个体的行为、知识、经验正变成一组组的训练数据，它们喂养着人工智能，让人工智能变得越来越强大。如今的人类也越来越依赖人工智能所做的决定。我们服从外卖平台给的送餐路线和送餐方案，我们相信地图软件给出的行驶路线，我们喜欢淘宝和抖音推荐的商品与短视频。全世界几十亿人已经把搜索信息的任务交给了谷歌和百度的算法，“真相”都是由搜索排名最靠前的结果来定义的。

如今，人类正被人工智能隐藏起来，如图 9-1 所示。当数以亿计的人每天上网看新闻、搜资讯、发微博、逛论坛，享受着技术带来的便捷和服务时，我们以为这些服务是纯粹依靠技术实现的，但这背后隐藏着一部分人的默默付出。简单来说，人工智能的背后隐藏了一大批新的工作岗位。比如为了获得高质量的数据，专门进行数据标注的岗位出现了，并且从业人数变得越来越多。这些人每天为图像、视频等大量数据标注信息。标注好的数据被用于人工智能模型训练，以提升人工智能的“智能”程度。而这些人正在成为人工智能系统“智力”的一部分。

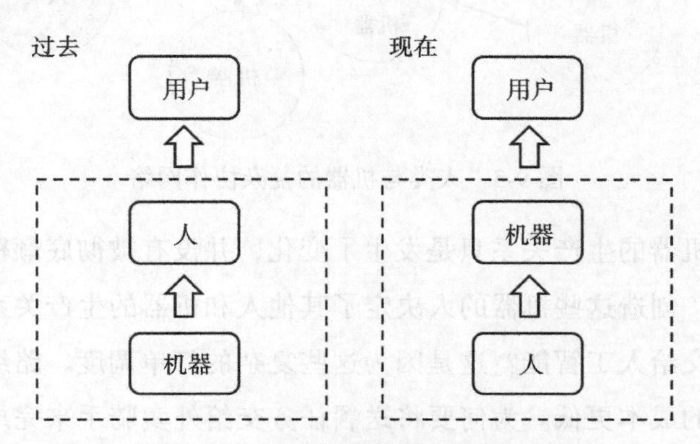

图 9-1 过去与现在的商业模式

如今的社会大环境已经发生变化，人类和机器开始更加紧密地融合。在融合过程中，人类和机器正在不断适配。如果人能发挥更大的作用，人就使用机器干活。如果机器更具优势，机器就会完成某些任务。从整个社会来看，一些人正在创造机器，构建智能系统，还有一些人在为机器“打下手”，或者在为智能系统产生用于学习的数据（见图 9-2）。

在不同的任务中，人类和机器的合作关系也会不同。这些关系或许是一个极其复杂的网络结构。想象一下，无论是知识图谱，还是人工神经网络，它们的网络结构具有一些共性特征，比如内部逻辑极为复杂，每个节点随时都在变化，具有不确定性，甚至不可解释，但整体表现是稳定的。事实是，人类和机器在完成任务时也表现出这种网络结构的关系（见图 9-3）。

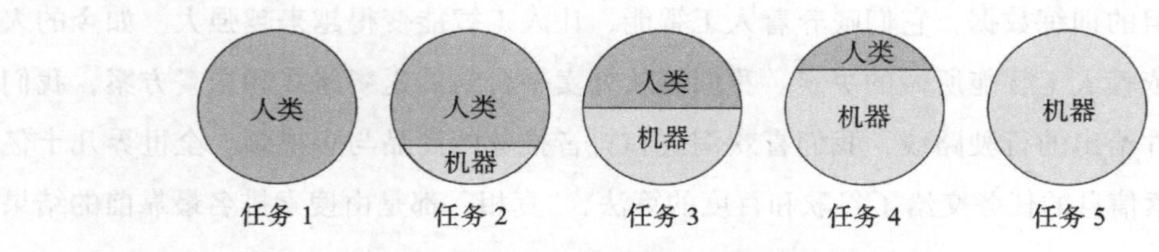

图 9-2　人类与机器的生产关系

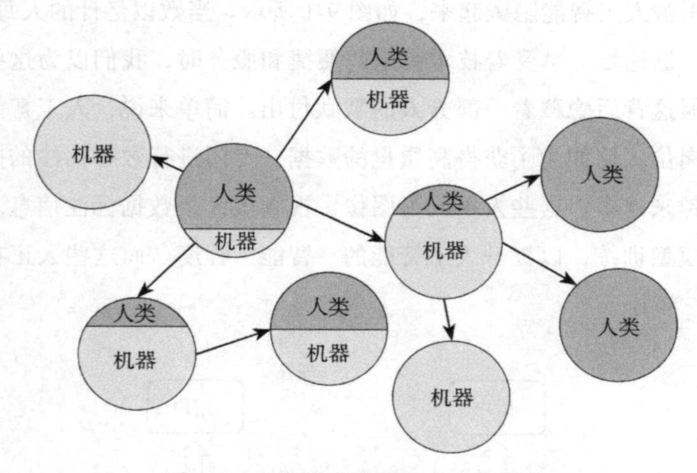

图 9-3　人类与机器的复杂协作网络

不过，人类和机器的生产关系只是发生了变化，并没有被彻底颠覆。所有的机器都是由人类创造出来的。创造这些机器的人决定了其他人和机器的生产关系。为何外卖公司会将送餐调度的权利交给人工智能？这是因为这些复杂的订单调度、路线规划、时间计算任务交给计算机处理的成本更低。为何要将送餐任务交给外卖骑手来完成？这是因为很多复杂的客户与骑手之间、骑手与商家之间的问题和矛盾交给人处理的成本更低。也就是说，由人来消解外部环境的不确定性。当然，这种新的生产关系和协作规则仍然是由创造出这些机器的人来制定的。

有人认为人类将被人工智能操控。但我认为，这只是一种新的平衡状态。这和一个团队在人少时会招人、人多时会裁员是一样的道理，都是为了在有限的资源下达到一种平衡。过去，工厂主会让工人干活，我们并不能说谁在控制谁，它只是一种生产关系。从这个角度来看，无论是人类在让人工智能干活，还是人工智能在让人类干活，本质上也是一种新的生产关系。人类并没有因为人工智能的出现而被淘汰或禁锢。

9.1.5 变闲了还是变忙了

当然，人工智能的发展自然也带来一些副作用。我们总说人工智能为人们生活带来便利。但这是站在局外人的角度来说的。其实，大部分人是局中人。那么，我们这些局中人的真实感受是什么呢？大部分人的感受是，智能化程度越高，工作就越多。我们总说人工智能可以帮助人类完成一部分工作。可事实是，人类并没有因此变得轻松，反而变得越来越忙。

这是为什么？我想，或许有以下几个原因。

1. 技术发展产生大量新需求

直到今天，人类仍有大量需求未被完全满足，而新需求的产生速度大于用技术实现这些需求的速度。正如我们前面所说，人工智能并不会让人们失业。当产业更新迭代变得更快，新的智能技术运用更多，开发周期变得更短，新的业务需求就会更多、更快地提出。于是，技术建设变得更加快速，这又反向让业务迭代变得越来越快。很多公司不断赶进度，就是希望在别的公司推出新技术之前占有市场，可对方公司似乎也是这么想的。因此，虽然技术在发展，但新需求增加得更快，使得相关人员的工作反而变得更加繁重。

2. 知识越来越多，专业化程度越来越高

今天已经很少有人认为自己的工作能够干一辈子。如今的人们已经高度依赖信息技术，IT 系统不断升级，新的流程规则不断产生，新的产品不断上线。在这个过程中，无论是业务人员还是 IT 人员，他们需要掌握的技能要求变得越来越高，需要不断更新和迭代自己的专业知识，才能跟上时代发展的步伐。

科学知识总量正在膨胀，许多领域的专业化程度越来越高。

计算机领域，由于技术变得越来越复杂，因此很多术语和概念也越来越抽象。如果把一群科技工作人员聚在一起，你就会发现他们掌握的技术已经高度专业化。一个网络工程师和一个存储工程师要掌握的技术完全不同，一位云架构师可能无法与一位大数据专家探讨专业领域的技术问题。

专业化知识的激增导致行业门槛提升，这势必会造成一种技术断层现象。这也造成一些行业的一线技术岗位很难找到新的接班人。在企业中，这些岗位大多是由资历较老的技术专家负责，他们拥有丰富的工作经验和行业知识，而一个新人想要踏入这个行业，需要投入大量的学习和实践时间。与过去不同的是，如今企业里对脑力劳动的人力需求越来越大。这也导致很多技术专家抱怨说现在新人难带，其实是因为培养他们需要更长的周期，做不到速成。而对于企业高管来说，很多时候迫于无奈，只能把这些资深专家继续放在一线岗位工作，因为除了他们，没有更合适的接班人。

3. 技术赋能导致更加激烈的市场竞争

技术赋能导致某些岗位的技术壁垒被打破，使得更多的人涌入该市场，竞争更加激烈。以前司机是稀缺的，因为开车需要专业技能和丰富的驾驶经验，司机不仅要掌握如何控制离合器、切换档位，还要记忆大量的道路信息。如今，技术赋能的结果是，司机不再稀缺，还面临被智能汽车替代的风险。此外，歌手、翻译、演员、作家、销售等人员同样面临残酷的市场竞争。无论选择在家工作还是自由职业，人们似乎并没有因此得到真正的自由。

每个行业和职业都在受到人工智能技术的影响。这个过程好比生物演化，有些岗位将被人工智能取代，还有一些则需要做出调整，以适应大环境的改变，最终只有合适的岗位才能继续存在下去。比如在未来，“码农”可能会消失，因为写代码也可以交给计算机完成。未来的 IT 工程师将更加注重解决实际的工程问题，而不是着力于解决用代码实现一些简单功能的问题。再比如，未来的设计师会更加关注设计质量，而那些批量设计任务可以交给计算机完成。事实上，阿里巴巴的人工智能“鲁班”系统能够在一天内制作 4000 万张海报，这是人类设计师完全无法比拟的。

当每个人都被科技赋能时，这个行业就会变得入门容易、精通难。人们虽然可以运用技术做更多的事，甚至只为自己打工，但这也意味着个人必须付出更多的精力和时间，才能在市场竞争中不被淘汰。

4. 人工智能的发展势必会带来新的技术债务

技术发展隐含着很多技术债务，比如开发团队为了快速解决问题或者上线新的业务功能，从短期效应角度选择了一个易于实现的方案，但从长期来看，这个方案会使得软件系统的故障率提升、运维成本大幅增加、系统架构的复杂度提升等，带来更大、更消极的影响。这是一种技术债务。

实际上，人工智能在运作过程中很多中间环节都需要技术人员介入。举例来说，我们用无人机取代飞行员，虽然看上去飞行员下岗了，但无人机的维护、远程控制和数据分析等人员只增不减。比如据统计，美国每派出一架无人机执行任务，就要一个 30 人的幕后操作团队和超过 80 人的数据收集及分析团队。这都是藏于技术发展背后的人力成本。

这些技术债务都需要人来解决。一旦人工智能出错或无法完成某些任务，企业就会找人完成。这些人只是被隐藏在智能系统的背后，想想那些正在标注图片数据的人，还有一大批正在审核网站发布内容的人。

对于一个已经上线的系统，如果出现了性能问题，我们可以通过优化和扩容来解决，但如果要改变某些业务流程和规则，则不是系统功能优化就能解决的事情。这就好像我们已经造出了汽车，但是配套的交通指挥系统没有跟着建设好，这时只能安排更多的人，在所有的十字路口人工指挥交通。

很多智能化的场景建设会涉及一些具体的规则变更、流程优化，而它们往往不是构建这些功能的技术人员和业务人员可以控制的。规则是人制定的，系统只是执行规则的工具。尽管智能化让某些任务的效率提升了，但是另一些人成为整个智能化环节中某个具体流程规则的节点。

无论是何种人工智能，它的背后总是依赖信息系统。这些系统的任何功能、架构都要不断演进和迭代，在这个过程中，很难达到永恒的完美。但是有一点必须承认，想要造高楼，地基一定要扎实。现在很多人工智能的底层基础并不稳定，很多功能还无法全自动化运作。比如人工智能的建设需要大量标注数据，低质量数据就成为一种技术债务。尽管技术创新是有必要的，但人工智能构建的同时不能忽略那些被迫新增的人工操作，那些所谓的自动化和智能化，总会存在着“最后一公里”悖论。

从本质上来看，这种越来越忙的状态是技术发展过程中的必经阶段。身处这个浪潮中的任何一个人，都没有办法仅凭个人之力去解决它。我们能做的，是先去适应它，再想办法做出改变。

9.1.6　会生长的技术树

有人曾问我，人工智能技术和它的应用场景之间到底是什么关系？

在这里，我想用一个大树模型来尝试说明它们的联系。

如图 9-4 所示，智能技术和应用场景好比一棵大树，它的树根是场景建设要用到的智能技术，枝

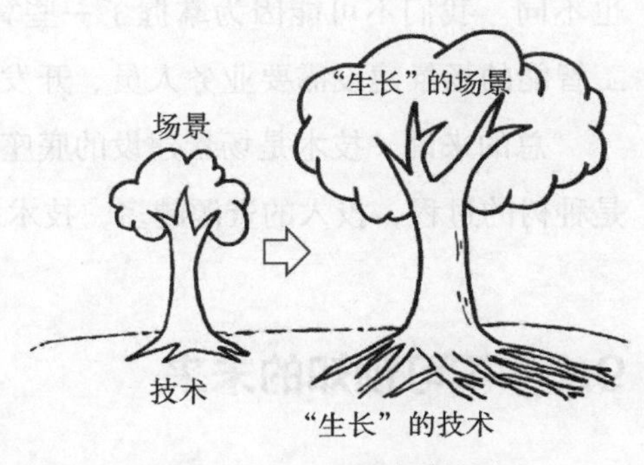

图 9-4　人工智能的技术树

叶是一个个具体的应用场景，气候和土壤是培育它们成长的环境因素。

第一，场景无穷无尽，它会不断生长和延展，已有场景上可以产生新的智能应用。比如人们在手机上增加了一个文字翻译功能，在此基础上可以增加语音功能，让手机能够自动收集说话人的声音，把翻译后的文字自动念出来同时还可以增加图像识别功能。这样人们出国旅游时，看到不认识的路牌和告示，就能直接用手机进行识别和翻译。

第二，技术是重要的支撑，技术本身也在生长。我们知道，人工智能是一门交叉科学，除了涉及数学、信息论、计算机科学、机器人技术、传感器技术，还涉及认知科学、神经生物学、脑科学、心理学、哲学等。一旦一个研究领域的技术问题被攻克，这些前沿技术就会变成基础科学。当我们身边到处都是“人工智能”，这些“人工智能”成为它们本该有的样子时，科学家就会去研究那些看起来“更智能”的问题。人工智能技术就是这样不断迭代发展起来的。

过去很多技术没有智能化，不会因为用得多，就变得更成熟。很多场景建设主要考虑的是如何拓展场景，而不会特别关注技术本身，因为 IT 系统需要的技能基本是相通的。但如今，智能场景的建设对智能本身的技术要求非常高，必须同时兼顾场景和技术实现的可行性，缺一不可。

第三，场景是驱动，技术是基础。智能化建设应该以场景为驱动，而不应该以技术为导向。技术无论智能还是不智能，都只是工具，关键是看谁怎么用。

比如，现在不少创业的技术团队面临的最大困境是找不到合适的商业模式和应用场景。虽然我们看到某些智能技术已经成熟，但在工程落地时还是会出现诸多问题。我们不能低估技术的力量，但也不要高估技术。到目前为止，所有取得成功的人工智能应用都是在具体的行业、场景中解决实际问题。这是因为行业不同、场景不同，它对算法和技术的要求也不同。我们不可能因为掌握了一些算法和技术，就可以把整个行业的问题全部解决。人工智能的场景建设需要业务人员、开发人员、算法人员的共同配合。

总的来说，技术是场景建设的底座，场景是具体的智能应用。人工智能的建设过程就像是种树的过程，投入的资源越多，技术水平越高，树根就扎得越深，新的场景孕育得更多。

9.2 不可预知的未来

虽然今天的人们认为，在下围棋这件事上，AlphaGo 应该称得上是人工智能，但实际上，AlphaGo 只是解决了当时人们认为计算机无法解决的问题。如果我们把下围棋看成是一个数学游戏，那么无论使用蒙特卡洛树搜索还是人工神经网络算法，都只是在用数学方法解决数学问题。根据策梅洛定理，围棋是有标准解法的。如果计算机的计算能力足够强，人类早就能够轻松找到这个不败策略。既然如此，为何我们称 AlphaGo 是人工智能呢？计算机下棋获胜不是一件很正常的事吗？

9.2.1　人类和计算机的区别

不同时代、不同背景的人对人工智能的定义不同。但有一点可以肯定，人工智能已经帮助人类完成了很多以前想也不敢想的事。很多人工智能科学家发现，对于数学推理、代数几何这样的问题，计算机可以用很少的算力轻松完成，而对于图像识别、声音识别等这样人类靠本能和直觉完成的事情，计算机需要巨大的运算量才可能实现。

早在电子计算机刚被发明后不久，香农就发表了一篇题目为“Programming a Computer for Playing Chess”的论文。他在文章中定义了一些计算机的运算法则和技术，讨论了如何构建一个国际象棋的计算机程序。香农在论文中指出，国际象棋是确定性的游戏，它的规则是固化的，比赛中没有运气和随机因素，因此可以把国际象棋看成是让计算机进行复杂运算的一次练手。

在香农看来，人机对战是公平的，因为计算机和人类各有优点。计算机有以下几个优点：第一，计算速度快、存储容量大；第二，不会犯错，除非在编程时输入错误的指令；第三，不会偷懒，不会半途而废；第四，不带感情色彩。人类的优点包括：思维灵活，解决问题时会变通；拥有想象力；懂推理；会学习。所以，人和机器各自擅长的领域不同。

1. 有界与无界

人的专注力是有限的。根据脑科学和认知科学的研究，人的大脑每秒钟大约能从外部接收 1000 万比特的信息量，但是真正能被大脑加以处理和理解的只有 100 ～ 200 比特，换算成汉字只有 12 ～ 25 个。但计算机不是这样，它们永远专注，在应对大量的数学运算和数据处理方面天然具有优势。

爱因斯坦曾说：“创造力比知识更重要”。一个三岁小孩能拥有无限的创造力，但计算机不擅长创造。人工智能只是模仿人类的智能，它们无法原创，只是基于数据和关联关系进行“适当变形”。它们能模仿人类画画和写诗，但无法成为一个全新的画家和诗人。

人类具有想象力，正是这一能力将我们与地球上的其他物种区分开来。其他动物只能看到一个东西“是什么”，人类能看到这个东西“像什么”。历史学家尤瓦尔·赫拉利在《人类简史》一书中指出，想象力是人类祖先有别于地球上其他生物的关键。正是这种能力促使人类不断进步。人类想象出了道德、法律、宗教，这些虚拟的东西成为真实世界的规则，成为人类社会组成的一部分。人类能够想象从未存在的物体，从蒸汽机到飞机，从望远镜到计算机，因为能够想象它们的模样和功能，所以人类才把它们创造了出来。

很多时候我们仅仅关注了人工智能的“智商”，而忽略了它的“情商”。智商主要表现为一个人逻辑分析能力的高低，情商主要表现为一个人自我情绪管理和管理他人情绪的能力。目前，科学家们面临的最大问题，是如何让人工智能变得和真实的人一样。在这个问题上，要突破的不是智商，而是情商。它们的区别在于，智商面对的是有界问题，它有标准答案；情商要解决的是无界问题，它没有标准答案。比如餐厅里服务员在服务顾客时，有些顾客喜欢亲切服务，有些顾客喜欢一个人待着。服务员的同一个举动会因为不同的顾客得到不同的反馈，因此提供服务的方法没有标准答案。

但对于棋类游戏，无论是围棋还是象棋，它们设定的环境都是有界的，即使解答过程十分复杂，但规则是固定的，总能计算出最优的解法。因此，它们依然是有界的，而且在数学上已经证明棋类游戏有确定的解决方案，即任何棋局都能得到最正确的下法。

但是走入真实世界，我们面对的大多是没有边界的问题。它们充满不确定性，并且没有标准答案。它们并不是计算机和现有的人工智能技术所擅长解决的。

打个比方，字和字母的数量是有限的。一本字典无论有再多的字，它的数量都是有限的。但是词语、文章是无限的。我们能够创造出新的词，而且可以创造出无穷多个。如果人工智能只是学习字典，那么它一定能学会。但是，如果要让它学会写作，还要写得好、有思想、有深度，那它就做不到了，因为这件事没有边界。

再来看看自动驾驶的例子。实际上到目前为止，没有一家公司的智能汽车能够实现全自动的安全驾驶，因为算法对意料之外的事情无能为力。而要解决很多自动驾驶的安全问题，最好的方式是重新规划道路，为自动驾驶汽车开设专门的行驶道路，人为构建一个有边界的驾驶环境。

在概率世界中，只要存在不确定性，人们就没有办法得到确定的最优解，只能找到一个最优的概率空间。如果没有完美的信息，就永远不会做出完美的决策。对于人工智能来说，如果要解决的问题是没有明确定义的，或者它不是单领域的，那么计算机处理起来就很困难。

2. 数据与知识

大部分人工智能都是由数据驱动的，其表现很大程度上取决于数据质量。数据是通过观察和采集方式得到的。这些数据未必等同于真相。

人类对于未来的预测大多基于知识和经验，很少完全依赖数据。这些预测之所以很难用计算机来做，是因为未来存在大量不确定性，已知的任何因素都有可能对未来产生影响，而我们几乎不可能事先把所有数据准备好。但人工智能必须依赖充足的数据。

一个医生就算穷尽一生，也看不完所有的病例，背不出所有的医疗数据，但这不妨碍他是一位专家。他仍然可以从一大堆记录在案的医疗数据中，总结出针对特定疾病的治疗方法。当医生遇到没有见过的新的疾病时，他们仍然可以结合自己过往的治疗经验，给出相对合理的治疗方案。

反观人工智能，如果它们找不到任何已知的历史数据，那么它们很有可能做出错误的判断。在人工智能模型中，为了避免出现过拟合现象，内部运算会做大量简化，这些简化在面对一般问题时会让模型的适用性更强。但由于忽略了很多细节，模型只能揭示大多数情况下的一般规律，因此一旦我们需要解决包含特定细节的问题时，这些模型就变得无力应对。换句话说，只有人才能在复杂环境下，根据特定情况研究特定的细节问题。人工智能一旦掌握了处理一般问题的方法，它就无法很好地处理特定条件和状态下的问题。从这个角度来看，人工智能或许并没有那么智能。

还有，人类一旦掌握了某项技能，遇到新挑战时，往往不用从头学习，而是可以组合已经掌握的技能，将它们用到新的挑战上。比如掌握了烹饪技能，当要学做一道新菜时，不需要从头学习如何切菜、削皮、调味、炒菜，因为人类是基于认知和理解去学习的，存储在人脑中的是知识，而不是数据。这种学习方式要比机器学习的效率高很多。计算机必须依赖大量训练数据，在面对新任务时，往往需要新的数据，并且只能重新学习。虽然现在很多科学家正在研究让计算机迁移学习成果的方法，但它们的运作模式必然与人类本身是不同的。

所以，只有人才能解决大型复杂的问题。解决这些问题需要多种能力的组合，机器却很难跨领域完成任务，这中间会有很多不确定因素要考虑，每一项都会影响到任务最终成功的概率。我们不能仅根据历史数据和过往经验判断某个结果的原因。一个物品价格上涨了，可能是自身的原因（比如产品质量上去了，产品制造成本提高了），也可能是外部原因（比如疫情期间，导致口罩这样的产品供不应求）。如果我们不关注外部环境的影响因素，那么当我们干预产品价格时，得到的结果可能会与客户购买的行为大相径庭。但是，你怎么知道你需要哪些数据？这就是一个悖论了，因为直到目前，我们还没有办法用技术手段解决那些你不知道“你不知道”的情况。

3. 黑盒与解释

对于人来说，做一件事情需要一个合理的解释。可是，对于人工智能来说，它的内部逻辑可能是不透明的。人类难以理解人工智能是如何发挥作用的，或者每个内部节点到底是怎样的功能。比如一个智能驾驶系统，它正常运转时自然是便利的。但是一旦发生交通事故，我们就很难清晰地界定算法给出的决策指令是否符合交通法规，也不知道智能驾驶系统在事故中应该负有多少法律责任。

虽然人工神经网络可以给出答案，但它没有办法解释如何得到这个答案。比如，神经网络可以给出统计意义上更合理的治疗方案，但它很难告诉对方为什么做出这样的诊断。如果不清楚模型是如何决策的，人们就无法完全信任它。在这种情况下，你更愿意相信无法解释理由、但诊断能力更强的神经网络，还是经验丰富、有凭有据的医生呢？难以解释直接影响了深度学习算法的可信度和可接受度，甚至一些重要业务场景，比如信贷、保险等金融领域的经营管理，为了防范数据、算法和模型风险，“黑箱”模型原则上是要禁用和慎用的，以确保模型的可解释性和可审计性。

今天越来越多的算法已经按照人们设定好的方式运行。我们告诉算法一个目标，然后让它自行优化达到目标的策略和逻辑。可是，目标设定的好坏直接影响人工智能的表现，一旦算法和模型失控，人工智能就有可能做出可怕的事情。随着越来越多的算法被人们应用，机器处置任务的边界也在不断突破。随着人工智能变得越来越独立，它就好像是潘多拉的盒子，有很多令人憧憬的地方，但也存在可怕的未知。那么问题来了，如果人工智能具有某些不可控的风险隐患，人类是否应该把重要决策都交给它们呢？

9.2.2 人工智能之不能

很多人以为，人工智能技术正在研究和努力的方向，是让计算机变得和人一样，达到甚至超过人类的智力水平。这个理解并不准确。人工智能不是什么“天才”，它只是把人类关心的应用场景问题转换成了数学问题并算出结果。因此，人工智能的基本假设是：人类思考可以基于机械化推理，也就是说人类能很好地将问题转化为数学和计算。这个问题的相关研究其实可以追溯到几千年前，比如亚里士多德的三段论理论、欧几里得在《几何原本》中的形式推理等。

本质上，如今的人工智能技术基于的是逻辑、数据和物理法则，但它们都有局限。

1. 逻辑的局限

让我们先来聊聊关于逻辑系统的局限。

数学家哥德尔在 1931 年发表了一篇论文，证明了一个关于数学的极限性定理，即**哥德尔不完备定理**。该定理指出，任何一个逻辑系统都注定有既不能被证明为真，也不能被证明为假的命题，也不可能在一个系统的内部证明该系统没有自相矛盾。

哥德尔用理性工具本身证明了理性工具的不理性。他证明了任意一个有限大、足够大、自洽的逻辑系统都是不完备的。举例来说，如果有人说“我现在说的是假话”，这句话就是一个逻辑上自相矛盾的悖论，因为若它是假命题，则它陈述的就是真话；若它是真命题，它就又变成了假话。

据说柏拉图和他的老师苏格拉底有过这样的对话。柏拉图说：苏格拉底的下句话是错误的。苏格拉底说：柏拉图说得对。那么柏拉图说得到底对不对呢？很显然，无论我们假设柏拉图的这句话是对还是错，都会推导出假设是错误的，出现了逻辑矛盾。

哥德尔证明了任何自洽的数学形式系统都包含不可判定命题，没有数学形式系统既是自洽的又是完备的。如果是这样的话，那么只要现在的人工智能技术底层基于的是数学和逻辑，只要它是理性的，就无法突破这种局限。

看待一件事情，总会有多个视角。从不同的视角去看，事情看起来就会不一样。每个现象从不同角度去看会产生不同的解读，如果硬要坚持其中一种解读，就很有可能变得片面和极端。如果人们希望人工智能在识别图像时的唯一标准是能准确辨认图像上的物体，那么这个模型就会把提高识别准确率作为唯一的评价标准，不会培养对美的鉴赏力，那要如何才能让人工智能具有鉴赏力呢？只有创造另一个人工智能。但是，这些目标毕竟是人为设定的，无论有多少个，它都是有限个，而且是用数学逻辑的方式来实现的。站在这个角度上看，人类目前采取的所有模拟人类智能的方法都具有局限性。

2. 数据的局限

再来看看关于数据的局限。

人工智能太依赖数据，但数据表达本身具有局限性。数据只能表现某个视角或维度下的世界。但真实世界要复杂得多。比如一个女生近几个月的餐饮消费突然变少了，她也许有经济困难，也可能正在减肥，或交了男朋友。我们基于数据本身描述的事实，并不一定能推测出真相，因为我们还缺少其他很多额外信息。再比如，一个人要去医院做手术，当他得知手术成功率后，无论这个统计数据有多精确，病人都需要根据自身的实际情况做出决定。假如后来手术真的成功了，那不是因为事前知道了医疗数据，而是病人和医生在做出决策后共同努力的结果。

人类做事的特点是犯小错，不犯大错，计算机则刚好相反，它们不犯小错，但一犯就犯大错。人工智能模型的好坏高度依赖数据。它能很好地总结经验，但是对没有见过的数据就没有办法预测。还有，由于数据无法体现出人性，因此人工智能很难处理涉及人性的问题。

3. 物理的局限

除了逻辑局限和数据局限，人工智能技术还必须遵循物理法则，因为它的实现基于计算机这样的物理设备。现有的计算机硬件性能并不足以支持海量数据的大规模复杂计算。我们现在能够设计出来的机器的脑容量相比人类来说是极低的，思考和运算的能力也是极低的。物理法则限制了很多可能性。

假设一个人把球抛向空中并最终接住。他在完成这个动作的同时，大脑也在飞速运算，计算了一组预测球的轨道的微分方程。哪怕他对微积分一窍不通，也不会影响他抛球与接球的技术。也就是说，他在下意识中完成了一系列复杂的数学运算。而如果要让计算机完成这些运算，就要设计一套非常复杂的算法，配备高性能的计算机设备。

今天人们谈人工智能，总免不了从哲学、文学、艺术的角度去谈，但实际上，抛开文学色彩，仅仅从技术的角度来看，上述这些局限也让我们更加深刻地看透这项技术背后的运作原理。我们越是深入了解人工智能背后的运作原理，关于它的担忧就会越少，安全感也会越足。

9.2.3 机器人会统治人类吗

过去，人们对人工智能的追求表现在诸多神话、预言、小说以及影视作品中。对于人工智能的幻想，大多是希望它们能和人一样听得懂、看得懂、会思考，甚至能走能动，也就是具有智能的机器人。

俄罗斯科普作家阿西莫夫（Isaac Asimov）在他的科幻小说中曾经为未来机器人设定了三条道德规则和安全准则，称为“机器人三大定律”：

第一定律，机器人不得伤害人类，或坐视人类受到伤害；

第二定律，机器人必须服从人类的命令，除非它与第一定律冲突；

第三定律，机器人必须保护自己的生存，除非它与第一定律、第二定律冲突。

当然，并不是说符合这三条定律就能实现一个完美的机器人。这三条定律只是设立了一条红线和底线，我们还有很多其他的问题要考虑。

人类希望机器能够胜任人类无法完成、有危险的工作。但同时，人类也会担忧：机器是否会取代人类，成为世界的主宰？这或许是我们讨论人工智能技术发展时，最具争议的一个话题。有人认为它让人类迈向繁荣和进步。有人则认为这条路十分危险，它终将把人类带入两个极端：要么永生，要么毁灭。

那么未来，机器人会统治甚至消灭人类吗？我的答案是不会。

这是因为人类社会的“游戏规则”是人定的。如果我们发现人工智能在围棋领域打败了所有人类，那么我们的做法并不是淘汰人类棋手这个职业，而是制定只有人类才能参赛的游戏规则。也就是说，人类只会将受控的一部分任务交给机器。

如今，很多交通工具已经可以在无人干预的情况下自动驾驶，比如飞机、高铁、轮船等，这些交通工具大部分时间处于自动驾驶状态，不过不是“无人”驾驶。以飞机为例，飞机在天上的大部分时间是自动巡航，但只有飞行员才能保证飞行安全。换句话说，飞行员才是驾驶的核心。自动驾驶功能只是为了减少飞行员常规操作的工作量，让他有更多精力进行飞行任务的管理和决策。人类交给机器的所有任务都是风险可控的。

那么，假设技术本身真的不可控了，又会如何呢？其实也没有问题。人类虽然发明和创造了机器，但是对机器给出了很多限制。想象一下，如果有一个罪犯持枪想要杀人，警察就会制止他。就算他再厉害，也无法毁灭整个人类。

今天，就算计算机具备了人类的意识，拥有了强大的武器，拥有了很高级的智慧，也无法和整个人类文明抗争，这是因为人类不会把法律、政权等决定人类命运的权利交给机器。

技术发展应该在一种可控的情况下进行。这种可控是一种保险机制。试想一下，无论我们的教育体系如何完善，仍然会有少年走上犯罪道路，但是只要整个社会机制是完善的，这个少年就无法威胁到整个人类族群。人类无法保证有朝一日机器人不会学坏，但可以保证即使它们“学坏”了，也无法威胁到整个人类。

今天人类已经制造出原子弹，但它会被严格地管制住。如果我们制造出了一台装备了强大武器的机器人，那么只要它一出现，人类就会开始研制防御和反击的武器。总之，人类可以控制住这件听起来很可怕的事，而且让它不会变得更坏。

无论一个机器人多么智能，说到底它仍然是人类制造出来的，我们仍然知道如何控制它。如果有一天，我们看到机器人统治了人类，那么绝不是技术发展的结果，而是有一小部分人本来就想统治人类，他们只是利用了机器人这个工具，统治了剩下的一部分人。

除此以外，一旦人类开始警惕某件事，就会采取应对措施，从某种程度上来说会阻止或延缓这件事情的发生。而人类真正应该警惕的，是那些到目前为止还没有警觉的事情，它们就好比是黑天鹅事件，一旦发生，对人类就是颠覆性的破坏。

我们在前面说过，技术本身没有好坏，关键看怎么使用它。它在给人们带来便利的同时，也会给人类带来危险。比如人类对原子能的研究既能改进人类能源的使用现状，但也潜伏着毁灭地球和人类的危险。人工智能本质上只是技术的产物，它和金钱一样，只有工具属性，没有善恶之分。技术本身是一个中性词，关键要看什么人用、如何用。人们既可以用技术治疗人类的疾病，也可以用技术制造生化武器来杀人。没有必要对技术本身过度担忧，因为真正威胁人类生存的，是我们人类自己。比起机器人统治人类，人类或许更该考虑自然环境破坏、行星（陨石）撞击地球这些小概率事件，不是吗？

9.2.4 人工智能电车难题

不过，人类还是需要考虑如何与人工智能共存的问题。比方说，人工智能的发展会不会和法律、社会伦理产生冲突？如果机器人和人类发生了冲突，那么我们应该把错归咎给谁？是机器人，还是它的主人，又或者是它的制造商？

一个人工智能医生告知你身体状况欠佳需要治疗，并开了一些以前没有使用过的药物，你是否应该相信它？一个人工智能帮助宅男解决了孤单问题，但让他更不愿意主动与他人社交了，这种陪伴和情感互动是帮助了他，还是害了他？一个可以模拟任何人声音或者脸部表情的人工智能，令身边人真假难辨，当这样的技术被别有用心的人用于诈骗时，我们该如何应对？

不知不觉中，以前在科幻电影中才能看到的事情，已经变成我们必须面对的现实问题。那么，人工智能在面对这些现实难题时，又该如何应对？

1967 年，英国哲学家菲利帕·富特（Philippa Foot）提出了一个著名的“电车难题”思想实验：一辆有轨电车正飞驰而来，它失控了。突然，司机看到轨道前方有五个人，如果电车继续行驶，那么这些人必死无疑。而在另一条电车不会经过的轨道上有一个人，司机可以选择把电车转向这条岔道。现在你是电车司机，手上有一个拉杆可以控制电车轨道，请问你是否应当把电车开到人少的轨道上，撞死一个人，而不是五个人呢？

这个问题探讨的是，人类能不能为了多数人的利益而牺牲少数人的利益？为了拯救一群人而牺牲另一个人的生命，是否是正义的？没有人能给出答案。

现在，让我们把它转变成一个“人工智能电车难题”吧。假设在未来，有一辆人工智能电车，它也碰上了这个难题，该如何行动呢？设计者需要为人工智能的选择负法律责任吗？我们人类无法做出的决定，机器应该如何决策？

这个问题离我们远吗？或许已经不远了。想象这样的场景，路上开了一辆智能汽车，车开到路口时，突然从路边冲出一个小孩，假设这场车祸不可避免，这辆车应该如何选择？是优先保护车主的安全，撞死迎面而来的小孩？还是选择避让，让车和车主一起撞上迎面而来的卡车？如果你正在这辆车里，那么你希望汽车如何行动？如果迎面而来的是你的小孩，那么你又会希望这辆车怎么做呢？

无数哲学家、社会学家、伦理学家参与过“电车难题”的讨论，似乎没有完美的答案。人类面临“电车难题”时已经饱受灵魂拷问，那些好不容易让人工智能“学会”开车的研究者们，现在似乎要面对“人工智能电车难题”了。

直到目前，我们能知道的情况是，无论计算机面对多么复杂的场景，它们依然是理性判断。只要外部条件不变，它每次都会做出相同的选择。它们只有逻辑判断，没有伦理决策。那么，我们应该如何让人工智能融入我们的生活呢？如果“电车难题”是人类本身还没有答案的问题，那么换成人工智能，它还是相同的结果吗？它有标准答案吗？人工智能遵循的标准到底是为大多数人带来最大的效益和福利，还是在任何情况下都要捍卫个人的人权、尊严和生命？它可以有伦理道德吗？或许这些问题还将持续。

9.2.5 通用人工智能会出现吗

自 20 世纪 50 年代的达特茅斯会议以来，无数科学家致力于研究“可以思考的计算机”，探索人工智能的可能性和局限性。有人认为，当计算机在复杂到一定程度后，便可以实际拥有意识和智能，持有这种看法的人被称为“强人工智能派”。**强人工智能**也叫**通用人工智**

能，它具有自我学习和进化的能力。目前，现实中并不存在通用人工智能。我们可以把它们想象成科幻电影中拥有智慧的机器人。事实上，我们现在看到的很多人工智能场景运用的其实都是**弱人工智能**（也叫**狭义人工智能**）。弱人工智能只擅长某一方面，能够帮助我们解决特定领域的一些问题，比如会下围棋的 AlphaGo。

在强人工智能派看来，人的大脑本质上不过是一台极为复杂且处理性能极强的计算机，只是它不是由晶体管或者集成电路构成，而是由生物细胞构成。不过，细胞也是靠细微的电流工作，就算我们不太清楚人脑思考的机制，但也没有理由认为，存在某种超自然的东西。比如一个蒸汽机师第一次看到电动机，他会惊讶这与他所了解的热力学原理不同，但他会合理假定这台机器只是按照他不了解的原理在运动，而不会认为这是超自然现象或灵异事件。

直到现在，我们还远没有达到通用人工智能水平的计算能力。现在的深度学习网络可以拥有数百万个单元和数十亿个参数，但这远没有达到人类大脑皮层中神经元和突触的数量规模。

如果我们有办法创造出一个和人类大脑相似的生物器官。它只有大脑这么大，但可以模拟大脑的运算和思考，不需要我们在机房里摆放上万台服务器，那么这不是关于人工智能更优的实现方案吗？既然这个世界上已经存在这样的器官，那么要实现这样的器官似乎也是有可能的。而当前用计算机来模拟神经网络，看上去只是一种临时的解决方案。

自从计算机被发明以来，人类就希望它们有朝一日可以解决人类解决不了的难题。但现阶段人工智能还存在诸多的技术局限，比如需要依赖大量数据，没有常识，对结果不可解释盒。这些都是人工智能面临的挑战。

如果说，人脑是一台由无数神经元构成的图灵机，那么它就可以看成是一台计算机。反过来，没人会认为一台蒸汽机具有生物意识，那如果我们把提供动力的蒸汽变成电力，那这台用电力驱动的机器为何就会具有意识了呢？或者说，对于未来机器来说，到底它们有没有意识？到底它们能不能看成是一个新的物种？机器人是机器还是人？机器人和人到底有何本质区别？

可以想象未来的某个时候，世界上所有的传感器都连接到互联网，并通过深度学习网络相互连接，这个世界上出现像科幻片中那样的超级计算机，或者人类大脑可以上传到网上，达到无限的计算能力和存储能力。到那时，人类与机器、现实与虚拟变得无限融合，人类命运会变得如何？

当谈及人工智能的未来时，我们会提到一个词，叫作奇点。奇点原本是从物理学概念中来的，它是一个存在又不存在的点，一切已知的物理定律在奇点上都将失效，比如根据宇宙大爆炸理论，宇宙起源于一个奇点。美国的未来学家库兹韦尔认为人工智能发展也会达到一个奇点，他甚至在《奇点临近》中做出预言：到 2045 年，计算机智能有可能超过人类。

不过，人工智能想要大规模取代人类，并不是一件容易的事情，沿着现在基于数据和算法的人工智能技术路线，取代人类不是时间长短的问题，而是几乎不可能的。我们对于人工智能抱有过度的幻想。现在的人工智能虽然在机器视觉、阅读理解等方面表现得很厉害，但是他们只是在回答一些具体问题上比人厉害。很多宏观问题和主观问题，计算机很难给出好的回答。

未来，如果出现了通用人工智能，那一定不是现有的计算机科学所能实现的，更有可能是将生命科学和计算机科学相结合的新学科。它或许是实现人工智能的一种新的解题思路。

当人类创造出一个有情感的人形智能机器人，传统的家庭结构、伦理关系是否会被动摇？毕竟人类对一个布娃娃、一个手办、一条毛毯都会产生感情，会把小猫、小狗当成家庭成员。如果情感依赖的对象变成机器人，这是否正常？人类会爱上机器人吗？人和机器人可以结婚吗？机器人会变成人类的伙伴、爱人、奴隶，还是主人？

今天人类通过技术实现的所有成果，归根结底，是人类希望掌控这个世界。我们掌控过去、掌控现在，甚至希望掌控未来。

可是，我们似乎还要思考一个问题，是否掌控了世间一切的人类，就是最终的胜利者？在哲学家叔本华看来，人生就是在痛苦和无聊之间像钟摆一样不停地摆动。一个人求而不得就会痛苦，当他求有所得就会觉得无聊。这是人性，而人生的不幸也在于此，不可避免。当人类穷尽几代人的智慧和努力，最终创造出梦寐以求的人工智能，那么，到了那个时候，人类又会以怎样的心情去面对它呢？

9.2.6　关于未来的预测

至此，我们已经讨论了一些人工智能未来的可能性。你或许会发现，当我们去看人工智能未来的趋势时，最好不要试图解释那些未来的不确定性，因为它们不仅解释不清，而且会使你陷入无限的细节中无法自拔。

纵观人类发展历程，我们走过无数道路，在无数个十字路口做出了选择。站在今天看过去，它是一条单行道；站在今天看未来，它有无数条岔路可走。从今往后的每一次选择都有太多的可能，它会产生无数个平行世界。这种不确定性，我们是无法在理论层面一一推导的。这就像是谁也无法预知，30 亿年前地球上的某个单细胞生物会经过长时间演化变成今天人类的模样。但人就这么出现了。这个答案只有今天看过答案的人类才可以回答。

如果你真正理解了科学研究的方法，你就会知道，预测未来的趋势永远是一个概率问题。但是，概率问题是很难在当前的时空中验证的。比如，将一只猫和一个放射性原子放到一个盒子里，我们知道原子在衰变过程中，一旦放射出粒子，就会激发设备放出毒气杀死这只猫。但我们无法预测原子何时衰变，也不知道猫是活还是死。除非我们打开盒子，否则我们永远没有确定的答案，只知道猫既可能活着，又可能死了。这是科学研究给我们的方法。

同样的道理，如果要预测未来，我们不能当下给出一个预测的结果，然后观察从这一刻开始往后所有的平行宇宙，统计出关于这个未来预测结果的概率，来检验我们的假设。更何况，就算预测对了某个发生概率高的未来，这个未来也不一定是我们将要经历的那个未来。

我们能确信明天早上太阳一定会升起吗？种种迹象都表明它会，但没有证据证明它不会，我们永远无法确定明天太阳是否还会升起。那我们该怎么做？不再期待明天了吗？显然不是。做到绝对准确的预测是我们永远无法企及的，但它并不影响我们对未来做出一个大致的判断，并为之开始行动。

尽管“条条大路通罗马”，但并不代表“条条大路”都能让一个人在有限的时间和资源里完成“到达罗马”的目标。如果只是看到遥远的目标，你就会发现实现它的方法无穷无尽，风险无处不在。一旦你确定了要走眼前这条道路，那么之前所有想象中的风险就会变成眼前这条道路上的具体风险，沿着这条路走下去是否能够到达目标，是否会遇到自己无法承担的风险，这些问题的答案自然就有了。任何讨论未来预测的话题是有意义的，但它仅仅能被探讨，无法直接作为当下行为的准则，因为对未来的预测只是看到远方可能的方向，并没有具象到脚下的那条路。不是有这么一句话嘛，预测未来的最好方法，就是亲手创造它。

9.3 结语

人工智能的发展永远都在路上。我们今天定义的人工智能和 20 世纪已经完全不同。关于人工智能的问题，一旦某个问题被解决了，它的技术也成熟了，它也就不再属于人工智能的研究领域，而是被归到计算机科学技术之中。无论是电子计算机的发明、还是机器学习算法的发展，很多技术在以前看或许是一个智能问题，但在今天看来，它变得理所应当，以后或许和人工智能没什么关系了。

讨论人工智能未来或其他终极问题或许是有意义的，但是我们更该做好眼前的事。我们应该利用人工智能更好地工作和生活。至于未来会如何，答案或许并不重要，因为科技进步的脚步从来没有人能阻挡。

从亚里士多德、欧几里得、伯努利、费希尔，到布尔、香农、图灵、冯·诺依曼、辛顿，无数智者在人工智能的道路上做出了贡献。人工智能的故事永远不会结束，仍有很多新的问题等待人们去解决。希望在有生之年，我们能亲眼见证技术进步带来的变革！